ARENA2036

Reihe herausgegeben von

ARENA2036 e.V., Stuttgart, Deutschland

Die Buchreihe dokumentiert die Ergebnisse eines ambitionierten Forschungsprojektes im Automobilbau. Ziel des Projekts ist die Entwicklung einer nachhaltigen Industrie 4.0 und die Realisierung eines Technologiewandels, der individuelle Mobilität mit niedrigem Energieverbrauch basierend auf neuartigen Produktionskonzepten realisiert. Den Schlüssel liefern wandlungsfähige Produktionsformen für den intelligenten, funktionsintegrierten, multimaterialen Leichtbau. Nachhaltigkeit, Sicherheit, Komfort, Individualität und Innovation werden als Einheit gedacht.

Wissenschaftler verschiedener Disziplinen arbeiten mit Experten und Entscheidungsträgern aus der Wirtschaft auf Augenhöhe zusammen. Gemeinsam arbeiten sie unter einem Dach und entwickeln das Automobil der Zukunft in der Industrie 4.0.

The book series presents the results of an ambitious research project in automotive production. The goal of the project is the development of a sustainable Industry 4.0 and the realization of a technology shift that will realize the mobility of the future with low energy consumption based on innovative production concepts. The key is provided by intelligent and flexible forms of production. Sustainability, safety, comfort, individuality and innovation are conceived as a unity. Scientists from various disciplines work together with experts and decision-makers from industry on an equal footing. Together, they work under one roof and develop the automobile of the future in Industry 4.0.

Daniel Holder · Peter Middendorf
(Hrsg.)

Digitaler Fingerabdruck

Die intelligente Sammlung, Aufbereitung und Übergabe von Daten

Springer Vieweg

Hrsg.
Daniel Holder
ARENA2036 e.V.
Stuttgart, Deutschland

Peter Middendorf
Universität Stuttgart
Stuttgart, Deutschland

ISSN 2524-7247 ISSN 2524-7255 (electronic)
ARENA2036
ISBN 978-3-662-69801-3 ISBN 978-3-662-69802-0 (eBook)
https://doi.org/10.1007/978-3-662-69802-0

Die Deutsche Nationalbibliothek verzeichnet diese Publikation in der Deutschen Nationalbibliografie; detaillierte bibliografische Daten sind im Internet über https://portal.dnb.de abrufbar.

Planung/Lektorat: Alexander Grün

Springer Vieweg ist ein Imprint der eingetragenen Gesellschaft Springer-Verlag GmbH, DE und ist ein Teil von Springer Nature.
Die Anschrift der Gesellschaft ist: Heidelberger Platz 3, 14197 Berlin, Germany

Wenn Sie dieses Produkt entsorgen, geben Sie das Papier bitte zum Recycling.

Inhaltsverzeichnis

1 **Der Forschungscampus ARENA2036** 1
Clemens Ackermann

2 **Der Digitale Fingerabdruck** 5
Jörg Dittmann und Peter Middendorf

3 **Anbindung der Produktion an den Digitalen Fingerabdruck** 9
Alexander Stumm, Karim Bahroun, Matthias Ulm, Till Maximilian Becker, Moritz Kordt, Frank Nauroth, Andreas Maximilian Damm, Florian Ritter, Claus-Christian Ötting, Markus Münch und Bernd Schieber

4 **Durchführung der Fertigungsprozesse für den Digitalen Fingerabdruck** 73
Silvio Facciotto, Jörg Dittmann, Andreas Raichle, Florian Fritz, Karim Bahroun, Jan Dietrich Seiffert, Markus Münch, Sebastian Dogaru, Florian Ritter, Andreas Maximilian Damm, Lennart Bechtloff, Peter Middendorf, Patrick Böhler und Jochen Wiedemann

5 **Durchführung der Simulationsprozesskette** 111
Mathieu Vinot, Tolga Usta, Christian Liebold, Martin Holzapfel, Silvio Facciotto, Florian Fritz, Jan Dietrich Seiffert, Markus Münch, Karim Bahroun, Lennart Bechtloff, Hermann Finckh, Jörg Dittmann, Andreas Raichle, Nathalie Toso, Peter Middendorf, Heinz Voggenreiter, Patrick Böhler und Jochen Wiedemann

6 **Versuchskampagne und in Service-Testing** 211
Karim Bahroun, Mathieu Vinot, Florian Fritz, Silvio Facciotto und Thomas Sommer-Dittrich

7 **Die automatische Bauteilevolution** 225
Silvio Facciotto, Jörg Dittmann, Markus Münch und Peter Middendorf

8 Zusammenfassung und Ausblick in die Zukunft 235
Jörg Dittmann und Peter Middendorf

Anhang 237

Herausgeber- und Autorenverzeichnis

Über die Herausgeber

Dr. Daniel Holder, ARENA2036 e.V., Stuttgart, Deutschland

Prof. Dr. Peter Middendorf, Institut für Flugzeugbau (IFB), Universität Stuttgart, Stuttgart, Deutschland

Autorenverzeichnis

Dr. Clemens Ackermann, ARENA2036 e.V., Stuttgart, Deutschland

Dr. Karim Bahroun, Robert Bosch GmbH, Renningen, Deutschland

Lennart Bechtloff, Robert Bosch GmbH, Karlsruhe, Deutschland

Till Maximilian Becker, DXC Technology, Düsseldorf, Deutschland

Dr. Patrick Böhler, Constellium Singen GmbH, Singen, Deutschland

Andreas Maximilian Damm, Bosch Sensortec GmbH, Reutlingen, Deutschland

Dr. Jörg Dittmann, Institut für Flugzeugbau (IFB), Universität Stuttgart, Stuttgart, Deutschland

Sebastian Dogaru, Robert Bosch GmbH, Stuttgart, Deutschland

Silvio Finckh, Institut für Flugzeugbau (IFB), Universität Stuttgart, Stuttgart, Deutschland

Hermann Finckh, Deutsche Institute für Textil- und Faserforschung Denkendorf (DITF), Denkendorf, Deutschland

Florian Fritz, Deutsche Institute für Textil- und Faserforschung Denkendorf (DITF), Denkendorf, Deutschland

Martin Holzapfel, Deutsches Zentrum für Luft- und Raumfahrt (DLR), Stuttgart, Deutschland

Moritz Kordt, DXC Technology, Düsseldorf, Deutschland

Christian Liebold, DYNAmore, an Ansys Company, Stuttgart, Deutschland

Prof. Dr. Peter Middendorf, Institut für Flugzeugbau (IFB), Universität Stuttgart, Stuttgart, Deutschland

Markus Münch, Robert Bosch GmbH, Blaichach, Deutschland

Frank Nauroth, Siemens Industry Software GmbH, Köln, Deutschland

Dr. Claus-Christian Ötting, Robert Bosch GmbH, Blaichach, Deutschland

Andreas Raichle, Institut für Flugzeugbau (IFB), Universität Stuttgart, Stuttgart, Deutschland

Florian Ritter, Robert Bosch GmbH, Blaichach, Deutschland

Bernd Schieber, Siemens Industry Software GmbH, Stuttgart, Deutschland

Jan Dietrich Seiffert, Lehrstuhl für Carbon Composites, Technische Universität München, München, Deutschland

Dr. Thomas Sommer-Dittrich, Mercedes-Benz AG, Sindelfingen, Deutschland

Alexander Stumm, Siemens Industry Software GmbH, Stuttgart, Deutschland

Dr. Nathalie Toso, Deutsches Zentrum für Luft- und Raumfahrt (DLR), Stuttgart, Deutschland

Matthias Ulm, DXC Technology, Düsseldorf, Deutschland

Tolga Usta, DYNAmore, an Ansys Company, Stuttgart, Deutschland

Mathieu Vinot, Deutsches Zentrum für Luft- und Raumfahrt (DLR), Stuttgart, Deutschland

Prof. Dr. Heinz Voggenreiter, Deutsches Zentrum für Luft- und Raumfahrt (DLR), Stuttgart, Deutschland

Jochen Wiedemann, Constellium Singen GmbH, Singen, Deutschland

Abkürzungsverzeichnis

AAS	Asset Administration Shell (Verwaltungsschale)
ARENA2036	Active Research Environment for the Next Generation of Automobiles
ASIC	anwendungsspezifisch integrierte Schaltung
BMBF	Bundesministerium für Bildung und Forschung
BPMN	Business Process Model and Notation
CAD	Computer-Aided Design
CAE	Computer-Aided Engineering
CAM	Computer-Aided Manufacturing
CMP	Cloud Managed Plattform
CNT	Carbon Nano Tubes
CS1	Chip-Select-Pin für Sensor 1
CSV	Comma-Separated-Value
CT	Computertomographie
DFA	Digitaler Fingerabdruck
DITF	Deutsche Institute für Textil- und Faserforschung
DOE	Design of Experiments
EOL	End of Life
FBG	Fiber Bragg Grating
FE	Finite Elemente
FFC	Flexible Flat Cable
FFT	Fast Fourier Transform
FluPro	Fluide Produktion
FPC	Flexible printed circuit
FVK	Faserverbundkunststoffe
GFK	Glasfaserverstärkte Kunststoffe
GND	Ground (Masseanschlüsse)
GPS	Global Positioning System
I^2C	Inter-Integrated Circuit

IoT	internet of things
IP	Ingrationspunkte
ITV	Institut für Textiltechnik
LDV	Laser-Doppler-Vibrometer
LeiFu	Leichtbau durch Funktionsintegration
LTE	Long Term Evolution
MEMS	Micro-Electro-Mechanical Systems
MQTT	Message Queuing Telemetry Transport
MS	Messsystem
MVP	Minimum Viable Product
NNV	Nearest Neighbour Algorithm
ODR	Output Data Rate
OEM	Original Equipment Manufacturer
OOTB	Out-of-the-Box
ORW	Open-Read-Weaving
PDM	Product Data Management
PKW	Personenkraftwagen
PLM	Product Lifecycle Management
PLMXML	Product Lifecycle Management eXtensible Markup Language
PPAP	Production Part Approval Process
PSD	Power Spectral Density
PVDF	Polyvinylidenfluorid
REST	Representational State Transfer
RT	Racetracks
RTM	Resin Transfer Moulding
rVE	repräsentatives Volumenelement
SCAP	Stuttgart Conference on Automotive Production
SCC3	Modified Silicone Conformal Coating
SHM	Structural Health Monitoring
SPI	Serial Peripheral Interface
TFP	Taylor Fiber Placement
TIK	Technischer Informations- und Kommunikationsdienst der Universität Stuttgart
UART	Universal Asynchronous Receiver Transmitter
VARI	Vacuum Assisted Resin Infusion
VDD	positive Versorgungsspannung
VM	Virtuelle Maschine
VPN	Virtual Private Network
WLAN	Wireless Local Area Network

1 Der Forschungscampus ARENA2036

Clemens Ackermann

Der Forschungscampus ARENA2036 blickt mit Abschluss der Verbundprojekte der zweiten Förderphase der Förderinitiative „Forschungscampus – öffentlich-private Partnerschaft für Innovationen“ des Bundesministeriums für Bildung und Forschung (BMBF) auf nunmehr zehn erfolgreiche Jahre der schrankenlosen Zusammenarbeit von Wissenschaft und Wirtschaft unter einem Dach zurück. Während Hoßfeld et al. nach Abschluss der ersten Förderphase im Jahr 2020 hervorhoben, dass ARENA2036 „Teil der Erprobung einer neuartigen, strategischen Forschungsstruktur in Deutschland“ war [1] kann heute festgehalten werden, dass es sich bei ARENA2036 um einen mittlerweile etablierten und vor allem arrivierten Innovationsort handelt. Während das Grundprinzip der Zusammenarbeit von Wissenschaft und Wirtschaft unter einem Dach auf Augenhöhe unverändert bleibt und die zentrale Zielsetzung durch die Umsetzung dieses Prinzips potenziell disruptive und Sprunginnovationen hervorzubringen nach wie vor Bestand hat, hat sich im Laufe der letzten fünf Jahre vor allem die Skala verändert mittels derer operiert wird. So konnte – um nur zwei Beispiele zu nennen – der Forschungscampus seine Anzahl an Mitglieder während der zweiten Förderphase von 32 auf circa 60 nahezu verdoppeln und das Projektvolumen gar vervielfachen. Gründe hierfür sind unter anderem, dass die strategische Ausrichtung der zweiten Förderphase mit einem Schwerpunkt auf die Themenkomplexe Produktion, Mobilität, Digitalisierung und Zukunft der Arbeit es den Mitgliedern ermöglichte, die sie zentral beschäftigenden Fragen im Kontext des Forschungscampus zu adressieren und gezielt an Lösungen zu arbeiten. Hinzu kommt aber auch, dass ARENA2036 über die

C. Ackermann (✉)
Forschungskoordination, ARENA2036 e.V., Stuttgart, Deutschland
E-Mail: clemens.ackermann@arena2036.de

D. Holder und P. Middendorf (Hrsg.), *Digitaler Fingerabdruck*, ARENA2036,
https://doi.org/10.1007/978-3-662-69802-0_1

letzten fünf Jahre eine zunehmend an Dynamik gewinnende Entwicklung hin zu einer Innovationsplattform beschreibt, die in das äußerst performante Innovations-Ökosystem der Region Stuttgart eingebettet ist.

Der Grundgedanke der Innovationsplattform im Sinne der ARENA2036 beschreibt den Umstand, dass die Geschäftsstelle basierend auf den im Rahmen der Förderinitiative Forschungscampus getroffenen strategischen Festlegungen das Vehikel Forschungscampus nutzt, um zahlreiche weitere, möglichst offene Projekte unter dem Dach der ARENA2036 zu fördern und zu verorten. Diese Tendenz, sowie die zunehmende Offenheit der Projekte lässt sich bereits an zahlreichen Beispielen unter dem Dach der ARENA2036 erkennen. Für die dritte und voraussichtlich letzte Phase der Förderinitiative Forschungscampus wurde dieser Modus als zentrales Element für das Design der vier akquirierten Förderprojekte zugrunde gelegt. Das bedeutet, dass die Projekte einerseits so eng miteinander verwoben sind, dass sie aufeinander – sprich auf Expertise und Ergebnisse der Schwesterprojekte – angewiesen sind und voneinander profitieren, sie aber andererseits so offen in ihrer Anlage sind, dass über die Projektlaufzeit weitere Partner an den Projekten mitarbeiten oder deren Fokus erweitern können. Die Grundlage für ein solches Projektdesign wurde im Laufe der zweiten Phase gelegt. Zum einen mittels eines tiefgreifenden Top-Down/Bottom-Up Strategieprozesses und zum anderen basierend auf den strukturellen und methodischen Erkenntnissen der Phase II-Förderprojekte *FlexCAR*, *Fluide Produktion*, *Digitaler Fingerabdruck* und *Agiler InnovationsHub*.

Im Folgenden werden die Ergebnisse des Phase II-Projekts *Digitaler Fingerabdruck* (DFA) vorgestellt. Das vorliegende Buch ist Teil einer Reihe, die neben DFA auch die weiteren Forschungsprojekte der zweiten und der ersten Phase sowie die Conference Proceedings der *Stuttgart Conference on Automotive Production* (SCAP2020 & SCAP2022) umfasst. Die Projekte FlexCAR, Fluide Produktion (FluPro) und Agiler InnovationsHub werden dementsprechend in jeweils eigenen Bänden der Buchreihe besprochen.

Die Verbundprojekte der dritten Phase greifen die Ergebnisse der beiden Vorphasen auf und entwickeln diese Konsequent weiter. Sie orientieren sich dabei an den neu formulierten strategischen Säulen der ARENA2036 – Mobilität2036, Produktion2036, Nachhaltigkeit2036 und Konnektivität2036. Die Projekte der dritten Phase sind:

CARpulse: Kapsel für autonome Fahrzeugplattformen für einen sicheren Individualverkehr in allen Lebensbereichen

Das Projekt CARpulse soll eine sichere, nachhaltige Fahrzeugarchitektur eines autonomen Fahrzeugs erforschen. Diese Fahrzeugarchitektur soll physisch und virtuell für unterschiedliche Use-Cases unter einer nutzerzentrierten Perspektive, konzipiert, erarbeitet und dargestellt werden. Im Fokus steht eine „Kapsel" als Kern des Technologiedemonstrators, welcher für das Fahrzeug der Zukunft und dessen Interaktion mit Mensch und Umwelt steht. Die Erarbeitung einer nutzerzentrierten Forschungsplattform zur schnellen, iterativen, agilen und kosteneffizienten Entwicklung von Mobilitätskonzepten und Einsatzszenarien mit Technologien wie Virtual-, Argument- und Mixed-Reality ist neben der virtuellen Kapsel und der realen Teildemonstration einer nachhaltigen Türstruktur zentraler Forschungsschwerpunkt. Des Weiteren ist die Sicherheit der Nutzer bei autonomen Fahrzeugen ein wichtiger Forschungsaspekt. Für eine künftig virtuelle Zulassung beim Insassenschutz ist die Erarbeitung eines Menschmodells für eine realitätsnahe, virtuelle Simulation der Insassen notwendig.

Well-defined: Wertschöpfungsnetzwerk-Modellierung für die software-definierte resiliente Produktion der Zukunft

Well-defined setzt sich das Ziel im standort- und unternehmensübergreifenden Produktionskontext wandlungsfähige und resiliente Wertschöpfungsketten zu realisieren. Dadurch können bestehende und zukünftige Produktionssysteme und Produktionsabläufe hinsichtlich unterschiedlichster Kriterien optimiert und gegenüber verschiedensten marktbeeinflussenden Ereignissen abgesichert werden. Well-defined überträgt, die im Vorgängerprojekt FluPro innerhalb einer einzelnen Fertigungseinheit erzielte Wandlungsfähigkeit und Flexibilität auf die gesamte Wertschöpfungskette. Eine Modellfabrik dient bei ARENA2036 sowohl als übergreifender Demonstrator für die übrigen Verbundprojekte, als auch als Angliederungsmöglichkeit weiterer physischer oder digitaler Services, welche flexibel in das Gesamtsystem integrierbar sind.

Connect4HCA: Dezentrale technische Intelligenz für Human-Centered Automation 5.0

Das Projekt Connect4HCA zielt durch eine ganzheitliche Betrachtung von Konnektivität darauf ab, den Menschen in den Mittelpunkt der industriellen Automatisierung zu stellen. Die Vision ist die Gestaltung einer dezentralen technischen Intelligenz, welche gemeinsam mit dem Menschen die gesamte Wertschöpfungskette von Produkt, Prozess und Produktion entlang des Produktlebenszyklus gestaltet. Hierfür wird ein gesamtheitlicher Demonstrator als Forschungsplattform geschaffen, um Konnektivität in mehreren Dimensionen zu betrachten. Der Begriff der Konnektivität reicht hierbei von der Integration von Prozessen, Anlagen, Produktionslinien und -standorten sowie Lieferketten bis hin zu Systemen und Daten über deren Lebenszyklen. Des Weiteren umfasst der Begriff Konnektivität nicht nur Interaktion und Kommunikation von Technologie zu Technologie, sondern auch die Konnektivität zwischen menschlicher und künstlicher Intelligenz.

EcoFrame: Entwicklung eines Frameworks für die effiziente Generierung und Bereitstellung von belastbaren Nachhaltigkeitsinformationen für effektive EcoDesign- und Produktionsnetzwerke in der firmenübergreifenden Automobilindustrie

In EcoFrame soll die Basis für eine klimaneutrale und durchgehend nachhaltige Automobilproduktion der Zukunft geschaffen werden. Dies soll durch die Entwicklung eines Frameworks für die effiziente Generierung und Bereitstellung von belastbaren Nachhaltigkeitsinformationen für effektive EcoDesign- und Produktionsnetzwerke erreicht werden. Der Fokus soll im Projekt auf die methodischen Schwerpunkte „Design4Sustainability“ und „Manufacturing4Sustainability“ gelegt werden. Durch verbessertes, gesamtheitliches, firmenübergreifendes Monitoring soll einerseits eine Optimierung von bestehenden Produkten und deren Produktion im Hinblick auf Nachhaltigkeitsparameter ermöglicht werden. Andererseits soll das zu entwickelnde Framework eine verbesserte Entscheidungsunterstützung für die Entwicklung nachhaltiger Produkte und deren Produktion ermöglichen, die deutlich über das bisher Mögliche hinausgeht. Darüber hinaus soll das Thema Kreislaufwirtschaft (engl. „Circular Economy“) im Hinblick auf die sich im Kontext einer vernetzen automobilen Lieferkette ergebenden Möglichkeiten und Herausforderungen adressiert und methodisch integriert werden.

Literatur

1. Hoßfeld M, Ackermann C (2020) Der Forschungscampus ARENA2036. In: Bauernhansl T, Fechter M, Dietz T (Hrsg) Entwicklung, Aufbau und Demonstration einer wandlungsfähigen (Fahrzeug-) Forschungsproduktion. Springer Vieweg, S. 1–3

Der Digitale Fingerabdruck 2

Jörg Dittmann und Peter Middendorf

Das Projekt Digitaler Fingerqabdruck – „Die intelligente Datensammlung, -aufbereitung und -übergabe über die gesamte Wertschöpfungskette – von der Idee, über Design, Produktion und In-Service bis hin zum End-of-Life – für das intelligente Bauteil und die wandlungsfähige, autonome Fabrik von Übermorgen!" wurde im Rahmen der ARENA2036 als eines der ersten Verbundprojekte der zweiten Phase des Forschungscampus ins Leben gerufen. Das Projekt startete im Oktober 2018 und endete im September 2023.

Der Digitale Fingerabdruck ist eine Erweiterung des Digitalen Prototyps und bildet zusätzlich zur reinen virtuellen Prozesssimulationsabbildung auch die Digitalisierung der realen Produktion und der In-Service-Bereiche ab. Diese Erweiterung zum Digitalen Fingerabdruck erlaubt unterschiedlichste Use-Cases zu ermöglichen, um zum Beispiel während der Produktion ein Toleranz-Matching/Re-Matching umzusetzen oder im In-Use-Fall Bauteilausfälle durch Life-Informationen des Fahrzeugs vorherzusagen und den Fahrgast dadurch zusätzlich zu schützen. Durch die in der Produktion anfallenden Produktionsdaten können Bauteile nicht nur besser entwickelt werden, Bauteile entwickeln ich von ganz alleine weiter, wenn die Datenlage dies erlaubt und Unsicherheiten aufgelöst werden. Der konsequente Leichtbau und die Minimierung des CO2-Fußabdrucks werden hierdurch bis ins kleineste Bauteildetail möglich.

J. Dittmann (✉) · P. Middendorf
Institut für Flugzeugbau, Universität Stuttgart, Stuttgart, Deutschland
E-Mail: dittmann@ifb.uni-stuttgart.de

P. Middendorf
E-Mail: middendorf@ifb.uni-stuttgart.de

D. Holder und P. Middendorf (Hrsg.), *Digitaler Fingerabdruck,* ARENA2036,
https://doi.org/10.1007/978-3-662-69802-0_2

War der Digitale Prototyp der erste Schritt Richtung Industrie 4.0, so spiegelt nun der Digitale Fingerabdruck alle Facetten einer Industrie 4.0-Komponente wider und ermöglicht es automatische Produktionsanlagen, automatische Bauteilevolutionen, fluide Produktionsanfragen und digitale Service Leistungen für die Zukunft, die ARENA und die „autonome Fabrik von Übermorgen!" zu realisieren.

In dieser Veröffentlichung werden die notwendigen Schritte zur Realisierung eines Digitalen Fingerabdrucks, aufgezeigt, sowie Forschungsergebnisse der einzelnen Disziplinen (Materialmodellierung und virtuelles Testen, Simulation und Durchführung der Fertigungsprozesse, Anbindung der Produktion an den Digitalen Fingerabdruck, Versuchskampagne und in Service-Testing sowie die automatische Bauteilevolution) im Detail erläutert.

9 Partner (Bosch, Siemens, DXC, Mercedes Benz AG, DYNAmore GmbH, DITF Denkendorf, DLR BK Stuttgart, Universität Stuttgart IFB, Constellium) formten ein Konsortium, welches sich zur Aufgabe machte die Digitalisierung in der Wertschöpfungskette zu etablieren. Hierbei engagierten sich das Institut für Flugzeugbau im Bereich der technischen Flechttechnik, Drapier- und TFP-Technik, Infiltration, Simulation und CAM-Schnittstelle, das ITV Denkendorf im Bereich der Open-Reed-Web-Technik, die Mercedes Benz AG im Bereich des In-Service-Testens, das DLR im virtuellen & experimentellen Testen der Strukturen und die DYNAmore GmbH im Bereich der Datenstrukturen und Datenweitergabe. Bosch stellte einen Demonstrator zur Verfügung und brachte seine Kenntnisse im Bereich der Sensorik und Datenaufnahme ein, die Siemens AG stellte ihre Softwareprodukte zur Verfügung und zeigte die Soll-Ist-Prozess für eine Bauteilentwicklung auf, Constellium brachte ihre Expertise im Aluminium-Strangpressprozessen ein und entwickelte auf Basis des Zielbauteils eine neue Subkomponente mit integrierte Kühlung, DXC unterstütze alle Partner durch das Vernetzen und Bereitstellen der Hardwareumgebung und brachte ihr Know-How im Bereich der Datenaufbereitung, -Transport und -Verarbeitung ein.

Hauptziele des Digitalen Fingerabdrucks waren:

- Die semantische Beschreibung eines Bauteils als Industrie 4.0 Komponente.
- Die Berücksichtigung von Unschärfen in den Simulationsschritten (Streuungen in den Werkstoffkennwerten und real auftretenden Lasten, Abweichungen in den Bauteilgeometrien) sowie die numerische Vorhersage des Bauteilverhaltens und der Prozesse. Die Position der in TP3 zu integrierenden Sensoren wird virtuell ermittelt.
- Die Integration von Sensoren sowie die Übertragung der gemessenen Sensordaten in den Digitalen Fingerabdruck.
- Die Anbindung der realen Produktion an den Digitalen Fingerabdruck und somit die Steigerung der Produktionsrate.
- Die Definition neuer Anwendungsszenarien und eine abschließende Potenzialbewertung des Digitalen Fingerabdrucks.

Die Digitalisierung der Wertschöpfungskette und die Möglichkeit einer automatischen Bauteilevolution dienten als Aufsetzer für den Projektantrag der 3. Phase (Projekt Connect4HCA). Hier wurde das Potenzial erkannt und für neue Produktions- und Nachhaltigkeitstechnologien erweitert.

2.1 Die digitale Wertschöpfungskette

In der Wertschöpfungskette wird, wie der Name schon sagt, aus einem Vorgängerprodukt durch eine Tätigkeit der Wertschöpfung ein Nachfolgerprodukt geschaffen, welches an Wert gewonnen hat. So können z. B. aus Gold und Edelsteinen Schmuckstücke hergestellt werden, die den Wert der Einzelmaterialien um ein vielfaches übersteigen. Im Digitalen Raum müssen Werte neu bewertet werden, da während der Herstellung von z. B. Bauteilen Daten anfallen, welche zusätzlich zum eigentlichen Produkt einen enormen Wert darstellen können. Wird die Datengenerierung durch soziale Netzwerke und deren Verwendung z. B. für Werbung betrachtet, leuchtet dieser Sachverhalt sehr schnell ein.

Die digitale Wertschöpfungskette als Kern des Digitalen Fingerabdrucks zeigt das enorme Potenzial einer digitalisierten Datensammlung, -aufbereitung und -übergabe für Produktentstehungsprozesse auf. Konnten im Digitalen Prototyp einzelne digitale Prozessschritte zum Herstellen von Leichtbaukomponente abgebildet werden, so war es das Ziel im Digitalen Fingerabdruck ALLE Prozessschritte der Entwicklung eines neuen Bauteils oder einer neuen Baugruppe abzubilden und zu vernetzen. Hierbei wurde sich nicht auf Designdaten oder Lastenhefte beschränkt sondern das Bauteil in seiner Gesamtheit über den Lebenszyklus hinweg digital in allen Facetten abgebildet. Es wurde schnell klar, dass solch ein Unterfangen sehr viele Schnittstellen mit sich bringt und es zeigte sich, dass das Projekt Digitaler Fingerabdruck mit der Abbildung der Wertschöpfungskette eben auch die ARENA2036 als solches, für ein losgelöstes Bauteil abbildet. Denn genau diese Wertschöpfungskette wird in der ARENA20036 durch das stetige Entwickeln und das Erforschen neuer Technologien und Materialien, Zusammenhänge und Digitalisierungsmöglichkeiten aufgezeigt.

Bisher wurden Wertschöpfungsketten nicht konsequent abgebildet. Materialien wurden erforscht und auf neue Herstellungstechnologien und Produkte angewandt und ein neues Bauteil entwickelt. Jedoch wurde nie versucht die komplette Datensammlung für ein Bauteil aufzunehmen und daraus Rückschlüsse auf Versagen, Recycling oder eine neue Bauteilgeneration zu ziehen. Daher startete der DFA mit der Definition eines Demonstratorbauteils, um möglichst viele diverse Fachgebiete und Datenansammlungen miteinander zu verbinden und dieses Potenzial an einem anfassbaren Beispielbauteil aufzuzeigen.

Die Wertschöpfungskette im Digitalen Fingerabdruck beginnt mit der Idee und endet mit der In-Service-Nutzung des Bauteils. Die Wertschöpfungskette an sich endet jedoch erst mit der Re-Zyklierung der Materialien oder dem Re-Use des Bauteils selbst. Es zeigt sich, dass auch für die dritte Förderungsphase der ARENA2036 genug Potenzial im Digitalen Fingerabdruck steckt, um auch Recyclingprozesse mit abzubilden oder die Idee der Wiederverwendung eines Bauteils in anderer Funktion mitgedacht (Re-Use) werden muss. Unzählige neue Ideen, Anwendungsbereiche und Mirkoservices) können aus dieser Datensammlung entstehen und für neue Anwendungsfelder transferiert und übersetzt werden.

2.2 Bedeutung für die Industrie 4.0

Für die Industrie 4.0 ist eine digitale Wertschöpfung von immenser Wichtigkeit. Wurde im DFA gezeigt, dass solch ein Ansatz abbildbar ist und Daten automatisch über einen Produktentstehungsprozess generiert werden können, so können Anwendungsfelder und Werte hieraus erschlossen werden für die heute noch kein Markt aber bereits Ideen existieren.

Aber auch in Bereichen in denen bisher keine oder nur wenig Digitalisierung stattfindet zeigt der Digitale Fingerabdruck sowie der digitale Prototyp, dass Prozesse verbessert, beschleunigt und greifbarer gemacht werden können. Selbst eine automatische Konvertierung von Dateiformaten oder eine Visualisierung von Datenströmen kann kleinen und mittleren aber auch großen Unternehmen Zeit und Geld sparen und es Einsteigern ermöglichen schneller den etablierten Prozessen zu folgen.

Wird die Vielzahl an oben beschriebenen neuen Projektideen im automobilen Sektor betrachtet, die aus einem einzelnen Digitalisierungs-Projekt resultieren können, stellt sich die Frage wohin das Ganze führt. Können wir z. B. in Bereichen der Architektur wirklich noch so wie vor 100 Jahren Häuser bauen und entwickeln ohne den Fortschritt der Digitalisierung auf einer Baustelle zu berücksichtigen. Würden uns eine digitale Stückliste oder die Prozessparameter beim Beton gießen nicht mehr Informationen bringen die später zu mehr Sicherheit, besseren Prozesstoleranzen und besseren Gebäuden für uns alle resultieren.

Die Digitalisierung ist mir der Industrie 4.0 nicht am Ende, sie hat gerade erst begonnen, wichtig ist diese Ideen weiterzuentwickeln und in nicht digitalisierte Bereiche zu übertragen, um auch dort besserer, sichere aber auch ressourcenschonendere Prozesse und Produkte zu entwickeln und diese dem Wertstrom am Ende wieder zuzuführen. Nur so können wir eingefahren Muster sprengen und uns neuen Herausforderungen der Digitalisierung stellen ohne hierbei Ressourcen aufzubrauchen, welche später Generationen benötigen.

3 Anbindung der Produktion an den Digitalen Fingerabdruck

Alexander Stumm, Karim Bahroun, Matthias Ulm, Till Maximilian Becker, Moritz Kordt, Frank Nauroth, Andreas Maximilian Damm, Florian Ritter, Claus-Christian Ötting, Markus Münch und Bernd Schieber

Digitale Zwillinge sind virtuelle Abbildungen realer Produkte oder Prozesse. Meist wird von digitalen Zwillingen des Produktes und digitalen Zwillingen der Fertigung gesprochen. Das virtuelle Abbild von Produkten, Maschinen, Linien und kompletten Fabriken ermöglicht realistische Simulationen und ist die Basis für eine flexible und effiziente Produktion.

Um das Produkt und die Produktion im Rahmen des DFA-Projektes analysieren und optimieren zu können, wurde ein digitaler Fingerabdruck für das Demonstratorbauteil erschaffen, welches mittels in das Bauteil integrierten Sensoren Daten während der Herstellungs- und Nutzungsphase sammelt und an den digitalen Fingerabdruck sendet.

A. Stumm (✉)
PreSales & Business Development, Siemens Industry Software GmbH, Stuttgart, Deutschland
E-Mail: alexander.stumm@siemens.com

K. Bahroun
CR/AMP2, Robert Bosch GmbH, Renningen, Deutschland
E-Mail: karim.bahroun@de.bosch.com

M. Ulm · T. M. Becker · M. Kordt
Custom Applications, DXC Technology, Düsseldorf, Deutschland
E-Mail: Matthias.Ulm@dxc.com

T. M. Becker
E-Mail: t.becker@dxc.com

M. Kordt
E-Mail: mkordt@dxc.com

D. Holder und P. Middendorf (Hrsg.), *Digitaler Fingerabdruck,* ARENA2036,
https://doi.org/10.1007/978-3-662-69802-0_3

Dieser bietet über den gesamten Lebenszyklus hinweg Einblicke in das reale Bauteil und dessen Eigenschaften.

Die Entwicklung, die Herstellung und der Einsatz von technischen Bauteilen im Automobil ist aufgrund der Vernetzung der Komponenten und folglich der zugrunde liegenden Prozesse ein vielschichtiges und komplexes Zusammenspiel unterschiedlicher Disziplinen. Angefangen vom Design über die Konstruktion und die Bauteilgestaltung, die Herstellung und die Montage des Bauteils hin zum Einsatz im Fahrzeug und darüber hinaus zur Verwertung durchlebt eine Komponente verschiedenste Phasen innerhalb des Produktlebenszyklus.

Dabei müssen benötigte Daten, wie beispielsweise Geometriedaten oder Produktionsdaten, entlang der Wertschöpfungskette übergeben und stellenweise auch aus direkt nachfolgenden Phasen extrahiert werden. Zwar stehen meist festgelegte und etablierte Beschreibungen in Form von Normen, Prozessdefinitionen und Anweisungen zur Verfügung, jedoch stellt der Einsatz unterschiedlichster Software stets eine große Herausforderung dar. Dabei müssen verschiedenste Datenformate und Strukturen ineinander überführt und die zu übergebenden Daten ausgewählt werden. Meist geschieht dies auf Basis fallspezifischer Lösungen unter der Nutzung eines langjährigen und breiten Erfahrungswissens. Diese Vorgehensweise geht stets mit der Gefahr des Verlusts an Informationen einher.

Der Bedarf nach übergreifenden und idealerweise automatisierten Lösungen wurde in Forschung und Entwicklung erkannt, sodass verschiedenste Aktivitäten zur Datenerhebung und -interpretation mithilfe von künstlicher Intelligenz, Data-Mining und digitalem Zwilling durchgeführt werden. Dank dieser Schlüsseltechnologien entstehen aus Echtzeitdaten und digitalen Produktabbildern verwertbare Daten, die in vielfältigen Anwendungen

F. Nauroth
Sales & Services, Siemens Industry Software GmbH, Köln, Deutschland
E-Mail: frank.nauroth@siemens.com

A. M. Damm
BST/EAS-M1, Bosch Sensortec GmbH, Reutlingen, Deutschland
E-Mail: andreas.damm@bosch-sensortec.com

F. Ritter · C.-C. Ötting · M. Münch
PS/EAT1, Robert Bosch GmbH, Blaichach, Deutschland
E-Mail: florian.ritter2@de.bosch.com

C.-C. Ötting
E-Mail: claus-christian.oetting@de.bosch.com

M. Münch
E-Mail: markus.muench3@de.bosch.com

B. Schieber
Sales & Services, Siemens Industry Software GmbH, Stuttgart, Deutschland
E-Mail: Bernd.Schieber@siemens.com

genutzt werden können [1]. Vorausschauende Wartung oder die Reduktion des Ausschusses bei der Bauteilproduktion durch Inline-Prozessanpassung in der Produktfertigung sowie die automatisierte Bauteil- und Prozessevolution sind dabei nur einige Beispiele.

Wesentliche Herausforderungen in der Umsetzung der genannten Strategie liegen in der Vergleichbarkeit der erhobenen Daten, bspw. messen verschiedene Temperatursensoren in der Produktion an verschiedenen Punkten der Produktionskette keine direkt vergleichbaren Temperaturwerte, als auch in der Auswahl der für andere Phasen im Produktlebenszyklus relevanten Echtzeitdaten.

Ein Ansatz diesen Herausforderungen entgegenzutreten, besteht darin, das Potenzial smarter Strukturen zu nutzen, also das Bauteil mit einer Intelligenz auszustatten und es damit als Grundlage für eine durchgängige Datenbasis zu nutzen. Hierbei bilden bauteilintegrierte Sensoren, welche stets vergleichbare, bauteilindividuelle Daten entlang des Lebenszyklus liefern, den Grundstein.

Im Gegensatz zu metallischen Werkstoffen bieten Faserverbundwerkstoffe (FVK) durch ihren laminaren Aufbau und den eingesetzten Herstellungsverfahren den Vorteil, dass Sensoren bereits vor der Fertigstellung des Bauteils integriert werden können. Die Herstellung von Faserverbundbauteilen kann dabei je nach Verfahren bei Prozessdrücken im Bereich von bis zu 6 bar und Temperaturen unterhalb von 160°C erfolgen [2]. Derartige Verarbeitungsbedingungen eröffnen dabei ein viel größeres Fenster für die Auswahl einer zu integrierenden Sensorik, als es beispielsweise beim Spritzgießen von Kunststoffen, wobei Prozessdrücke von teilweise über 1000 bar auftreten, der Fall ist.

Im hergestellten Bauteil schützt das umgebende Material die Sensorik vor Umwelteinflüssen. Auch wirken sich auftretende Lasten und Schäden innerhalb der Struktur bei Auswahl geeigneter Sensoren in charakteristischer Weise auf die Messignale aus. Sind diese Korrelationen verstanden, können die Messdaten der integrierten Sensoren für die Erstellung eines digitalen Fingerabdrucks des Bauteils herangezogen und die gezielte Auswertung und Interpretation der Messdaten für die verschiedensten Anwendungsfälle genutzt werden.

Der genannte Ansatz wurde für automobile Anwendungen in einem Vorläuferprojekt zum Digitalen Fingerabdruck, dem Projekt „LeiFu" (Leichtbau durch Funktionsintegration) bereits in Ansätzen untersucht [3]. Da im DFA der Fokus auf der Erforschung, der Entwicklung und der Ermittlung der Potenziale intelligenter Bauteile im Rahmen einer kombinierten digital-realen Wertschöpfungskette gelegt wird, wird zur Schaffung des benötigten Rahmens (Fertigungstechnologien für bauteilintegrierte Sensorik) auf den Ergebnissen von LeiFu aufgebaut. Die Fertigungsverfahren, die in LeiFu eingesetzt wurden, sind das Harzinjektionsverfahren (Resin Transfer Moulding, RTM) [4] und das Vacuum Assisted Resin Infusion (VARI) Verfahren [5]. Details zu den Verfahren können der genannten Literatur entnommen werden. Als Sensortechnologien wurden Fasersensoren und MEMS (Micro-Electro-Mechanical Systems) identifiziert.

In Abschn. 3.1 werden anhand von verschiedenen Use-Cases Messanforderungen für die intelligente Komponente definiert. Eine grundlegende Zielsetzung bei der Auswahl der einzusetzenden Sensorik ist, in allen Abschnitten des Bauteillebens mit derselben Sensorik möglichst viele sinnvolle Messaufgaben abdecken zu können. Mögliche Messgrößen sind hierbei beispielsweise Temperatur, Dehnung und Vibration. Zudem können Bauteilzustände wie Dichtigkeit und Materialermüdung von Interesse sein. Um alle Messaufgaben erfüllen zu können, werden in Abschn. 3.2 verschiedene Sensortechnologien betrachtet und eine geeignete Sensorik ausgewählt.

3.1 Definition der Use-Cases und Umsetzung

Um geeignete Use-Cases für das Projekt zu entwickeln und ein gemeinsames Verständnis des zugrundliegenden Produktentstehungsprozesses zu schaffen, wurde zu Beginn der DFA Ist-Prozess aufgenommen. Dazu wurden beteiligte Industrie- und Projektpartner interviewt und die Ergebnisse mithilfe eines Business Process Model and Notation Diagramms (BPMN-Diagramm) in der Siemens Software Solutionlink dokumentiert. Anschließend wurde ein Netzwerk aus Trends, Implications, Possibilities, Solutions und Solution Process Improvements (TIPS) erstellt und daraus für das DFA-Projekt relevante Handlungsfelder abgeleitet. Dadurch konnten konkrete Use-Cases methodisch erarbeitet und deren Vernetzung zu Problemen und Lösungen logisch dokumentiert werden.

3.1.1 Vorbereitende Analysen (Ist-Prozess Aufnahme & Solution Scoping)

Bei der Aufnahme des DFA Ist-Prozesses wurden die Rollen Kunde, OEM, Tier 1, sowie Tier 2 betrachtet und zusätzlich zu den Prozessschritten auch die übergebenen Input- und Output-Objekte modelliert.

Der Ist-Prozess beginnt mit dem Entwicklungsauftrag und der Erstellung des Lastenhefts aufseiten des OEM, in das die Anforderungen der Kunden einfließen. Daraus erstellt der Tier 1 ein Pflichtenheft und beginnt nach einer Make-or-Buy-Analyse mit der Entwicklung der Baugruppen. Nach erfolgter simulativer Absicherung der Bauteile und der Erstellung von Prüfvorschriften und Erprobungsplänen werden verschiedene Musterphasen und Meilensteine innerhalb des Tier 1 durchlaufen. Der Tier 2 liefert hierbei zunächst Musterbauteile, später Serienbauteile zu. Nach der Freigabe im sogenannten Production Part Approval Process (PPAP) startet die Serienproduktion der Bauteile und anschließend des gesamten Fahrzeugs. Mit der Übergabe des Fahrzeugs an den Kunden beginnt die Nutzungsphase, die häufig als In-Service-Phase bezeichnet wird. Während der Nutzungsphase findet sowohl bei dem OEM, als auch bei den entsprechenden Zulieferern das Beschwerdemanagement statt, bis das Fahrzeug das sogenannte End-of-Life erreicht (Abb. 3.1).

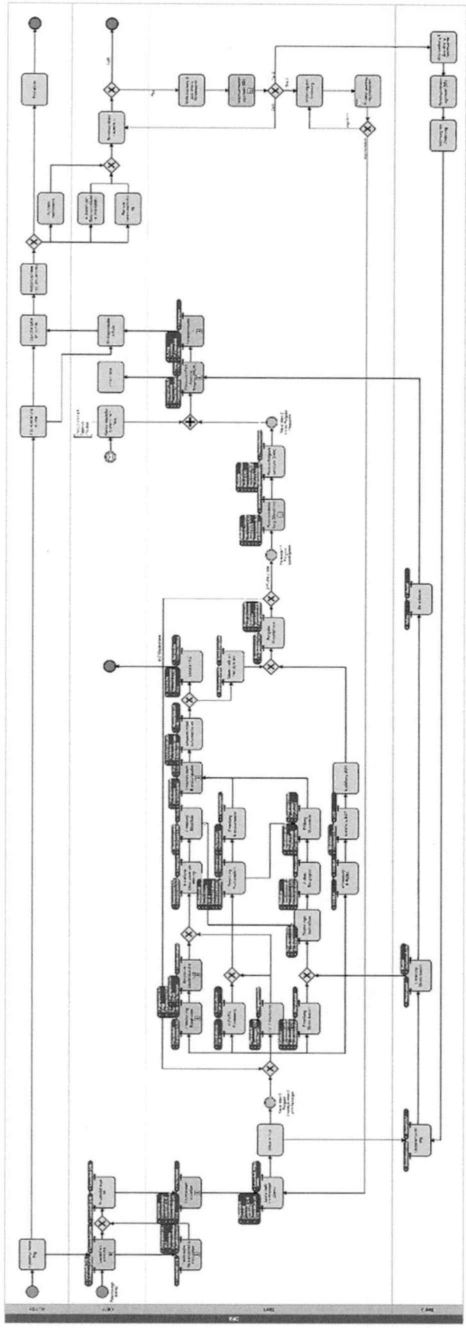

Abb. 3.1 DFA Ist-Prozess mit Inputs und Outputs

Ausgehend von diesem Ist-Prozess wurde als Basis für die weitere Use -Case Definition ein Solution Scoping durchgeführt, wofür zunächst eine Value Map in Solutionlink erstellt wurde. Dabei werden Trends, Implications, Possibilities, Solutions und Solution Process Improvements (TIPS) aus bereits vorhandenen Industry Best Practices und Templates ausgewählt und miteinander verknüpft. So entsteht das sogenannte TIPS-Netzwerk. Trends stehen dabei für globale Trends, Visionen oder Strategien. Implications beschreiben Herausforderungen und Auswirkungen dieser Trends. Possibilities beschreiben die sich durch die Challenges ergebenden Handlungsfelder und Initiativen. Solutions spiegeln die für die Umsetzung dieser Handlungsfelder benötigten Lösungen und Fähigkeiten wider. Die Solution Process Improvements sind die Verbesserungspotenziale, die durch den Einsatz der entsprechenden Solutions realisiert werden können. Durch das kundenspezifische Verknüpfen dieser Elemente entsteht ein durchgängiges Netzwerk, das die methodische Vorgehensweise logisch herleitet und strukturiert, während es das Übersehen von Problemen und Lösungen verhindert (Abb. 3.2).

Durch diese interaktive und kollaborative Arbeitsweise zwischen den verschiedenen am Projekt beteiligten Unternehmen und Partnern konnten schnell und einfach Probleme, Lösungen und deren Mehrwerte erarbeitet und dokumentiert werden. Darauf aufbauend wurden im nächsten Schritt die für den DFA relevanten Use-Cases definiert.

3.1.2 Ableitung der Use-Cases

Basierend auf dem modellierten Ist-Prozess und dem erarbeiteten TIPS-Netzwerk wurden für das DFA-Projekt relevante Anwendungsfälle abgeleitet. Dabei haben sich in Abstimmung mit den Projektpartnern zunächst drei wesentliche Handlungsfelder ergeben:

1. Identifikation tatsächlicher Lastfälle: Identifikation (und Modellierung) tatsächlicher und neuer Lastfälle aus dem Betrieb, um daraus konstruktive Maßnahmen und/oder auch neue oder angepasste Absicherungsmaßnahmen abzuleiten
2. Predictive Maintenance basierend auf Zuständen einzelner Bauteile: Abgleich der physischen Bauteile mit virtuellen Bauteilen (bzgl. Qualität, Funktion, Sicherheit, etc.)
3. Identifikation und Bewertung von Abweichungen in der Produktion: Identifikation der Abweichungen mit Hilfe von Sensoren (anhand bestimmter charakteristischer Messwerte) und virtuelle Bewertung dieser Abweichungen (z. B. Ausschuss ja/nein)

Diese Handlungsfelder wurden in das TIPS-Netzwerk eingearbeitet und anschließend priorisiert. Dabei wurden die Handlungsfelder 1 und 3 als grundlegend priorisiert, Handlungsfeld 2 als mögliche Erweiterung zu einem späteren Zeitpunkt.

Im Verlauf des Projektes wurden die Handlungsfelder stetig weiterentwickelt und angepasst, sodass sich folgende Use-Cases für die finale Projektphase ergeben haben:

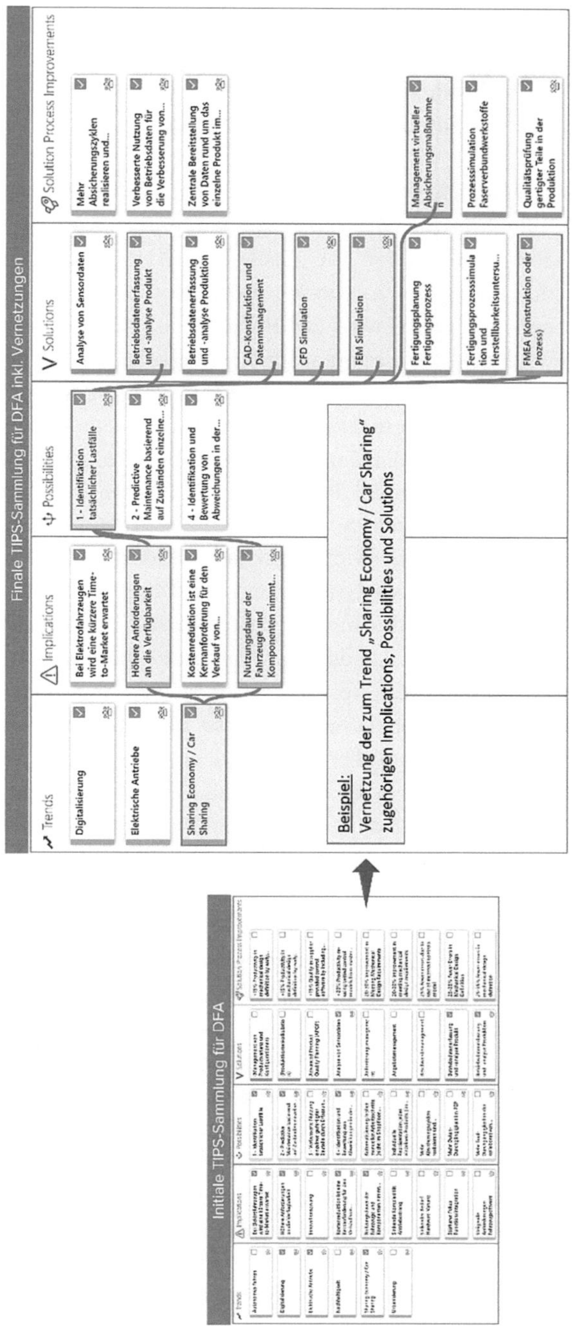

Abb. 3.2 Value Map des DFA mit beispielhafter Vernetzung

- Use-Case 1: Reduktion des Ausschusses bei der Bauteilproduktion durch Inline-Prozessanpassung
- Use-Case 2: Kunden- und anwendungsspezifische Bauteilauswahl
- Use-Case 3: Virtueller TÜV – Predictive Maintenance
- Use-Case 4: Automatisierte Bauteil- und Prozessevolution

Use-Case 1 beschreibt die Möglichkeit zu Inline-Prozessanpassungen, wodurch der Ausschuss bei der Bauteilproduktion reduziert werden kann. Dabei wurde betrachtet, dass Schwankungen in der Bauteilproduktion die Bauteilgüte beeinflussen. Um zulässige Schwankungen quantifizieren zu können, wurden Toleranzen definiert. Sobald die Fertigung diesen Toleranzbereich verlässt, wird das Bauteil klassischerweise als Ausschuss gewertet. Die Live-Überwachung aller Fertigungsprozesse ermöglicht in diesem Use-Case jedoch eine Simulation des aktuellen Bauteils für die Ermittlung seiner tatsächlichen Leistungsfähigkeit. Liegt die simulierte Leistungsfähigkeit innerhalb des Toleranzbereichs, kann das Bauteil weiterverwendet werden, wodurch der Ausschuss reduziert wird. Gleichzeitig ermöglicht die Simulation der Prozessschritte und deren Schwankungen die Anpassung der vorgegebenen Toleranzen. So lassen sich neben dem Ausschuss auch die Bauteilentwicklungszeiten, sowie die Entwicklungskosten senken.

Use-Case 2 beschreibt aufbauend auf Use -Case 1 die Möglichkeit, Bauteile anhand der erfassten Sensordaten und der damit möglichen realitätsnahen Simulation der Leistungsfähigkeit der jeweiligen Bauteile kunden- und anwendungsspezifisch auszuwählen. Verschiedene Kunden und Anwendungen stellen verschiedene Anforderungen an das Bauteil. Schwankungen in der Produktion können gewisse Bauteile so beeinflussen, dass sie bestimmte Anforderungen nicht erfüllen, während sie für andere Anwendungsbereiche durchaus eingesetzt werden könnten. Ist die tatsächliche Leistungsfähigkeit des Bauteils durch die simulative Absicherung anhand der ermittelten realen Feldlastdaten bekannt, kann es für entsprechende Einsatzbereiche ausgewählt werden. Dadurch wird der Ausschuss reduziert.

Use-Case 3 beschreibt den Einsatz von Predictive Maintenance für eine stetige Absicherung der Leistungsfähigkeit des Bauteils während der Nutzungsphase. Die während der Nutzungsphase erfassten Sensordaten können entsprechend analysiert werden und so Rückschlüsse auf den Gesundheitszustand des Bauteils oder der umgebenden Komponenten geben. Dadurch können individuelle Wartungs- und Reparaturzyklen realisiert und die Lebensdauer der Bauteile und umgebenden Komponenten verlängert werden.

Use-Case 4 zeigt die Möglichkeit automatisierter Evolutionen der Bauteile und Prozesse auf. Die vom Bauteil während der Fertigung übermittelten Sensordaten geben Einblicke in die Fertigungsprozesse und können dafür genutzt werden, diese effizienter auszusteuern und weiterzuentwickeln. Die während der Nutzungsphase erhobenen Daten können wiederum entsprechend der an das Bauteil gestellten Anforderungen ausgewertet werden, sodass auch das Bauteil selbst weiterentwickelt und an die real auftretenden

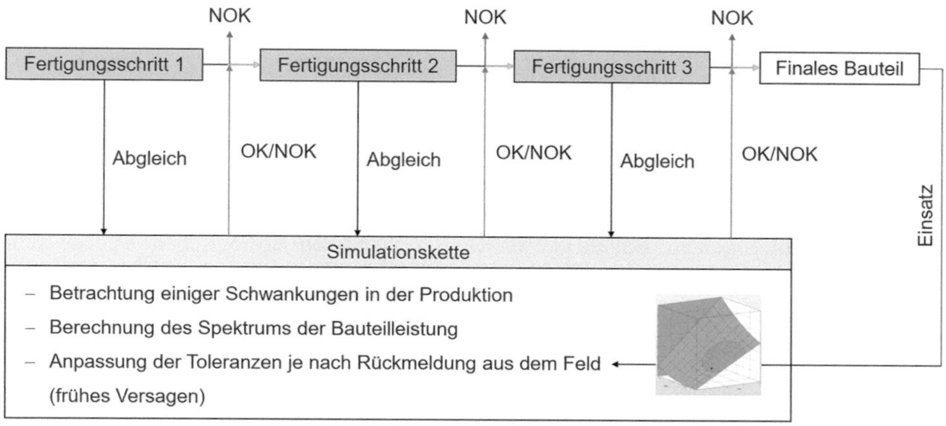

Abb. 3.3 Use-Case 1 – Konzept

Anforderungen angepasst werden kann. So können die Bauteilentwicklungszeit verkürzt und die Entwicklungskosten gesenkt werden.

Im Rahmen des Projektes wurde sich auf Use-Case 1 fokussiert (Abb. 3.3), da dieser eine breite Basis für das Aufzeigen der Möglichkeiten eines Digitalen Fingerabdrucks bietet und auf alle quantifizierbaren globalen Ziele des Projektes einzahlt. Dafür wurde zunächst ein konzeptionelles Vorgehen beschrieben, welches später im Rahmen des Demonstrators anhand des Fertigungsschrittes „Aufheizen" implementiert wurde.

3.1.3 Umsetzung als Demonstrator

Um die definierten Use-Cases anschaulich umsetzen zu können wurde als Demonstrator-Bauteil das Gehäuse einer Leistungselektronik als Hybridstruktur aus Faserverbundkunststoff und Aluminium ausgewählt und prototypisch aufgebaut. Dabei wurden Sensoren in das Bauteil integriert, die Temperatur und Beschleunigung erfassen können.

Das Demonstrator-Bauteil des DFA ist der Deckel eines Gehäuses einer Hochleistungselektronik. Die Hochleistungselektronik wird in Elektroautos zur Umwandlung des Batteriegleichstroms in Wechselstrom für die Elektromotoren verwendet. Der Deckel wird aus glasfaserverstärktem Kunststoff gefertigt. In eine der Lagen des Glasfasergewebes wird ein Sensorband eingewebt und somit wird das Sensorband im Fertigungsprozess in das Bauteil integriert. Das Sensorband ist eine Sonderanfertigung von Bosch und ist mit drei BMA456 Sensoren bestückt. Die Sensoren liefern Daten mit bis zu 1600 Hz für Temperatur und X, Y und Z Beschleunigung im Bereich von $+-(2,4,8,16)$g.

Zudem wurden die für den Demonstrator zu durchlaufenen Prozessketten untersucht und mitsamt der benötigten Input- und anfallenden Output-Objekte dokumentiert.

Die reale Prozesskette beschreibt dabei den Fertigungsprozess des Demonstratorbauteils, angefangen von Band- und Textilherstellung, gefolgt von einem Textilzuschnitt, der Bestickung und dem Drapieren, einem weiteren Textilzuschnitt, dem RTM-Prozess, dem Tempern und Besäumen, sowie dem Neuanschluss der Sensorbänder. Die virtuelle Prozesskette beschreibt hingegen den Simulationsprozess, bestehend aus Textilauslegung, Drapiersimulation, Auslegung der Verstärkung, Vernetzung der Bauteile, Struktursimulation, Ermüdungssimulation, sowie der Ausfallwahrscheinlichkeitsbestimmung.

Die vom intelligenten Bauteil gesendeten Sensordaten ermöglichen es, die reale und virtuelle Prozesskette zusammenzuführen und Simulationen anhand tatsächlich erfasster Daten durchzuführen. Durch dieses Zusammenspiel der realen und virtuellen Daten kann die Reduktion des Ausschusses bei der Bauteilproduktion durch Inline-Prozessanpassungen realisiert und in Form des Demonstrators aufgezeigt werden.

Für die Umsetzung des UseCase 1 „Reduktion des Ausschusses bei der Bauteilproduktion durch Inline-Prozessanpassung“ sind folgende Bausteine notwendig. Einerseits ein intelligentes Bauteil, welches bereits während der Fertigung, der Montage, sowie der Nutzung Sensordaten automatisch erfasst und sendet. Andererseits ein Portal, welches die gesendeten Daten empfängt und strukturiert. Diese Daten müssen ausgewertet und reduziert werden, damit sie strukturiert und semantisch höherwertig in einer Datenbank gespeichert werden können. Diese aufbereiteten Daten dienen anschließend zur Steuerung der Simulationskette, die auf Basis der realen Daten Simulationen durchführt und die Simulationsergebnisse in die Datenbank zurückspielt. Je automatisierter dieser Fluss durchlaufen werden kann, desto höher ist der Mehrwert des Use-Cases. Die nachfolgende Abbildung zeigt das aus dem vorherigen Kapitel beschriebene Konzept von Use -Case 1, angereichert mit den für den Demonstrator ausgewählten, zu betrachtenden Fertigungsschritten und Systemen (Abb. 3.4).

Als erster Prozessschritt, der im Demonstrator implementiert werden soll, wurde der Fertigungsschritt „Aufheizen“ definiert. Dabei gibt der Prozessverantwortliche zunächst die minimal und maximal erlaubten Temperaturwerte als Toleranzen in das Datenmanagementsystem ein. Das Gewebe-Stack muss bis zum Erreichen der Schmelztemperatur des thermoplastischen Binders aufgeheizt werden. Um dies zu Überwachen werden die Sensoren angeschlossen, bevor der Aufheiz-Vorgang gestartet wird. Die Sensoren messen während des Aufheizens kontinuierlich die Temperatur und senden diese Informationen an die Plattform Thingsboard, wo diese strukturiert abgespeichert werden. Daraus werden mithilfe einer Auswerterountine die Minimum- und Maximum-Werte abgeleitet. Statt der gesamten, von den Sensoren erfassten Daten, werden nur diese Minimum- und Maximum-Werte an das Datenmanagementsystem weitergegeben und dort mit den zuvor hinterlegten Toleranzen abgegblichen. Liegen die gemessenen Sensorwerte außerhalb des Toleranzbandes, so wird das Bauteil zunächst als Ausschuss betrachtet. Diese Information wird im Datenmanagementsystem hinterlegt und führt zu einem Stopp der weiteren Herstellung dieses Bauteils.

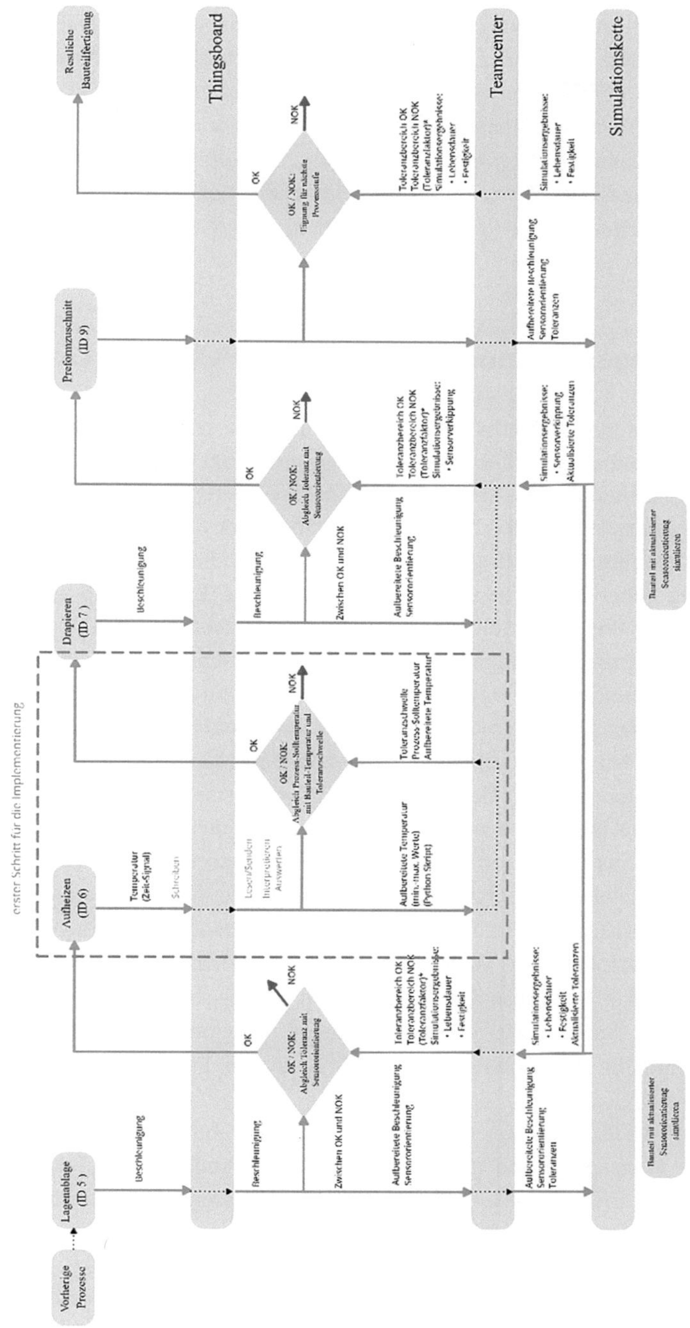

*Toleranzfaktor: Supervisor-Skript für Teilprozess, KI-mäßige Anpassung durch Auswertung der Güte aller gefertigter Bauteile

Abb. 3.4 Use-Case 1 – Implementierung

Bei den nachfolgenden Prozessschritten findet ein ähnlicher Abgleich der Ist- und Soll-Werte statt, der bei Abweichungen über das Toleranzband hinaus jedoch zusätzlich einen Workflow starten würde. Dieser Workflow startet die Simulationskette und übergibt die tatsächlich gemessenen Sensordaten als Inputparameter für die Simulationen. Diese können anschließend anhand der realen Parameter simulativ feststellen, ob das Bauteil tatsächlich als Ausschuss gewertet werden muss, oder ob trotz der Überschreitung der Toleranzbereiche eine ausreichende Leistungsfähigkeit sichergestellt werden kann. Dadurch kann der Ausschuss in der Produktion deutlich reduziert und Produktionskosten eingespart werden.

3.2 Datenmanagement und Anbindung an PLM-Software

Um die in Abb. 3.4 gezeigten Daten- und Informationsflüsse realisieren zu können, ist ein umfangreiches Datenmanagement erforderlich. Da das intelligente Bauteil Sensordaten über seinen gesamten Lebenszyklus hinweg sendet, bietet sich ein durchgängiges Product Lifecycle Management (PLM) an. Dieses ermöglicht die Erfassung, Organisation, Speicherung, Verwaltung und Bereitstellung von Daten, die während des gesamten Produktlebenszyklus generiert werden. Es stellt die logische Erweiterung des Product Data Managements (PDM) dar, welches lediglich die Verwaltung von Produktdaten im Produktentstehungs prozess beinhaltet. PLM umfasst verschiedene Arten von Informationen, einschließlich technischer Zeichnungen, Spezifikationen, Stücklisten, CAD/CAE-Modelle, Produktionsdaten, Qualitätsdaten, Dokumentationen und anderen relevanten Informationen über den kompletten Produktlebenszyklus. Diese Informationen werden in einer zentralen Datenbank oder einem PLM-System gespeichert und können von verschiedenen Abteilungen und Stakeholdern im Unternehmen abgerufen und genutzt werden. Die Hauptziele von PLM sind die Verbesserung der Effizienz und Genauigkeit bei der Produktentwicklung, die Reduzierung von Fehlern und Redundanzen, die Förderung der Zusammenarbeit zwischen verschiedenen Abteilungen und die Sicherstellung der Einhaltung von Vorschriften und Standards. Dazu umfasst es verschiedene Funktionen wie Versionskontrolle, Änderungsmanagement, Zugriffskontrolle, Workflow-Management, Suche und Abfrage von Daten, Integration mit anderen Unternehmenssystemen und die Möglichkeit, Daten mit externen Partnern und Lieferanten auszutauschen.

Durch ein effektives PLM können Unternehmen den gesamten Produktlebenszyklus optimieren, von der Konzeption und Entwicklung über die Produktion und den Vertrieb bis hin zur Wartung und Entsorgung. Es ermöglicht eine bessere Zusammenarbeit, verbesserte Produktqualität, verkürzte Markteinführungszeiten und eine effizientere Nutzung von Ressourcen.

Im nächsten Kapitel wird der Weg dieser Daten- und Informationsflüsse bis hin zur Integration ins PLM-System beleuchtet. Dies bildet die Grundlage für die zuvor beschriebenen Mehrwerte.

3.2.1 Konzept zur Sensordatenerfassung und -verarbeitung

Das langfristige Ziel ist es einen (automatisierten) Simulations- und Realdatenloop zu ermöglichen, durch den die primären Use-Cases des Projektes (siehe Abschn. 3.1) ermöglicht werden können und somit die übergeordnete Vision einer autonomen Wertschöpfungskette weiter in die Nähe rückt.

In Abb. 3.5 sind die beiden genannten Datenkreisläufe zwischen dem Bauteil bzw. dem Demonstrator und seinem digitalen Fingerabdruck dargestellt. Mit dem Realdatenloop, der durch die im Bauteil integrierten Sensoren ermöglicht wird, ist eine durchgängige Bauteilüberwachung möglich. Es werden durch die Erhebung und den Abgleich von Herstellungsparametern und den angenommenen Auslegungslasten, als auch durch die Rückführung dieser Messdaten in die Simulation, Erkenntnisse für die nächste Bauteilevolution gewonnen. Der Simulationsdatenloop trägt zur Entwicklung des digitalen Fingerabdrucks bei, indem durch virtuelle, aber auch wie zuvor erwähnt, durch realdatengestützte Simulationen eine vorrauschauende Instandhaltung und frühzeitige Schadensdetektion ermöglicht wird und damit die Entwicklungszeit und auch die Entwicklungskosten reduziert werden können, als auch eine automatisierte Wertschöpfungskette realisiert werden kann.

Um dieses Ziel zu erreichen, müssen die von den Bauteilen erzeugten Sensordaten in aufbereiteter Form in ein zentrales PLM-System eingespeist und den Ingenieuren für die (Weiter-)Entwicklung des Bauteils bereitgestellt werden. Dazu wurde eine Client-Server

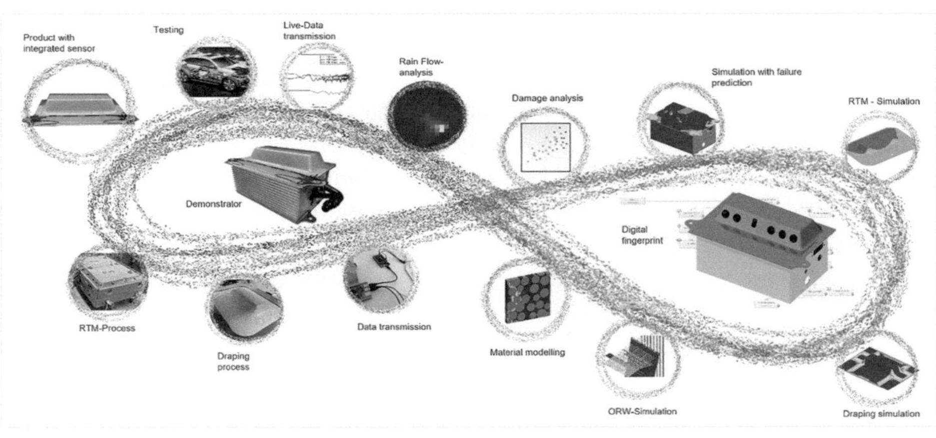

Abb. 3.5 Datenkreislauf des Digitalen Fingerabdrucks

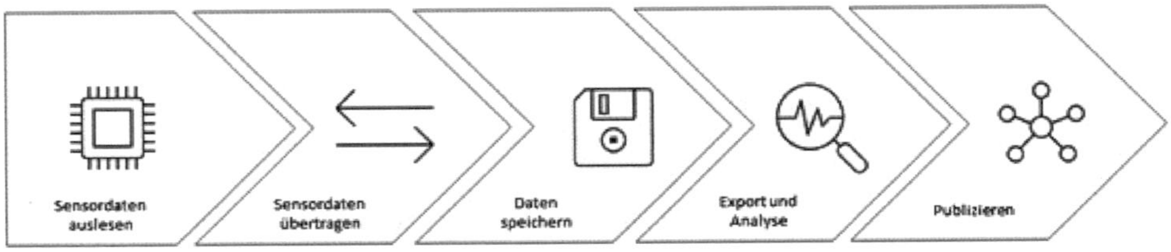

Abb. 3.6 Komponenten des Digitalen Fingerabdrucks zur Sensordatenerfassung

Architektur gewählt, in welcher die Clients die Sensoren auslesen und die Daten an einen zentralen Server senden. Der zentrale Server erfasst diese Daten und nimmt die Weiterverarbeitung vor. Nach der Weiterverarbeitung kann der zentrale Server die aufbereiteten Daten ins PLM-System einspeisen. Was hier als „zentraler Server“ bezeichnet wird, ist eine Sammlung von serverseitigen Diensten.

Die Lösung lässt sich grob in folgende Komponenten (Abb. 3.6) teilen:

1. **Auslesen der Daten des Sensors**: Der Sensor wird mittels SPI-Schnittstelle an beispielsweise einen Microcontroller wie den Arduino Due oder einen kleinen Einplatinencomputer wie den Raspberry Pi angeschlossen und mittels des UART-Protokolls und die Sensordaten ausgelesen.
2. **Übertragung der Daten an zentralen Server:** Die ausgelesenen Sensordaten werden client-seitig aufbereitet und in ein einheitliches Datenformat überführt, bevor sie über einen Transportweg an den Server übertragen werden. Für den Transport stehen verschiedene Protokolltypen wie REST, Message Queue oder Message Bus zur Verfügung.
3. **Speicherung der Rohdaten:** Die übertragenen Daten werden in einer Datenbank persistiert und stehen so für weitere Auswertungen zur Verfügung.
4. **Auswertung der Rohdaten:** Die Auswertung der Daten inkludiert den Export von Rohdaten, die Darstellung der Sensordaten als Graphen und komplexere Auswertungen per Min-Max-, Rainflow- oder PSD-Analyse. In diesem Schritt werden die Daten auch für den Import ins PLM-System vorbereitet.
5. **Einspeisen von Daten in das PLM-System und andere Dritt-Systeme**: Aufbereitete Daten sollen in das PLM-System als Grundlage für die Weiterentwicklung des Bauteils eingespielt werden.
6. **Messsteuerung mittels DFA-Portal:** Mittels der webgestützten Applikation DFA-Portal kann der Anwender Messparameter konfigurieren und Messungen starten und stoppen. Dabei wird ebenfalls die Bauteilkennung und der Fertigungsschritt konfiguriert, um die Messung einem Bauteil und Fertigungsschritt zuordnen zu können.

Während der Entwicklung wurde regelmäßig auf neue Gegebenheiten, Anforderungen und neue Herausforderungen reagiert. Dadurch sind mehrere aufeinander aufbauende Iterationen bzw. Versionen der Lösung entstanden. Von Version zu Version wurde der Umfang an Features, die Nutzerfreundlichkeit und der Automatisierungsgrad gesteigert.

Ursprünglich war eine erste Auswertung der Sensordaten auf dem Edge Device vorgesehen, um die zu übertragenden Datenmengen zu reduzieren. Durch den Wegfall einiger Schlüsselressourcen musste darauf aber leider verzichtet werden und die Daten werden stattdessen als Rohdaten übertragen und erst serverseitig verarbeitet.

3.2.2 Sensorauswahl

Die Bandbreite möglicher Methoden und Sensoren für die Herstellung intelligenter Verbundstrukturen beispielsweise für den Einsatz in Structural Health Monitoring (SHM) Anwendungen ist sehr groß. Die Anwendungsspanne reicht von GPS-Vermessungssystemen von Brücken und Bauwerken, bis hin zur Integration von kleinsten, durch Micro- und Nanotechnologie hergestellten Sensoren in Strukturbauteilen [6].

Im Bereich der Faserkunststoffverbunde sind folgende Sensoren gebräuchlich [7]:

- Piezoelektrische Sensoren
- Optische Sensoren, insbesondere faseroptische Sensoren
- Beschleunigungssensoren
- Metallische Dehnungsmessstreifen
- Mikrowellen- und Ultraschallsensoren
- Metalloxidfilme
- Dotierte Halbleiter
- Wirbelstromsensoren
- Magnetostriktive Sensoren
- Wireless Sensoren wie z. B. akustische Sensoren

Nach aktuellem Stand der Forschung fehlt es jedoch bei den verfügbaren SHM-Systemen für Verbundwerkstoffe noch an integrierten, aber langfristig zuverlässigen Lösungen, die für den Einsatz unter Betriebsbedingungen in mobilen Anwendungen geeignet sind. Diese Herausforderung macht die Entwicklung neuartiger Herstellungsmethoden für intelligente Verbundwerkstoffe erforderlich, welche eine robuste, präzise und minimalinvasive Einbettung von Sensoren in einen Faserverbundwerkstoff ermöglicht [8]. Weiterhin sind viele der in der Forschung untersuchten und in der Industrie eingesetzten Sensorsysteme kostenintensiv oder sehr komplex in der Handhabung, was ihren Einsatz, je nach Anwendungsfall, in der Luft- und Raumfahrt noch erlaubt. In der Automobilindustrie, wo Bauteilkosten und Serientauglichkeit maßgebliche Kriterien sind, ist ihr Einsatz meist nicht mehr gerechtfertigt [9]. Hierbei sind vor allem die Kosten für das Gesamtsystem, d. h. der Messkette bestehend aus Sensor und Auswerteeinheit, entscheidend.

Für den Aufbau eines SHM-Systems mit den oben genannten Randbedingungen erscheinen als Ergebnis aus dem Verbundprojekt LeiFu zwei Grundsysteme als vielversprechend. Auch in der aktuellen Forschung wird diesen Systemen sehr viel Aufmerksamkeit geschenkt [10]:

- Fasersensoren; zur Strukturfaser vergleichbare Verarbeitungseigenschaften
- MEMS; in Unterhaltungselektronik milliardenfach verbaut, kostengünstig

Die erste Gruppe an Sensoren stellen faserbasierte Sensoren dar. Aufgrund ihrer Geometrie und Flexibilität lassen sie sich besonders einfach und minimalinvasiv in faserverstärkte Kunststoffe integrieren. Bei der zweiten Gruppe handelt es sich um digitale Sensoren, die bereits für eine Vielzahl von Messgrößen käuflich verfügbar sind und in großen Stückzahlen in der Consumer Elektronik zum Einsatz kommen. Sie zeichnen sich durch ihre kompakte Baugröße und geringe Kosten aus.

Eine mögliche Messaufgabe zur Prozessüberwachung stellt unter anderem die Messung der Fließfront in den gewählten Verarbeitungsprozessen für FVK dar. Neben der Möglichkeit zur Prozesssteuerung und Optimierung beeinflusst die Fließfront, d. h. der zeitliche Ablauf der Bauteilausformung maßgeblich die Bauteilqualität.

Im Folgenden werden für die Wahl eines geeigneten Messystems die oben genannten Sensorgruppen anhand der Messaufgabe „Fließfrontüberwachung“ und Eignung in einer mobilen Anwendung, das Bauteil muss in einer späteren Phase des Lebenszyklusses mit den gleichen Sensoren auf Bauteilermüdung bzw. auftretende Lasten hin untersucht werden können, näher betrachtet und diskutiert.

3.2.2.1 Fasersensoren

Faseroptische Sensoren

Es gibt drei Klassen von faseroptischen Sensoren: Interferometric Sensors, Distributed Sensors und „Grating-based“ Sensors. Eine Untergruppe der „Grating-based“ Sensors sind Fiber Bragg Grating Sensors [11]. Fiber Bragg Grating (FBG)-Sensoren sind aus der Gruppe der „Grating-based“ Sensors die einzigen Sensoren, deren Entwicklung so weit vorangeschritten ist, dass sie in Ansätzen kommerziell vertrieben werden. Da besonders diese Sensoren bei der Entwicklung von Structural Heath Monitoring Systems für Faserverbundstrukturen verwendet werden, wird im nächsten Abschnitt das Messprinzip und die Anwendung dieser Sensoren im SHM für Verbundwerkstoffe erklärt. Eine Übersicht über alle Gruppen von optischen Sensoren und deren Funktionsweise kann [11] entnommen werden.

Im Kern der optischen Faser befindet sich ein feines Gitter aus parallelen Linien. Der Sensor wird an eine Lichtquelle angeschlossen. Eine bestimmte Wellenlänge des einfallenden Lichts wird durch das Gitter reflektiert. Diese Wellenlänge wird als Bragg-Wellenlänge bezeichnet. Welche Wellenlänge reflektiert wird bzw. welche Bragg-Wellenlänge vorliegt, wird vom Brechungsindex der Faser und vom Abstand der parallelen Linien bestimmt. Diese zwei Parameter werden wiederum durch die Temperatur und die Dehnung des Sensors geändert. Änderungen in der Temperatur und Dehnung machen sich in einer Änderung der Bragg-Wellenlänge bemerkbar [11, 12]. Die Sensoren können entweder direkt in die Faserverbundstruktur einlaminiert oder an der Oberfläche befestigt werden. Dabei ist es unerheblich, um welche Art und Kombination von Faser oder Matrixwerkstoffen es sich handelt [13–15].

FBG-Sensoren können bei statischen und dynamischen Versuchen, zum Beispiel zur Messung der Dehnung, eingesetzt werden [16]. Aus den Dehnungswerten kann auf die Spannungen bzw. auf die Lasten geschlossen werden, die auf das Bauteil wirken. Dadurch eignen sich die Sensoren zur Lastenüberwachung. Auch ist es durch die Messung der Dehnung möglich Impact-Schäden im Verbundmaterial zu bestimmen. Nach Abspeichern der Dehnungswerte können Abschätzungen der Lebensdauer der Struktur angefertigt werden [11].

Mit FBG-Sensoren ist es des Weiteren möglich, Delamination oder die Ablösung von Versteifungselementen zu detektieren [17, 18]. Es ist auch möglich, das dynamische Verhalten von Strukturen durch FBG-Sensoren zu untersuchen [13, 19]. Der FBG-Sensor ist in der Lage, akustische und Ultraschallschwingungen zu messen. Dadurch ist es mit einem FBG-Sensor auch möglich, die Ausbreitung von Schäden und Rissen zu beobachten [11].

FBG-Sensoren eignen sich nicht nur für einfache Proben, sondern auch für komplexe Strukturen, wie z. B. versteifte Faserverbund-Paneele oder Sandwichstrukturen. Hierbei werden die Sensoren üblicherweise auf die Oberfläche montiert [19, 20]. Herkömmliche Dehnungsmesstreifen können durch FBG-Sensoren ersetzt werden [16].

Trotz der Vielfältigkeit in der Anwendung und der jüngsten Fortschritte im Bereich der Entwicklung kostengünstiger und robuster FBG-Sensoren [21], sind in der Anwendung meist eine Breitbandlichtquelle, ein Mehrkanalschalter und eine A/D-Wandlerschaltung notwendig [22]. Die in der Messkette benötigten Zusatzkomponenten sind besonders bei mobilen Anwendungen nur sehr schwer in oder im Umfeld einer intelligenten Komponente zu platzieren und führen zu zusätzlichen Kosten, die einem Einsatz in der automobilen Serienfertigung noch entgegenstehen. Weitere Forschung in der Miniaturisierung der Auswertemodule hin zu kompakten und robusten Lösungen könnte den Einsatz von FBG-Sensoren im automobilen Umfeld ermöglichen.

Piezoelektrische Sensorfasern

Fasermaterialien, wie zum Beispiel Kohlenstofffasern oder Graphen, weisen einen elektrischen Widerstand auf [23, 24]. Das bedeutet, dass der elektrische Widerstand einer Faser direkt proportional zur Geometrie der Faser ist. Durch die Messung des elektrischen Widerstandes ist es möglich, Rückschlüsse auf den Dehnungszustand der Faser zu ziehen [25]. Im Labormaßstab zeigt die Nutzung des piezoresistiven Effekts gute Ergebnisse bei der Bestimmung von Dehnungsänderungen und dem Detektieren von Schäden [26].

Ein häufig verwendetes Polymer für eine piezokapazitive Sensorfaser ist Polyvinylidenfluorid (PVDF). PVDF ist ein thermoplastisches, teilkristallines Polymer mit der besonderen Eigenschaft, dass es unter bestimmten Bedingungen sehr gute piezoelektrische Eigenschaften aufweist. Piezoelektrische Sensorfaser aus PVDF bestehen aus einer Elektrode im Kern, einer umgebenden funktionalen Schicht aus PVDF und einer zweiten Elektrode als Mantel. Durch den piezoelektrischen Effekt entsteht bei der Verformung der Faser eine Spannung, die durch Kontaktierung der Elektroden gemessen werden kann [27].

Aus diesem Grund wird bei elektrisch leitenden Strukturfasern der Ansatz verfolgt, Dehnungen der Struktur direkt durch die Messung des piezoresistiven Effekts bzw. des piezoelektrischen Effekts an der Sensorfaser zu bestimmen. Dadurch ist es auch möglich, Rückschlüsse auf eine Schädigung des Laminates zu ziehen [28]. Bei Faserverbundwerkstoffen, deren Faser nicht leitet, zum Beispiel glasfaserverstärkte Kunststoffe (GFK), gibt es Ansätze, bei denen piezoaktive Fasern direkt in den Verbund eingearbeitet werden.

Die Einarbeitung der Fasern in das Laminat kann dabei bei der Herstellung des Laminats erfolgen, indem die Sensorfaser zwischen zwei Lagen einlaminiert wird [29, 30]. Auch ist es möglich, zum Beispiel durch textilverarbeitende Methoden, die Sensorfaser in das Gewebe des Verbundes einzuarbeiten [31]. Neben der Methode, die Sensorfaser direkt ins Laminat einzuarbeiten, besteht auch die Möglichkeit, die Sensorfaser außen am Laminat anzubringen. Oftmals wurden dafür eigens Fasersensoren entwickelt. Beispielsweise wurden Kohlenstofffasern oder Carbon Nano Tubes (CNT) in thermoplastische oder duroplastische Kunststoffmatrizen eingebettet und zusätzlich mit Elektroden versehen. Dieses miniaturisierte Faserverbundbauteil wurde als Sensor wiederum auf die Faserverbundstruktur aufgeklebt oder direkt einlaminiert [30, 32–37]. Nichtleitende Strukturfasern können mit Kohlenstoffpulver oder CNT beschichtet werden. Dadurch ist es möglich, elektrische Widerstandsmessungen auch an diesen Fasern durchzuführen. Mit CNT beschichtete Fasern werden auch Fuzzy Fibers genannt [25, 38–40].

Bei Strukturfasern besteht auch die Möglichkeit, die in der Regel nichtleitende Matrix zu modifizieren. Es kann zum Beispiel CNT oder Ruß in die Matrix eingebracht werden. Dadurch wird die Matrix leitfähig. Bei der Messung des elektrischen Widerstands an den Fasern, unter Verwendung einer modifizierten Matrix, werden glattere Messkurven erzielt [41]. Bei nicht piezoelektrischen Fasern wird der elektrische Widerstand der Matrix gemessen. Daraus können Dehnungen bestimmt und Schädigungen detektiert werden [42–44].

Um einen elektrischen Kontakt für die Widerstandsmessung der Faser zu erzeugen, werden diese meistens mit Kupferelektroden bestückt. Eine andere Möglichkeit besteht darin, die offenen Kanten des Laminats mit Kupferelektroden zu bestücken. Die Kupferelektroden können durch elektrolytische Abscheidung, Galvanisierung oder elektrisch leitende Pasten oder Klebstoffe befestigt werden [28, 42]. Ein anderer Ansatz besteht darin, dünne Kontakte bzw. Leiterbahnen auf eine flexible dünne Polyimidfolie zu drucken. Diese werden dann direkt in den Verbund einlaminiert [45].

Durch die piezoresistive Methode können unterschiedliche Schäden detektiert werden. Bei unidirektionalem kohlenstofffaserverstärktem Kunststoff ist es beispielsweise möglich, mit Gleichstrom Faserbruch zu detektieren, während mit Wechselstrom Zwischenfaserbruch detektiert werden kann [28, 46, 47]. Die Messung der Dehnung oder die Feststellung des Versagens ist in den meisten Fällen in Echtzeit möglich.

Faserbrüche werden beim Erreichen der Bruchdehnung durch einen plötzlichen Abfall des elektrischen Widerstands erfasst [48]. Die Entwicklung von Schäden kann durch die Messung der elektrischen Kapazität bzw. des elektrischen Widerstands an Biegeproben festgestellt werden [23, 47, 49, 50]. Piezoresistive und piezoelektrische Methoden eignen sich zur Identifizierung und Lokalisierung von Delamination [23, 50]. Die Methoden werden auch bei dynamischen Ermüdungsversuchen eingesetzt. Hier können durch die Messung des elektrischen Widerstandes Aussagen über die Restfestigkeit und Steifigkeit des Verbunds gemacht werden [51].

Ein Großteil der Sensorfasern befindet sich jedoch noch im Entwicklungsstadium, wodurch zur Auswahl geeigneter Systeme meist grundlegende Versuche zu Funktion und zur Charakterisierung notwendig sind.

Untersuchungen zur Eingrenzung geeigneter Fasersensoren

Abb. 3.7 zeigt mögliche Fasersensoriken, ihre Bestandteile und Wirkprinzipien, die aufgrund ihrer Funktionalität für die geforderten Messaufgaben infrage kommen.

Für die Verarbeitung und Kontaktierung der Sensorfasern müssen diese mit isolierten Leitungsdrähten verbunden und die Kontaktstellen als auch die teilweise die Sensorfaser selbst vor elektrischen Kurzschlüssen geschützt werden. Hierzu wird in einem ersten Schritt durch Kontaktierung der Sensorfasern mit isolierten Leitungsdrähten eine Vorfaser generiert (Abb. 3.8). Die Kontaktierung kann über verschiedene Methode, wie beispielsweise Löten

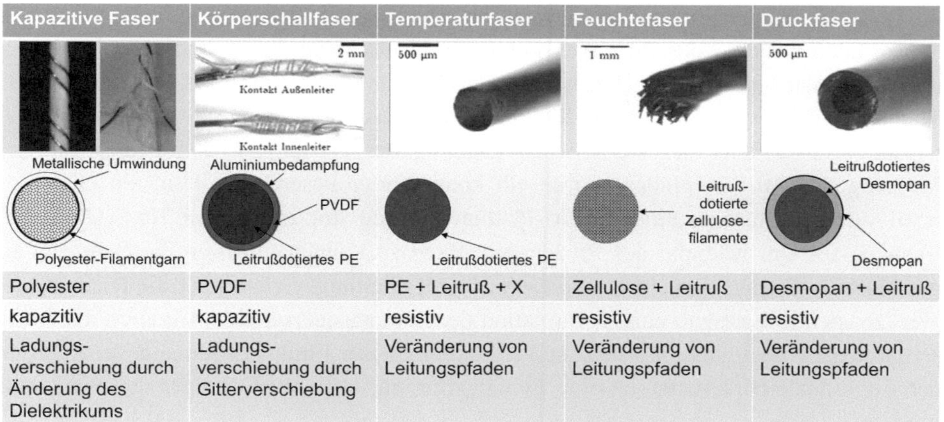

Abb. 3.7 Untersuchte Fasersensoriken, Aufbau und Wirkprinzipien

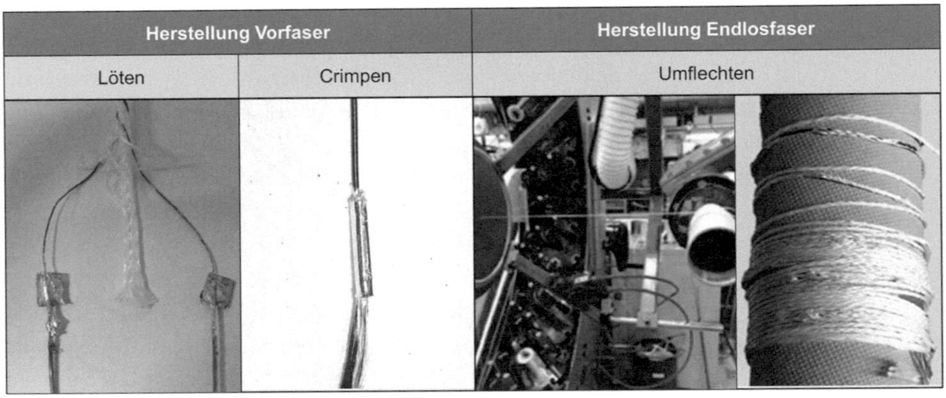

Abb. 3.8 Herstellung einer Vorfaser und verarbeitbaren Endlosfaser für den Einsatz von Fasersensoren in FVK

oder Crimpen, erfolgen Im zweiten Schritt wird dann mittels Umflechtens der Vorfaser mit einem Glasfasergarn eine Endlossensorfaser erzeugt. Die vorkonfektionierte Endlossensorfaser kann schließlich in einem herkömmlichen Webprozess verarbeitet und so in das Verstärkungstextil eingebracht werden.

Messung der Fließfront

Um die Eignung einer kapazitiven Sensorfaser für die Bestimmung der Fließfront im Injektionsprozess zu untersuchen, wurde ein kontaktierter Faserabschnitt in Fließrichtung des Harzes in einem Glasfasertextil eingebracht. Mit dem VARI-Verfahren wurde dann das Faserhalbzeug mit dem Harzsystem, Biresin® Epoxidharz CR170 in Kombination mit dem Härter Biresin® CH170-3 der Firma Sika, infiltriert und während des Injektionsprozesses die Kapazität gemessen (Abb. 3.9). Durch die Änderung des Dielektrikums im Sensorfaden während des Prozesses steigt die die Kapazität linear und proportional zur überstrichenen Sensorlänge. Dies ermöglicht Aussagen zum Füllstand der Kavität, dem Werkzeugfüllverhalten und letztendlich zur Prozessstabilität.

Zur Untersuchung der zusätzlichen Eignung der kapazitiven Sensorfaser für eine Messung des Aushärtegrades, wurde ein kontaktierter Faserabschnitt in ein Glasfasertextil integriert und in einem RTM-Plattenwerkzeug mit injiziertem Harz überströmt (Abb. 3.10). Um während des Prozesses messen zu können, mussten die Sensorleitungen aus dem Werkzeug herausgeführt werden. Der Leitungsverlauf über die Dichtung des Werkzeugs hinweg ergab eine Deformation der Leitungsquerschnitte, wodurch das Messsignal negativ beeinflusst wurde. Zur Vermeidung dieser Einflussgröße und Verbesserung der Reproduzierbarkeit, wurde eine Leitungsführung über einen Steiger des Werkzeugs umgesetzt.

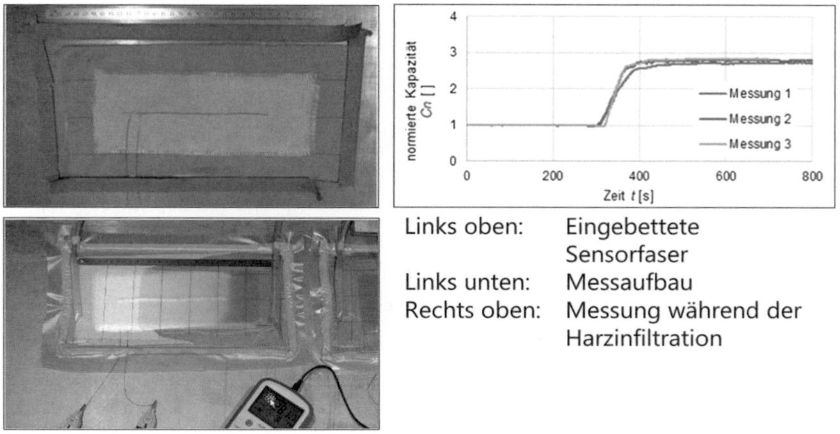

Abb. 3.9 Messung der Fließfront im VARI-Verfahren mittels kapazitiver Sensorfaser

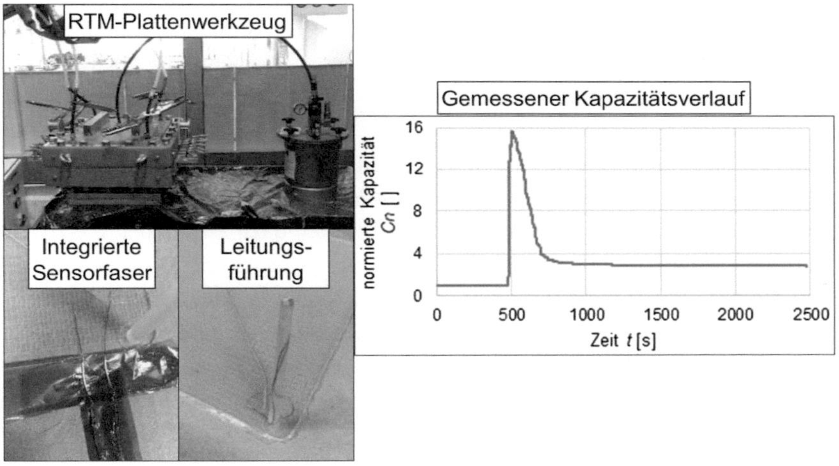

Abb. 3.10 Messung des Aushärtegrades im RTM-Verfahren mittels kapazitiver Sensorfaser und Leitungsführung

Im RTM-Prozess zeigt sich ein vergleichbares Sensorverhalten beim Überstreichen der Faser mit dem Harzsystem wie im VARI-Prozess, wodurch die Ergebnisse aus der Fließfrontuntersuchung validiert werden konnten. Mit Zutritt des Harzes ist ein nahezu linearer Anstieg der Kapazität bis zur vollständigen Füllung des Werkzeugs zu verzeichnen. Mit fortschreitender Aushärtung zeigen Epoxidharze einen Rückgang in der Permittivität, wodurch am Sensor eine geringere Kapazität gemessen wird. Mit Abschluss der Aushärtung liegt die Kapazität dann um das 3–4-fache über dem Startwert.

Fazit
Vergleichbar zur Vielfältigkeit in der Anwendung von FBG-Sensoren können piezoelektrische, faserbasierte Sensoren für eine Vielzahl von relevanten Messaufgaben eingesetzt werden. Nachteilig zeigt sich in den Untersuchungen jedoch, dass für die genaue und störungsfreie Messung der Ladungsverschiebung besonderes Augenmerk auf eine sichere Kontaktierung, einer robusten Isolation der Kontaktierstellen als auch der Abschirmung des Fasersensors und der Zuleitungen gegenüber äußeren elektrischen Felder gelegt werden muss. Weiterhin werden in der Messkette Zusatzkomponenten, wie z. B. Ladungsverstärker und Messwandler benötigt. Die beschriebenen Herausforderungen konnten im Rahmen des Projekts im Hinblick auf den Einsatz des Messaufbau in der Nutzungsphase eines Automobils und der Bauteilherstellung in einem Serienprozess bei hohen Stückzahlen nicht zufriedenstellend gelöst werden.

3.2.2.2 MEMS-Sensoren

MEMS sind Bauelemente, welche aus Logikelementen und beweglichen, mikromechanischen Strukturen bestehen. Sie werden in einer Vielzahl von Anwendungen eingesetzt. So basiert beispiels-weise das elektronische Stabilitätsprogramm von Fahrzeugen oder die Lagedetektion bei Smartphones auf MEMS-Sensoren. Die Vielfältigkeit der Funktionsweisen und Anwendungsgebiete sowie die aktuellen Entwicklungen im Bereich Sensorik werden in [52] beschrieben.

Für den Aufbau von SHM-Systemen werden in der Literatur aus der Vielzahl der möglichen Sensortypen meist Beschleunigungssensoren mit integrierter Temperaturmessung eingesetzt [9, 53, 54]. Beschleunigungssensoren werden dazu verwendet, das dynamische Verhalten von Strukturen zu untersuchen. Über das dynamische Verhalten der Struktur nach einer einmaligen oder dauerhaften Anregung kann auf die Steifigkeit der Struktur geschlossen werden [55]. Beschleunigungssensoren können entweder auf der Oberfläche der Struktur befestigt oder direkt beim Herstellungsprozess in das Laminat eingearbeitet werden [53, 55]. Beim Einlaminieren der Sensoren besteht allerdings die Gefahr, dass die Mikrostruktur des Laminats geändert wird. Dies kann zu einer mechanischen Schwächung des Verbunds führen [56]. Mit Beschleunigungssensoren ist eine Echtzeitüberwachung von Strukturen möglich. Durch Änderungen der Steifigkeit können Impact-Schäden bzw. kann eine Delamination detektiert werden. Unter zyklischer Belastung ist es möglich, Rissausbreitungen und Ablöseerscheinungen zu beobachten [53, 56]. Weiterhin ist durch den Einsatz eines Sensornetzwerks eine Schädigungslokalisation möglich [57].

Es werden im weiteren MEMS-Beschleunigungssensoren betrachtet. Die Bezeichnung MEMS-Sensor wird stellvertretend für MEMS-Beschleunigungssensoren verwendet.

MEMS-Sensoren der Bosch-Gruppe erfüllen die Anforderung nach einem robusten Sensor für Serienanwendungen, die milliardenfach in der Unterhaltungsindustrie eingesetzt werden und kostengünstig am Markt verfügbar sind. Daher wird in den Voruntersuchungen der Sensor BMA280 der Firma Bosch Sensortec GmbH eingesetzt. Alle Details zum Sensor können [58] entnommen werden.

MEMS-Sensoren zur Messung von Beschleunigungen, welche auf Trägheitseffekten basieren, werden Inertialsensoren genannt. Das Messprinzip beruht auf einem Feder-Masse-Dämpfer-System, wobei eine seismische Masse beweglich an einem Sensorgehäuse aufgehängt ist. Die zu messende Beschleunigung wird anschließend anhand der Auslenkung einer seismischen Masse, bezogen auf das Sensorgehäuse, bestimmt. Die hervorgerufene Positionsänderung der Masse führt zu einer Änderung der elektrischen Kapazität, welche von den Logikelementen in ein Beschleunigungssignal umgewandelt und in der anwendungsspezifisch integrierten Schaltung (ASIC) digitalisiert abgelegt wird. Die Signale auf dem ASIC des Sensors können über standardisierte Kommunikationsbusse, Inter-Integrated Circuit (I2C) oder Serial Peripheral Interface (SPI), ausgelesen werden.

Messung der Fließfront

Die durchgeführten Voruntersuchungen zur Messung einer Fließfront im RTM-Prozess sind in [59] dargestellt. In den Untersuchungen wurde für die Validierungsversuche ein RTM-Werkzeug mit transparenter Oberseite verwendet, welches die optische Betrachtung der Fließfrontausbreitung und so den direkten Vergleich mit den Sensorsignalen ermöglichte. Als Harzsystem kamen ein Harz vom Typ Araldite LY 1564 mit dem entsprechenden Härter Aradur 5003-1 BD zum Einsatz. Die Harzströmung wurde durch die transparente Werkzeugoberseite hindurch mit einer Kamera aufgenommen und in Videos dokumentiert.

Die gemessenen Beschleunigungen bildeten die Ausbreitung des Harzes durch das Textil gut ab. Bei $t_1 = 75$ s (75 s nach Beginn der Harzinjektion) zeigte Sensor 1 eine Auslenkung aus der Ruhelage, welche mit einer Überströmung durch das Harz und damit einer Beschleunigung entgegen der Oberflächennormalen übereinstimmte. Eine geringere, aber dennoch signifikante Änderung der Beschleunigung der Sensoren 2 und 3 schien wegen der Verbindung der Sensoren über die Leiterplatte die Folge zu sein. Bei $t_2 = 78$ s zeigte Sensor 2 eine Beschleunigung entgegen der Oberflächennormalen an, die auf die Ankunft der Strömungsfront hinwies. Bei $t_3 = 83$ s stellte sich diese Messantwort bei Sensor 3 ein. Bei $t = 91$ s ist Luft durch einen Anguss in die Kavität gelangt. Die sich bildenden die Luftblasen im vorbeiströmenden Harz führten zu einer Reihe von hochfrequenten Schwingungen, welche auch durch die Sensoren erfasst wurden.

Zusätzliche Informationen ließen sich aus den von den MEMS gemessenen Temperaturen ableiten. Die Temperaturmessung weist hardwareseitig aufgrund von Auflösungsbeschränkungen einen Fehler von ± 2 K auf. Die Temperaturen wurden daher relativ zur jeweiligen Anfangstemperatur angegeben. Zu den identifizierten Zeitpunkten t_1–t_3 zeigten die jeweiligen Sensoren einen Temperaturanstieg, der mit dem Zeitpunkt des Vorbeifließens das vorgewärmten Harzes korreliert.

Außerdem ließen sich die unregelmäßigen Daten, die nach dem Überströmen des letzten Sensors auftraten, anhand der Videos erklären. Die aus dem dynamischen Druck des sich ausbreitenden Harzes resultierende Kraft überstieg die Klemmkraft des Werkzeugs auf das Textil und es trat eine Translationsbewegung des Gewebes im Werkzeug auf. Dies machte sich in mehreren Spitzen in den Signalen bemerkbar.

Fazit

Die durchgeführten Vorversuche zum Einsatz von MEMS für die Herstellung intelligenter Verbundstrukturen weisen auf eine Eignung der Sensoren zur Abdeckung der im Projekt definierten Use-Cases hin. Anders als bei den betrachteten Fasersensoren konnten die Herausforderungen in der Kontaktierung und Kapselung der Sensoren durch die Entwicklung einer angepassten, flexiblen gedruckte Schaltung (flexible printed circuit – FPC) kombiniert mit einer Verkapselung der Sensoren und der dazugehörigen elektronischen Bauelemente auf dem Sensorband gelöst werden. Auch kann das Sensorband über die Werkzeugdichtung sicher aus der Kavität herausgeführt werden. Weiterhin bietet der Einsatz von MEMS den Vorteil, das aus den integrierten Schaltungen das Messignal unmittelbar und über eine digitale im Vergleich zu einer analogen Datenübertragung auch deutlich wenig störanfällig mittels eines Mikrokontrollers bzw. einer Auswerteeinheit ausgelesen und weitergeleitet werden kann.

3.2.3 Erfassung und Aufarbeitung der Sensordaten während der Produktion und des Lebenszyklus

Zentrale Komponente des intelligenten Bauteils, welches die Kopplung seiner realen Produktions- und Nutzungsphase mit seinem digitalen Zwilling ermöglicht, stellt die bauteilintegrierte Sensorik dar. Die hierbei anfallenden Daten müssen erfasst, ausgelesen, abgespeichert und in ein übergeordnetes System, dem digitalen Fingerabdruck, überführt werden. Im Folgenden soll zunächst auf die Signalerfassung und Sensoranbindung und anschließend auf die Datenübertragung und Speicherung eingegangen werden.

Im Laufe des Digitalen Fingerabdrucks wurden zwei verschiedene Sensoren der Firma Bosch Sensortec GmbH genutzt, der BMA280 und der BMA456. Der BMA456 stellt eine Weiterentwicklung des BMA280 dar, und ist aufgrund seiner kleineren Abmaße besser für die Integration in FVK geeignet. Daher wurde im Verlauf des Projekts vollständig auf den BMA456 umgestellt. Prinzipiell sind die grundlegenden Funktionen und Befehle vergleichbar. Details zu den beiden Sensoren können den Datenblättern [58, 60] entnommen werden. Tab. 3.1 zeigt die wesentlichen, für den DFA relevanten, Spezifikationen der beiden Sensoren.

Beide Sensoren können per Serial Peripheral Interface (SPI) oder Inter-Integrated Circuit (I^2C) mit der Peripherie verbunden und über die Schnittstelle Daten ausgetauscht bzw.

Tab. 3.1 Spezifikationen des BMA280 und BMA456 nach [58, 60]

Parameter	BMA280	BMA456	Einheit
Abmaße	$2 \times 2 \times 0{,}95$	$2 \times 2 \times 0{,}65$	mm^3 ($B \times T \times H$)
Messbereich Beschleunigung	±2, ±4, ±8, ±16	±2, ±4, ±8, ±16	G (9,81 m/s^2)
Größe des Wertespeichers	14	16	bit
Versorgungsspannung	1,6–3,6	1,6–3,6	V
Max. Stromverbrauch	130	150	µA
Max. Abtastrate	2000	1600	Hz
Null-g Offset	±50	±20	mg
Messbereich Temperatur	−40–85	−40–80	°C
Maximale Lagerungstemperatur	−50–150	−50–150	°C
Rauschen bei 25 °C	120	120	$\mu g/\sqrt{Hz}$
Selbstüberprüfung	Ja	Ja	–

Einstellungen vorgenommen werden. Die Abtastrate, mit welcher Messwerte aufgenommen werden, ist im Bereich von f = 12,5 Hz bis f = 2000 Hz (BMA280) bzw. 1600 Hz (BMA456) konfigurierbar. Der Takt wird bei beiden Sensoren von einem internen Taktgeber vorgegeben und kann nicht von außen beeinflusst oder vorgegeben werden. Die Beschleunigungen werden in der Größe des Wertespeichers quantisiert. Die Auflösung der Beschleunigungswerte ist abhängig vom Messbereich und kann mittels nachfolgender Formel berechnet werden:

$$\Delta ACC = \frac{2 \cdot |\text{Messbereich}|}{2^{\text{Größe des Wertespeichers}} - 1} \tag{3.1}$$

Der Messbereich ist so zu wählen, dass alle zu erwartenden Beschleunigungen im Messbereich liegen. Liegen Messwerte außerhalb des gewählten Bereichs tritt eine Übersteuerung auf, das sogenannte „Clipping“. Der Sensor liefert dann für alle auftretenden Beschleunigungen außerhalb des Messbereichs die maximale Beschleunigung entsprechend des gewählten Messbereichs. Eine sinnvolle Auswertung der Daten ist ab diesem Punkt nicht mehr möglich.

Durch zufällige Störsignale werden Messsignale verzerrt. Dieser Effekt wird auch Rauschen genannt und hat seinen Ursprung in der zufälligen Beeinflussung der Signale durch verbaute elektronische Komponenten. Die Änderungen des Messsignals müssen über dem Rauschniveau liegen um als solche erkannt zu werden. Das Rauschen der MEMS-Sensoren ist frequenzabhängig und beträgt bei 25 °C $n_{dens} = 120\ \mu g/\sqrt{Hz}$.

Zur Nutzung der maximalen Abtastrate wird der BMA280 im ungefilterten Modus und der BMA456 im „Performance Mode“ betrieben. Der „Performance Mode“ beinhaltet einen 3 dB Cut-Off Filter. Dieser filtert dieser hochfrequente Störsignale heraus, die zu verfälschten Messignalen führen würden, und dämpft dabei Messsignale im Bereich oberhalb der Cut-Off Frequenz, welche bei $f_{3db-xy} = 684$ Hz für die X- und Y-Beschleunigung und bei $f_{3db-z} = 353$ Hz für die Z-Beschleunigung liegt. Die maximal auflösbare Frequenz im Frequenzbereich der Sensoren beträgt $f_{max} = 800$ Hz bzw. 1000 Hz gemäß Nyquist-Theorem.

Beide MEMS-Sensoren verfügen über zwei digitale Ausgänge, welche, je nach Parametrierung, mit verschiedenen Funktionen belegt werden können. Die für den DFA genutzte Funktion ist die Ausgabe der Meldung „Neue Messdaten verfügbar", um in der weiteren Kommunikation die Übermittlung der Messdaten ereignisbasiert, anstatt abfragebasiert umzusetzen.

Ein weiteres wesentliches Merkmal der Sensoren ist die Möglichkeit der Selbstüberprüfung. Die MEMS-Sensoren verfügen über eine umfassende Selbstprüfungsfunktion, bei der anstelle von externen Beschleunigungen elektrostatische Kräfte auf den Sensorkern ausgeübt werden. Durch die tatsächliche Auslenkung der seismischen Masse kann der gesamte Signalweg des Sensors getestet werden. Die Aktivierung des Selbsttests führt zu einem statischen Offset der Beschleunigungsdaten; jede externe Beschleunigung oder Gravitationskraft, die während des aktiven Selbsttests auf den Sensor einwirkt, wird in der Messwertausgabe als Überlagerung aus Beschleunigung und Selbsttestsignal dargestellt. Um eine korrekte Interpretation des Selbsttestsignals zu gewährleisten, wird die Durchführung des Selbsttests für jede Raumachse in beide Richtungen (positiv und negativ) durchgeführt und in der anschließenden Auswertung die Differenz der resultierenden Beschleunigungswerte gebildet. Ist diese Differenz größer als 1,8 g, so gilt die Selbstüberprüfung in Auslenkungsachse als bestanden. Nur wenn alle drei Selbstüberprüfungen in allen Raumrichtungen bestanden sind, wird der Sensor für Messungen eingesetzt.

Zur Kontaktierung des Sensors wird eine flexible gedruckte Schaltung [9, 59] eingesetzt. Diese musste jedoch grundlegend angepasst werden, da anders als in der Arbeit von [9] die Sensorsignale nicht analog sondern direkt aus dem ASIC des Sensors mittels SPI-Protokoll ausgelesen werden. Das Anschlussbild und die Belegung der Anschlüsse am Sensor kann den Datenblättern entnommen werden [58, 60]. Für die Ansteuerung von mehreren Sensoren bei hohen Taktraten entsprechend der Anwendungsfälle im DFA eignet sich der SPI-Bus aufgrund seiner höheren Taktrate besser, so dass die MEMS-Sensoren im DFA über diesen Bus angesteuert werden. Weiterhin erfordert der Betrieb über den SPI-Bus je Sensor die Verwendung von zwei Kondensatoren mit einer Kapazität von jeweils 100 nF. Diese sollten in der Nähe der Sensoren liegen, was beim Design des Sensorbands berücksichtigt werden muss.

Die im DFA zum Ende der Projektlaufzeit eingesetzte Messkette besteht somit aus einem Sensorband, welches zur Redundanz, für Vergleichszwecke und zur Erfassung von ortsveränderlichen Ereignissen (Messung einer Fließfront) mit drei BMA-Sensoren bestückt wird. Als Steuer- und Kommunikationsgerät zu den Sensoren über den SPI-Bus wird ein Mikrokontroller vom Typ Arduino Due [61] eingesetzt. Der Arduino Due ist ein Mikrokontroller Board mit einem 32-Bit Prozessor, einer Taktfrequenz von 84 MHz,

512 kB Flashspeicher und 96 kB RAM, welcher aufgrund seiner Leistungsdaten auch für anspruchsvolle Programme geeignet ist. Eine Eignung der Hardware wurde in Vorversuchen bestätigt und ist dem Meilensteinbericht MS4 zu entnehmen. Die digitalen Ein- und Ausgänge des Mikrokontroller Boards sind auf eine maximale Spannung von 3,3 V ausgelegt, sodass die BMA-Sensoren signalseitig mit einem geforderten Spannungsniveau von 1,6–3,6 V ohne weitere Wandlung betrieben werden können. Auch verfügt der Arduino Due über einen 3,3 V Spannungsausgang, hierrüber kann ebenfalls direkt die Spannungsversorgung der BMA-Sensoren erfolgen. Der Datenaustausch zwischen Arduino-Mikrokontroller und einer nachfolgenden Steuerungs- und Datenaufzeichnungseinheit erfolgt mittels USB-Schnittstelle und definierten 13 Byte großen Datenpaketen. Der Aufbau des Datenprotokolls (Datensatz, Befehlssatz) ist in Abb. 3.11 und 3.12 dargestellt.

Mit der beschriebenen Definition des Datenprotokolls wird sichergestellt, dass Sensordaten über die SensorID einem einzelnen Sensor zugeordnet werden können. Das Auslesen der ChipID stellt eine einwandfreie Kommunikation zum Sensor sicher. Mit Hilfe der relativen Zeitangabe und eines Zählers können Sensordaten eines Sensors in zeitlicher Abfolge rekonstruiert und sortiert werden. Das Status-Byte dokumentiert die vorherige erfolgreiche Selbstprüfung des Sensors, den gewählten Messbereich und -frequenz und zeigt an, ob ein Datensatz priorisiert behandelt werden soll, d. h. ob dieser Datensatz im Rahmen einer laufenden Messung erzeugt wurde. Zu Beginn einer Messung werden auf dem Arduino die relative Zeitmessung und der Zähler für das erste empfangene Datenpaket vom Sensor nach Beginn der Messung auf null gesetzt und alle weiteren Datenpakete vom Sensor relativ zueinander gekennzeichnet. Alle vorherigen

Datensatz

Byte 0	Byte 1	Byte 2	Byte 3	Byte 4	Byte 5	Byte 6	Byte 7	Byte 8	Byte 9	Byte 10	Byte 11	Byte 12
SensorID	X-LSB	X-MSB	Y-LSB	Y-MSB	Z-LSB	Z-MSB	Temp	Status	Time-LSB	Time-MSB	Zähler	ChipID

Status

Bit 0	Bit 1	Bit 2	Bit 3	Bit 4	Bit 5	Bit 6	Bit 7
Messfrequenz				Messbereich		Selbstprüfung (0 = nicht bestanden, 1 = bestanden)	Priorisierte Nachricht (0 = keine Prio, 1 = Prio)

SensorID

Wert	Kommentar
0x00…0x7F	Lesen (128 Sensoren)
0x80…0xFF	Schreiben (128 Sensoren)
ID für Schreibbefehle hat einen Offset von 0x80	

Beschreibung

Feld	Kommentar
X-LSB, Y-LSB, Z-LSB	X-, Y-, Z-Beschleunigung „Least Significant Byte“; geringwertigste Byte
X-MSB, Y-MSB, Z-MSB	X-, Y-, Z-Beschleunigung „Most Significant Byte“; hochwertigste Byte
Temp	Temperaturbyte (Zweierkomplement)
Time	Relativer Zeitversatz in µs zu vorherigem Datenpaket bzw. „0“
Zähler	Durchlaufender Zähler von 0 bis 256 (Sortierung der Datenpakete)
ChipID	Sensortyp, bspw. BMA456 hat die ID „0x16“
Messfrequenz	Kodierung der Messfrequenz nach Datenblatt
Messbereich	Kodierung des Messbereichs nach Datenblatt

Abb. 3.11 Datenprotokoll Arduino zur USB-Schnittstelle (Datensatz)

Befehlssatz												
Byte 0	Byte 1	Byte 2	Byte 3	Byte 4	Byte 5	Byte 6	Byte 7	Byte 8	Byte 9	Byte 10	Byte 11	Byte 12
SensorID	Befehl	Befehl an / aus	Daten 1	Daten 2	leer	leer	leer	leer	leer	leer	leer	leer

Status							
Bit 0	Bit 1	Bit 2	Bit 3	Bit 4	Bit 5	Bit 6	Bit 7
Messfrequenz				Messbereich		Selbstprüfung (0 = nicht bestanden, 1 = bestanden)	Priorisierte Nachricht (0 = keine Prio, 1 = Prio)

SensorID	
Wert	Kommentar
0x00…0x7F	Lesen (128 Sensoren)
0x80…0xFF	Schreiben (128 Sensoren)
ID für Schreibbefehle hat einen Offset von 0x80	

Beschreibung					
Byte 0	Byte 1	Byte 2	Byte 3	Byte4	Kommentar
0x80	0x00	0x00 0x01	Nicht belegt	Nicht belegt	Trennen aller Sensoren Verbinden aller Sensoren
0x80	0x01	0x00 0x01	Nicht belegt	Nicht belegt	Nachrichten nicht priorisieren Nachrichten priorisieren
0x80	0x02	0x01	Nicht belegt	Nicht belegt	Selbstprüfung durchführen
SensorID Schreiben	0x03	0x01	Messbereich	Messfrequenz	Siehe Datensatz

Abb. 3.12 Datenprotokoll Arduino von USB-Schnittstelle (Befehlssatz)

Datenpakete im Puffer werden gelöscht. So ist eine eindeutige Zuordnung des Messbeginns und aller dazugehörigen Messwerte gewährleistet. Das Betriebsprogramm des Arduino Due ist in der Programmiersprache C/C++ umgesetzt. Arduino-Programm weisen eine bestimmte Programmstruktur auf. Nach einer Befehlsfolge zur Initialisierung schließt sich eine Befehlsschleife an. Der Programmablauf ist in Abb. 3.13 dargestellt.

Als Steuerungs- und Datenaufzeichnungseinheit kommen im DFA zwei Systeme zum Einsatz. Beide Systeme beziehen ihre Datenüber die USB-Schnittstelle des Arduino Due.

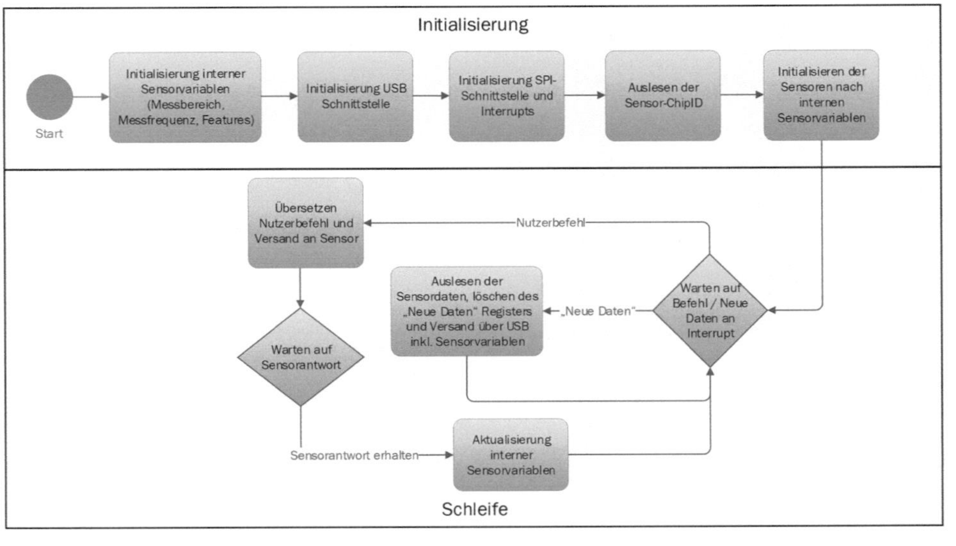

Abb. 3.13 Ablauf Arduino Due Programm

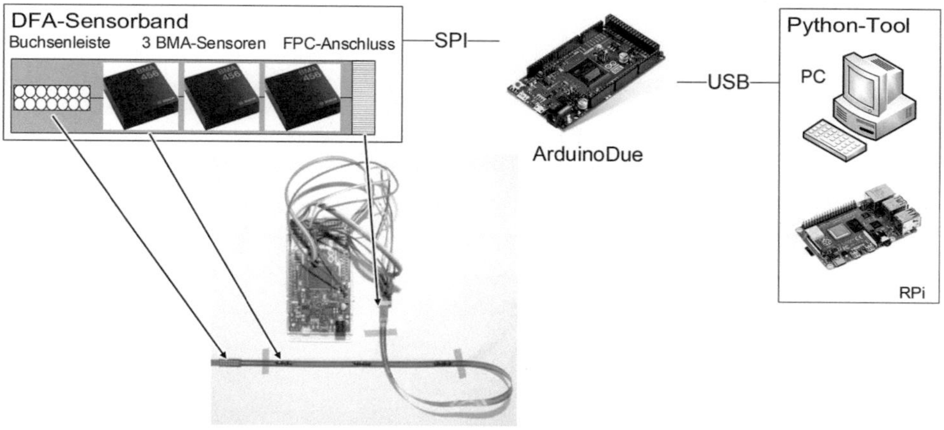

Abb. 3.14 Signalverläufe in der Messkette des DFA

Das LabView-basierte Steuerungs- und Datenaufzeichnungssystem „DFA-LabView-Tool" ist ein Programm, welches mit der der Software LabVIEW der Firma National Instruments programmiert wurde. Das zweite System ist ein in der Programmiersprache Python geschriebenes Tool „DFA-Py-Tool" dar, welches aufgrund seiner Plattformunabhängigkeit auf vielen gängigen Hard- und Softwarearchitekturen (PC oder Raspberry Pi, Windows oder Linux) lauffähig ist. Die Signalverläufe innerhalb der Messkette im DFA sind schematisch und als Bild des Aufbaus in Abb. 3.14 dargestellt.

Zwischenzeitlich wurde im DFA der Versuch unternommen, eine Lösung ohne Einsatz eines Mikrokontroller-Boards umzusetzen und alle Funktionen auf einem Raspberry Pi 4 Model B [62] zu vereinen. Leider konnte die Ansteuerung der SPI-Schnittstelle nicht ausreichend performant implementiert werden, um drei Sensoren bei maximaler Abtastrate anzusteuern.

Das „LabView-DFA-Tool" bietet eine Benutzeroberfläche inkl. einer Visualisierung der erfassten Sensordaten. Es wurde primär für die Entwicklung des Sensorbandes, Optimierung der Messkette und Testmessungen unter schwierigen Bedingungen, wie z. B. mangelnde Internetkonnektivität, vor allem in der Entwicklungsphase des „DFA-Py-Tool" eingesetzt. Die Benutzeroberfläche des „LabView-DFA-Tool" ist in Abb. 3.15 dargestellt.

Über die Benutzeroberfläche des „LabView-DFA-Tool" kann der USB-Anschluss zum Arduino ausgewählt und eine Verbindung hergestellt werden. Nach erfolgreichem Verbindungsaufbau werden die Sensorwerte aller angeschlossener Sensoren (X-, Y-, Z-Beschleunigungen und Temperaturwerte) in den Diagrammfeldern der Oberfläche angezeigt. Die Bildwiederholrate der Anzeige kann über eine Eingabe variiert und so an die Leistungsfähigkeit der eingesetzten Hardware angepasst werden. In der Statusanzeige werden die empfangenen Werte von den Sensoren numerisch und zusätzlich das Ergebnis der Selbstprüfung sowie der Empfang eines Datenpakets als Teil einer laufenden Messung

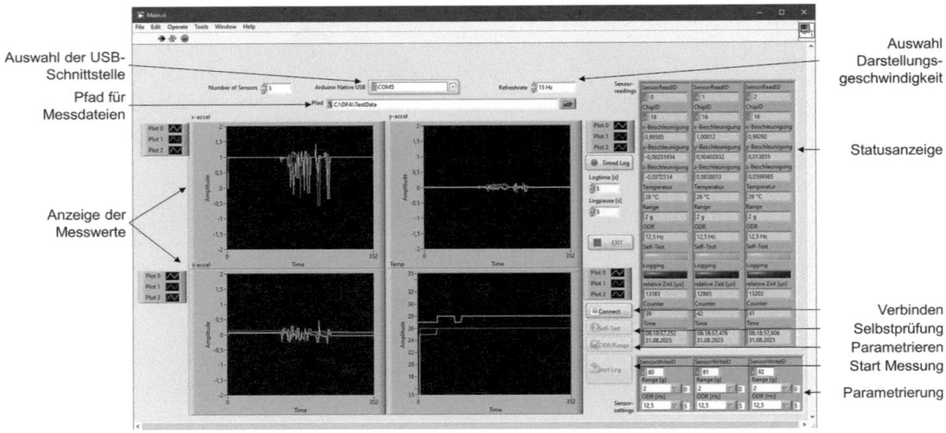

Abb. 3.15 Benutzeroberfläche des „DFA-LabView-Tool"

als Statusfeld angezeigt. Eine Sensorselbstprüfung an allen Sensoren kann nach erfolgreichem Verbindungsaufbau über eine Befehlstaste jederzeit manuell ausgelöst werden. Die Parametrierung der Sensoren erfolgt über den Parametrierbereich des Tools. Hier können der Messbereich und die Messfrequenz jedes Sensors einzeln eingestellt und per Befehlstaste an die Sensoren übermittelt werden. Über die Statusanzeige kann die erfolgreiche Parametrierung der Sensoren kontrolliert werden. Datenpakete, die als Teil einer laufenden Messung empfangen werden, werden zusätzlich zur Anzeige im Diagrambereich je Sensor in einer separaten Comma-Seperated-Value (CSV)-Datei in einem wählbaren Pfad abgespeichert. Alle anderen Pakete werden nach der Anzeige in den Diagrammfeldern verworfen.

Dazu wird bei Messbeginn das Datum und die aktuelle Zeit ermittelt und in die erste Zeile der Dateien geschrieben. Anschließend werden mit der eingestellten Abtastrate die Messwerte ausgelesen. Das genaue Ausleseintervall wird über die Sensoren vorgegeben, da die Sensoren bedingt durch Abweichungen im Quarzoszillator zueinander leicht verschiedene Abtastraten aufweisen. Dadurch kann die Synchronität der Messwerte zum Messzeitpunkt im Sensor bei Langzeitaufnahmen sichergestellt werden. In die CSV-Dateien werden für jeden Auslesepunkt die SensorID, die relative Zeitdifferenz zur vorherigen Messung des jeweiligen Sensors in µs, die X-, Y- und Z-Beschleunigung in [g], die Temperatur in [°C], der Wert des Datensatzzählers für den jeweiligen Sensor sowie der Zeitpunkt des Erhalts der Nachricht im „LabView-DFA-Tool" in eine Reihe geschrieben.

3.2.4 Entwicklungsverlauf

Im Lebenszyklus eines Produkts werden viele Daten erzeugt. Diese Daten liegen in unterschiedlichen Datentypen und Formaten vor. Um die Daten zu verwalten, wird auch für den DFA, wie in der Industrie üblich, ein Produktlebenszyklusmanagement (PLM) System verwendet. Durch die zentrale Verwaltung der Daten im PLM-System können alle Informationen aus Entwicklung, Produktion und Nutzung (im Folgenden auch als „in-service" bezeichnet) des Produkts miteinander kombiniert werden und erlaubt eine effizientere Nutzung der Daten. Im DFA wurden, wie im Abschn. 3.1.3 beschrieben, Sensoren in Bauteile integriert, um zusätzliche Daten zu liefern. Dies ermöglicht neue Anwendungsfälle, benötigt aber auch weitere Prozesse zur Erfassung dieser Daten.

Im DFA wurde ein PLM-System von Siemens implementiert und ein Datenmodell für einen Demonstrator angelegt. An dieser Stelle verzichten wir auf die Beschreibung der Standardfunktionalitäten und Einrichtung des PLM-Systems und fokussieren uns auf die erzeugten Maschinen- und Bauteildaten aus der Produktion und Nutzung.

Ein digitaler Zwilling eines Bauteils ist ein virtuelles Modell, welches aus den Konstruktionsdaten in Verbindung mit Sensordaten erzeugt wird. Den digitalen Fingerabdruck eines spezifischen Bauteils erzeugen die Konstruktionsdaten in Kombination mit den spezifischen Sensordaten des Bauteils und Maschinendaten aus dem Fertigungsschritten für dieses Bauteil. Der digitale Fingerabdruck kann beispielsweise für folgende Anwendungsszenarios verwendet werden:

- Die Beschleunigungsdaten und Temperaturdaten ermöglichen eine Messung der Fließfront in ausgewählten Verarbeitungsprozessen. Hierdurch kann der Herstellprozess und auch die Bauteilqualität optimiert werden (siehe auch Abschn. 3.2).
- Mit Hilfe des Temperatursensors kann überwacht werden, ob die benötigte Mindesttemperatur zur Aktivierung eines chemischen Prozesses erreicht wurde. Im positiven Fall wird das Bauteil für den folgenden Produktionsschritt freigegeben. Im negativen Fall kann das Bauteil frühzeitig ausgesondert werden und nachfolgende kostspielige Produktionsschritte werden ausgelassen.
- Die Kombination von Maschinendaten eines Schraubers und Beschleunigungsdaten des Bauteils während des Produktionsschritts können Fehler beim Verschrauben (z. B.: Verkanten) oder Überbelastung und damit eine Beschädigung des Bauteils aufzeigen.

Zu Beginn des Projekts wurde entschieden, die erforderlichen Ideen, Architekturen und Softwarelösungen schrittweise in Form von grundlegenden funktionsfähigen Versionen (Minimum Viable Products, MVP) bereitzustellen. Die MVPs sind alphabetisch fortlaufend benannt. Die erste Version ist MVP-A und die finale Version MVP-F. Im nachfolgenden Kapitel wird der fünfjährige Entwicklungsverlauf ausführlich dargelegt.

Um einen Einblick in die Entstehung des Demonstrators zu erlangen, wird im nachfolgenden Abschnitt der Entwicklungsverlauf dargelegt. Hierbei werden die Konzepte

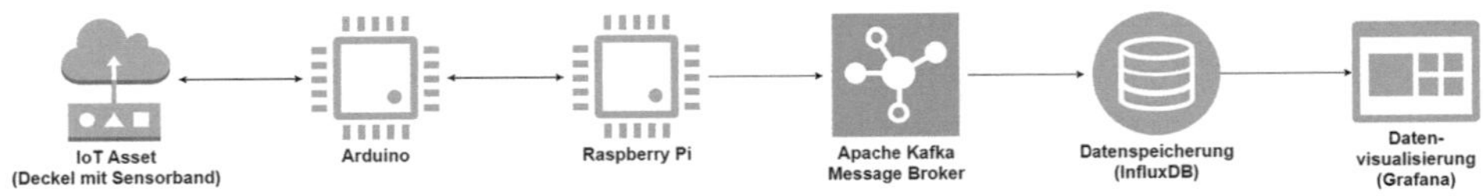

Abb. 3.16 Systemarchitektur des MVP-A

und Ziele der verschiedenen Iterationen, deren Umsetzungen, Implementierungen sowie die getroffenen Entscheidungen beschrieben, welche letztendlich zur finalen Version, des MVP-F, des Demonstrators geführt haben.

MVP-A

Das Minimum Viable Product A (MVP-A) verfolgte das übergeordnete Ziel, eine nahtlose Integration der von Bosch bereitgestellten Hardwarekomponenten, konkret Temperatur- und Beschleunigungssensoren, mit der Software zur Übertragung und Speicherung von Daten zu erreichen.

Hierfür wurde eine erste Architektur ausgearbeitet, die in Abb. 3.16 zu sehen ist.

Ein Teil der Lösung von Bosch bestand zu diesem Zeitpunkt aus einem Arduino Due. Dieser Mikrocontroller, der auf einer kompakten Platine angeordnet ist, erfasste Sensordaten mithilfe seiner integrierten Schnittstellen. Die eigens für das MVP-A entwickelte Software ermöglichte das Sammeln und Verarbeiten der Sensordaten. Weiterhin wurde der Arduino Due mit einem Raspberry Pi (im Folgenden als „Pi" bezeichnet) gekoppelt. Ein Pi besteht auch aus einer Platine, hat aber eine erweiterte Funktionalität als der Arduino Due. Er agiert als Einplatinencomputer und wird typischerweise mit einem voll funktionsfähigen Betriebssystem betrieben. Der Raspberry Pi wurde verwendet, um ein Skript auszuführen, das Nachrichten an einen Apache Kafka Message Broker übermittelte. Dieser Message Broker fungierte als eine Art Vermittler, der die Nachrichten in Datenformate übersetzte, die für die Empfänger lesbar waren und sie weiterleitete. Somit spielte er eine entscheidende Rolle bei der effizienten Übertragung von Nachrichten. Die empfangenen Nachrichten fanden ihren Weg in eine Datenbank, eine InfluxDB, und wurden in einem Dashboard basierend auf Grafana grafisch aufbereitet.

Mit dem MVP-A wurde entsprechend eine erste Verbindung und Interaktion zwischen Hardware und Software ermöglicht.

MVP-B

Das MVP-B hatte das Ziel die bisher implementierte Lösung zu stabilisieren und eine geeignete Sensordatenverarbeitung und -darstellung einzuführen. Um dies zu erreichen, wurde sich für die Integration der open-source IoT-Plattform „ThingsBoard" entschieden. ThingsBoard umfasst neben einer integrierten Geräteverwaltung, auch Funktionalitäten zur Speicherung, Verarbeitung und Visualisierung der Daten sowie eine Nutzerverwaltung. Um diese Aspekte nicht selbst implementieren zu müssen, ganz nach dem „principle of conservation of energy“ [63] und um den Fokus auf die Datenverarbeitung und -darstellung legen zu können, wurde sich für diese open-source Software entschieden.

Damit war es erforderlich, die Geräte, in diesem Fall die genutzten Raspberry Pis, in ThingsBoard zu registrieren. Ohne diese anfängliche Konfiguration war es nicht mehr möglich, Daten zu erfassen und abzuspeichern. Da der Zugriff auf ThingsBoard durch die Anmeldung und die dahinterstehende Nutzerverwaltung geschützt wurde, hatten lediglich autorisierte Personen die Berechtigung, die Datenerfassung zu ermöglichen und die Sensordaten einzusehen. Dadurch wurde ein höheres Maß an Sicherheit gewährleistet.

Neben der ThingsBoard Integration wurde auch die Anbindung der Sensoren in Kollaboration mit den Verbundpartnern Bosch und CSI vereinfacht. Hierbei wurde der Arduino obsolet und die Sensoren konnten direkt an die GPIO Pins des Raspberry Pi angeschlossen und angesteuert werden.

Weiterhin wurde untersucht, wie sichergestellt werden kann, dass der DFA mit unterschiedlichen Plattformen und Diensten integriert werden kann. An dieser Stelle wurde die Entwicklung eines weitverbreiteten und standardisierten Datenformats im Kontext einer Verwaltungsschale (Asset Administration Shell, AAS) erforderlich.

Dabei fiel der Fokus auf ein anderes Projekt im Rahmen der ARENA2036, welches bereits einen MQTT-Broker aufgesetzt hat, der alle gesendeten Daten empfängt und verteilt. In diesem Projekt wurde bereits ein JSON-Schema entworfen, um unabhängige Geräte-Attribute/Werte/Methoden/Ereignisse auf verschiedene „MQTT Topic Trees“ zu verteilen. Es wurde sich entschieden dieses Format auch für den DFA zu übernehmen. Das Problem war jedoch, dass ThingsBoard seine eigenen Datenformate für verschiedene Datentypen hat. Um dies zu umgehen, wurde zuerst angedacht die Sensordaten direkt an ThingsBoard zu senden und einen Adapter auf der Web-Socket-API von ThingsBoard zu implementieren, der die Werte aufnimmt, in das richtige Format umwandelt und sie schließlich an einen MQTT-Broker veröffentlicht.

Diese Lösung hat sich bei der Sendung von Daten mit niedriger Frequenz bewährt. Die Latenzzeit und alle anderen Abhängigkeiten waren ausreichend, doch bei einer größeren Anzahl von Geräten und einer höheren Frequenz war der ThingsBoard Web-Socket nicht mehr in der Lage die Daten zeitig zu verarbeiten. Daher war dies nicht der optimale Ansatz. Dementsprechend wurde sich für eine andere Lösung entschieden, die die Raspberry Pis direkt über einen MQTT-Broker kommunizieren lässt. Danach hätte ein anderer Adapterdienst auf bestimmte Topics des MQTT-Brokers hören und eine Art Synchronisation mit dem ThingsBoard Device-Management herstellen müssen. Die Entwicklung eines solchen Dienstes war jedoch nicht nötig, da ThingsBoard eine Erweiterung anbietet, die dies übernehmen konnte. Das IoT Gateway kann unter anderem über MQTT kommunizieren und sich bei MQTT-Brokern anmelden und deren Datenfluss abgreifen. Die einzige Aufgabe bestand darin, die Topics und Key-Value-Paare vom MQTT-Broker auf die Geräte im ThingsBoard Device Management abzubilden.

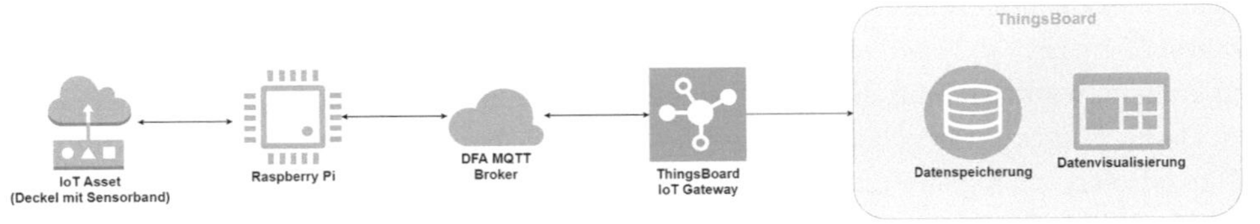

Abb. 3.17 Systemarchitektur des MVP-B

Dies führte zu der Abkehr der bisher eingesetzten Systemkomponenten, wie dem Apache Kafka Message Broker, der InfluxDB und dem Grafana Dashboard hin zu folgender angepassten Systemarchitektur, siehe Abb. 3.17.

MVP-C

In Hinblick auf den MVP-C lag der Schwerpunkt auf der Entwicklung von Widgets zur Datenauswertung im Kontext der IoT Plattform ThingsBoard. Es wurden LTE & GPS eingeführt und parallel daran gearbeitet, die Datenübertragung durch eine Anpassung der Systemarchitektur weiter zu optimieren.

In ThingsBoard wurde für die Darstellung von Echtzeit- und Verlaufsdaten das bereits in der Software integrierte Widget zur Visualisierung der Sensorwerte genutzt. Dieses Widget präsentiert die Sensordaten in Form eines Zeitreihendiagramms. Das in nachfolgender Abbildung zu sehende ThingsBoard Dashboard stellt die Temperaturwerte, als auch die Beschleunigungswerte eines Sensors sowie die entsprechenden Werte für die drei Dimensionen x, y und z dar, siehe Abb. 3.18.

Um die Analyse der Daten für die Verbundpartner zu ermöglichen, wurden zwei weitere Widgets für die IoT Plattform implementiert. Hierbei handelte es sich um das PSD-Diagramm und die Rainflow-Matrix (siehe Abb. 3.19).

Die Rainflow-Matrix ermöglicht die Kategorisierung von Belastungsamplituden, die auf ein Bauteil einwirken und deren Häufigkeit. Durch die Aufzeichnung der Zyklen in der Matrix können Ingenieure die auftretenden Belastungen analysieren, um eine Vorstellung von der Lebensdauer und der potenziellen Ermüdungsfestigkeit des Materials oder der Struktur zu erhalten [64].

Die Power Spectral Density (PSD) Analyse transformiert ein Signal in Frequenzbereiche und zeigt, wie die Leistung auf unterschiedliche Frequenzen verteilt ist [65]. Dies unterstützt Ingenieure bei der Optimierung von Bauteilen, der Vorhersage von Belastungen und der Vermeidung unerwünschter Schwingungen.

In der Architektur des MVP-C wurde (wieder) ein zusätzlicher Mikrocontroller, ein Arduino DUE, eingeführt, der als Vermittler zwischen den BMA-Sensoren und dem Raspberry Pi fungierte. Durch diese Änderung wurde die Verarbeitung von Echtzeitdaten auf dem Arduino getrennt von der Weiterverarbeitung auf dem Raspberry Pi durchgeführt, was dazu diente, mehr Daten effizienter handhaben zu können. Die Kommunikation in der aktualisierten Firmware nutzte unter anderem das UART-Kommunikationsprotokoll. UART

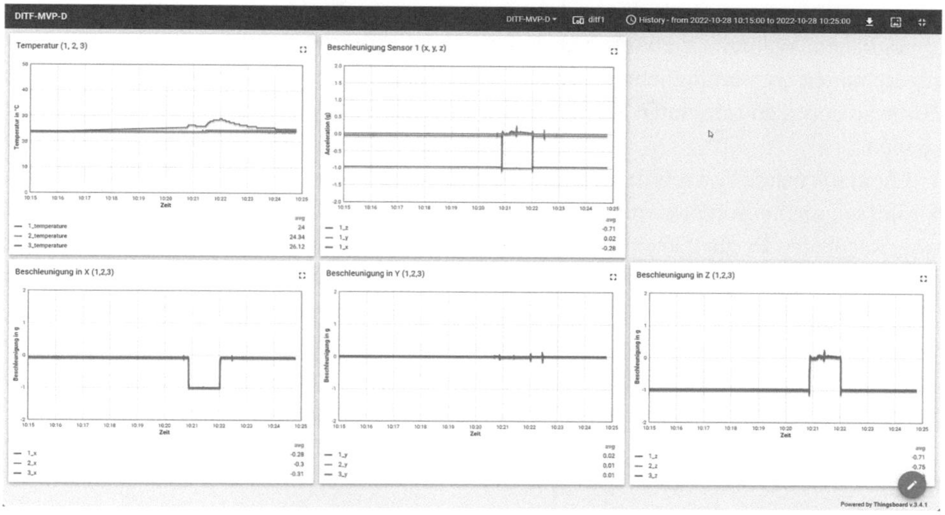

Abb. 3.18 ThingsBoard Dashboard

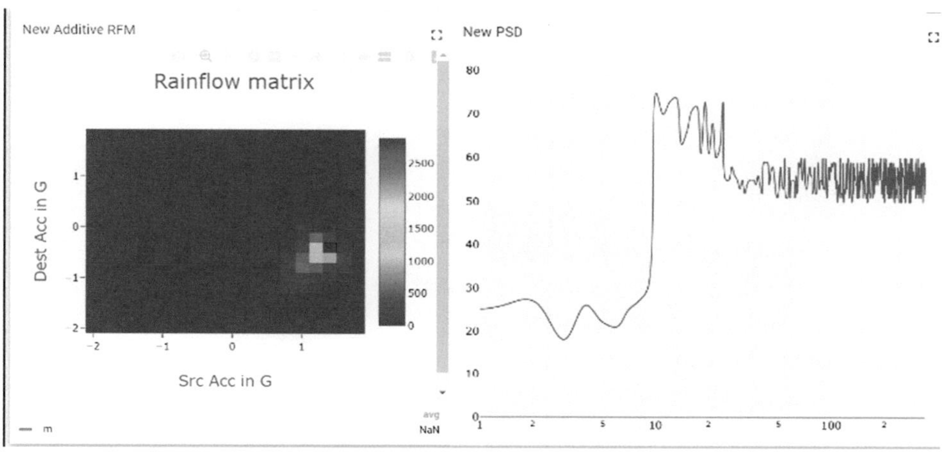

Abb. 3.19 ThingsBoard Rainflow und PSD Widgets

steht für Universal Asynchronous Receiver Transmitter und ermöglicht die Übertragung und den Empfang von Daten über die seriellen Schnittstellen des Arduino und des Raspberry Pi. Die asynchrone Datenübertragung eignet sich gut für den Digitalen Fingerabdruck, da sie besonders für kleine Datenmengen geeignet ist (obwohl im DFA aufgrund des ständigen Datenflusses insgesamt viele Daten entstehen, sind die einzelnen Datenpakete recht klein).

Darüber hinaus wurde die Firmware optimiert, um die Nutzung mehrerer Sensortypen zu ermöglichen. Während die vorherige Firmware exklusiv auf einen spezifischen Sensortyp zugeschnitten war, ermöglicht die überarbeitete Version nun eine flexible Erweiterung des Firmwarecodes an relevanten Stellen, um auch weitere Sensortypen einfach integrieren zu können.

Ebenfalls wurde Fortschritt im Bereich der Datenübertragung zur Datenbank erzielt. Bisher flossen die Sensordaten mittels des ARENA2036-WLANs oder eines WLAN-Hotspots vom Raspberry Pi zur Datenbank. Mit dem MVP-C wurden zusätzliche Hardwarekomponenten eingeführt, die eine standortunabhängige Verbindung über LTE ermöglichten (Abb. 3.20). Die Integration des LTE-Modems bietet nicht nur eine gesteigerte Flexibilität, sondern resultiert auch in einem geringerem Energieverbrauch und höherer Empfangsqualität. Zudem ermöglichte die neue Hardware auch GPS-Daten zu erfassen, welche im Rahmen des Forschungsprojekts für weiterführende Analysen herangezogen werden können.

Die Architektur des MVP-C besteht nun aus einer zweigeteilten Gesamtlösung (Abb. 3.21):

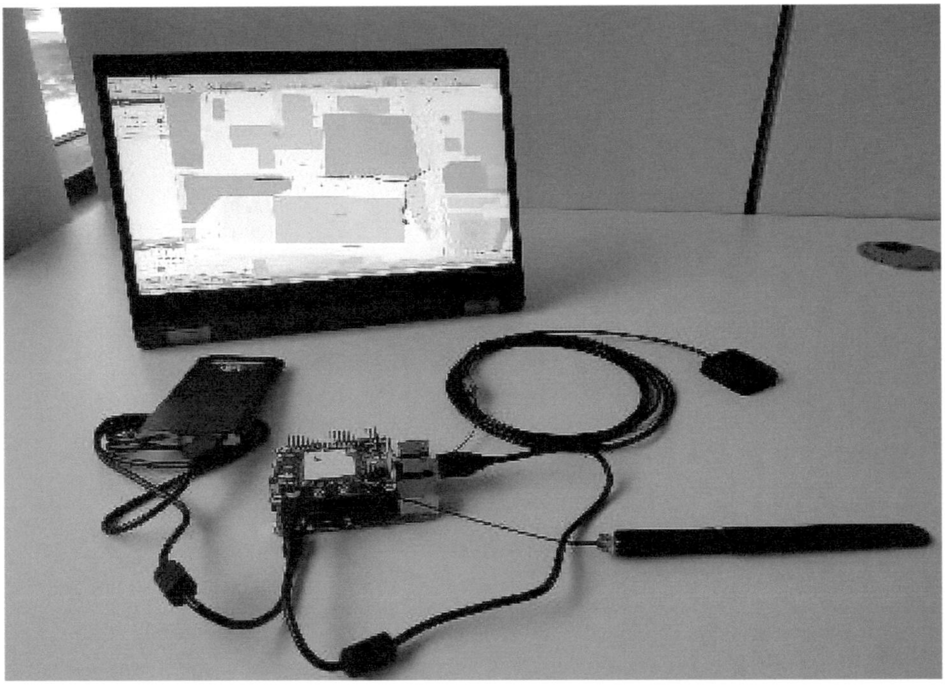

Abb. 3.20 MVP-C

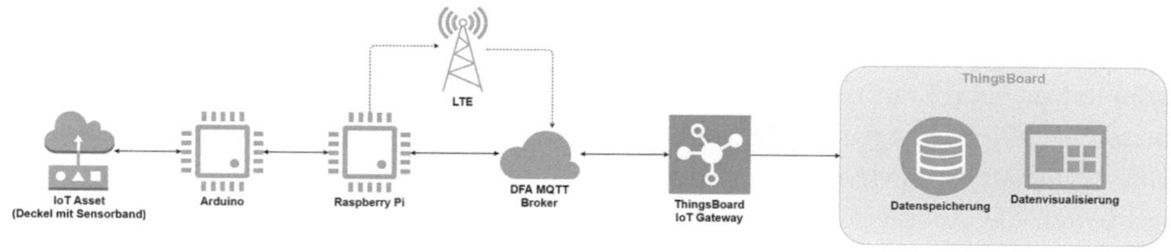

Abb. 3.21 Systemarchitektur des MVP-C

a. Die neu implementierte Firmware (auf dem Arduino) ermöglicht eine gesteigerte Abtastfrequenz sowie die einfache Austauschbarkeit von Sensortypen und leitet die Daten mithilfe des UART-Kommunikationsprotokoll weiter.
b. Als korrespondierendes Pendant steht eine passende Softwarebibliothek, in diesem Fall auf dem Raspberry Pi bereit, um den Datenstrom über das UART-Kommunikationsprotokoll zu empfangen. Die empfangenen Daten werden dann über eine Netzwerkverbindung and den zentralen DFA Server per MQTT Protokoll übertragen. Neben den Netzwerkverbindungen per Kabel oder WLAN, steht nun auch LTE zur Verfügung. Dies erlaubt die Datenerfassung abseits von Standorten mit anderweitiger Netzwerkverbindung.

Die aktualisierte Architektur wurde im Zuge eines ersten Fahrversuchs, bei dem alle Projektpartner involviert waren, auf ihre Leistungsfähigkeit getestet. Hierfür wurde vorerst eine Testanwendung auf dem Raspberry Pi genutzt, die die Daten lokal in CSV-Dateien abspeichert und nicht über MQTT versendet. Das Resultat zeigte, dass die bisherige Abtastfrequenz von 3 Hz (3 Werte pro Sekunde) pro Sensor auf bemerkenswerte 1 kHz (1000 Werte pro Sekunde) pro Sensor gesteigert werden konnte. Simulationen können nun im folgenden Verlauf des Projekt mit einer sehr hohen Datendichte gespeist werden. Die Aussagekraft der Simulationen sowie der erzielten Ergebnisse kann hierdurch signifikant erhöht werden.

Aufgrund der schon eingangs angesprochenen Ressourcenknappheit ist diese Lösung auf eine lokale Datenspeicherung begrenzt. Weitere Entwicklungsschritte wären erforderlich, um die gewonnenen Daten, die nun mit einer erhöhten Abtastrate erfasst werden können, auf dem Raspberry Pi vorzuverarbeiten. Dadurch soll gewährleistet werden, dass die Daten in einer komprimierten Form an die IoT-Plattform ThingsBoard und an weitere Datendienste zur Simulation übertragen werden können. Der Datentransfer über MQTT zur IoT Plattform ist somit weiterhin nur mit der ursprünglichen Architektur (ohne Arduino, siehe auch Abb. 3.17) und mit der niedrigeren Abtastrate von 3 Hz pro Sensor möglich.

MVP-D

Mit dem MVP-D erfolgte eine fortschreitende Entwicklung sowohl der Firmware als auch der Hardware des Raspberry Pi. In diesem Rahmen wurde das Raspberry Pi 4 Model B eingeführt.

Die Firmware wurde an zwei Stellen optimiert. In erster Linie erlaubte die neu implementierte Version eine automatische Herstellung einer VPN-Verbindung zum Arena-Netzwerk unmittelbar beim Start des Raspberry Pi. Diese Modifikation resultierte in einer verminderten Anfälligkeit gegenüber Fehlern, welche in der vorangegangenen Firmware aufgrund von Verbindungsschwierigkeiten aufgetreten waren. Zum anderen wurde intensiv daran gearbeitet, die Abtastrate der Sensorwerte zu erhöhen. In diesem Zusammenhang wurde zunächst auf die bereits bestehende Architektur ohne die Zwischenschaltung eines Arduino zurückgegriffen. Im Zuge der Weiterentwicklung der Firmware des Raspberry Pi wurde eine geringfügig gesteigerte Abtast- und Übertragungsrate von ungefähr 2 Hz (24 Werte pro Sekunde) pro Sensor erfolgreich realisiert.

Einhergehend mit der bereits angesprochenen Weiterentwicklung der Raspberry Pi Firmware musste auch der Status Quo wiederhergestellt werden, sodass der Datenfluss von den Sensoren zur IoT Plattform wieder, wie definiert, funktionierte.

Während des MVP-D trat jedoch ein weiteres Problem auf, welches darin bestand, dass die Sensordaten ohne ersichtlichen Grund nicht mehr an der IoT Plattform ankamen. Die Lösung erforderte erheblichen Aufwand, da die IoT Plattform geupgradet werden musste. Da die neue ThingsBoard Version ein aktuelleres Betriebssystem voraussetze, als auf der verfügbaren Virtuellen Maschine (VM) vorhanden war, musste zuerst eine VM mit einem neueren Betriebssystem aufgesetzt werden. Die Virtuelle Maschine stand schnell zur Verfügung, was auf die von DXC aufgesetzte und nun in der ARENA2036 zur Verfügung stehende Cloud Managed Plattform (CMP) zurückzuführen war. Das Installieren der für das ThingsBoard notwendigen Dependencies bzw. Abhängigkeiten (z. B. externe Frameworks, Bibliotheken) auf der VM gestaltete sich jedoch komplexer als angenommen, da die Technischen Informations- und Kommunikationsdienste (TIK) der Universität Stuttgart aus Sicherheitsgründen keinen Zugang zum Internet in ihrer Infrastruktur erlaubt, auf der auch die CMP betrieben wird und somit die passenden Abhängigkeiten manuell geladen, installiert und getestet werden mussten. Letztendlich gelang es dennoch, die Abhängigkeiten zu installieren, ThingsBoard von Version 2 auf 3 zu aktualisieren und somit den Fluss der Daten wiederherzustellen.

Schlussendlich sah die Architektur des MVP-D wie folgt aus (siehe Abb. 3.22). Die im Bauteil / IoT Asset integrierten Sensoren kommunizieren über den Raspberry Pi mit dem MQTT-Broker, welcher die Sensordaten über das IoT Gateway an ThingsBoard weiterleitet. Dort werden die Daten persistiert und können auch über das ThingsBoard Dashboard visualisiert werden.

MVP-E

Das MVP-E hatte die Erhöhung der Abtastrate bei gleichzeitiger Ermöglichung des durchgängigen Datenflusses im Fokus. Weiterhin wurde mit einem anderen Verbundprojekt an einem Konzept zur Integration von Maschinendaten in den Digitalen Fingerabdruck gearbeitet.

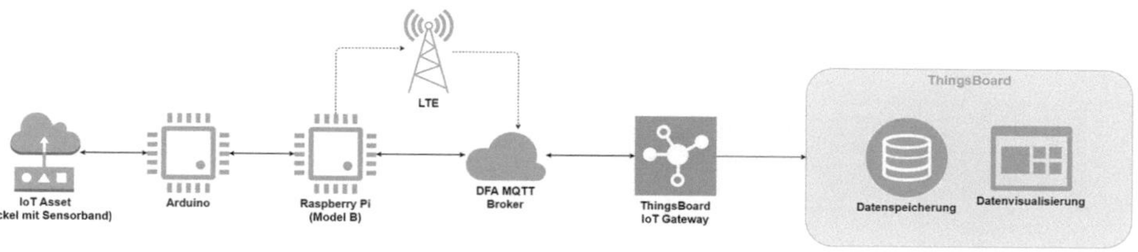

Abb. 3.22 Systemarchitektur des MVP-D

In Bezug auf die Abtastrate erreichten die Verbundpartner Bosch und das DITF, die Abtastrate nochmals um ein Vielfaches zu steigern, indem sie auf die im letzten Zwischenbericht vorgestellte Architekturdefinition (mit zwischengeschaltetem Arduino, siehe Abb. 3.21. zurückgegriffen und die Firmware des Arduino und des Raspberry Pis optimiert haben. Dadurch wurde eine Abtastrate von bis zu 1600 Hz pro Sensor möglich.

Dies führte jedoch bei der Datenübertragung zu schwerwiegenden Performanceproblemen. Um diese zu beheben wurde versucht eine Anpassung des Datenformats vorzunehmen. Hierbei wurden die zuvor als Einzelwerte übertragen Sensordaten zusammengefasst und als Datenpakete gesendet, sodass pro Sensor alle Werte einmal in der Sekunde geschickt wurden.

Bei der Übertragung in die IoT Plattform kam es jedoch auch nach dieser Optimierung zu Verzögerungen und Ausfällen.

Um weiterhin den Verbundpartnern Daten bereitstellen zu können und ein Verlust von Daten zu vermeiden wurde eine temporäre Lösung in Form eines „MQTT Data Loggers" implementiert. Hierbei handelt es sich um eine kleine Serveranwendung, die sämtliche MQTT-Nachrichten vom MQTT-Broker in Protokolldateien schreibt und diese über einen Webservice mittels einer einfachen Webseite zum Download bereitstellt, siehe Abb. 3.23.

Angesichts der Schwierigkeit, die Ursache für die Datenverzögerungen zu identifizieren und angesichts weiterer sich ergebenden Einschränkungen, die sich im Zusammenhang mit ThingsBoard abzeichneten, wurde in Erwägung gezogen, die Nutzung der IoT-Plattform zu hinterfragen und gegebenenfalls durch eine alternative Lösung zu ersetzen. Dieser Überlegung lagen primär zwei Gründe zugrunde: Zum einen speichert ThingsBoard die Sensordaten in einem proprietären Datenformat in seiner eigenen Datenbank, was die Abfrage und Aufbereitung dieser Daten erschwerte. Zum anderen ist der Export dieser Daten über die ThingsBoard-Benutzeroberfläche nur in der kostenpflichtigen Professional Edition möglich, welche nicht zur Verfügung stand.

Daher wurde an dieser Stelle in Betracht gezogen, ThingsBoard durch Alternativen wie beispielsweise eine Influx-Datenbank mit einem zugehörigen Grafana-Dashboard zu ersetzen oder von der eingesetzten PostgreSQL Datenbank auf die von ThingsBoard angebotene Hybridlösung umzusteigen, die auch eine Cassandra Datenbank vorsieht. Dies müsste im weiteren Verlauf des Projektes nochmals hinsichtlich des Aufwands und Nutzens evaluiert werden, was für die nächste Iteration bzw. Version geplant war.

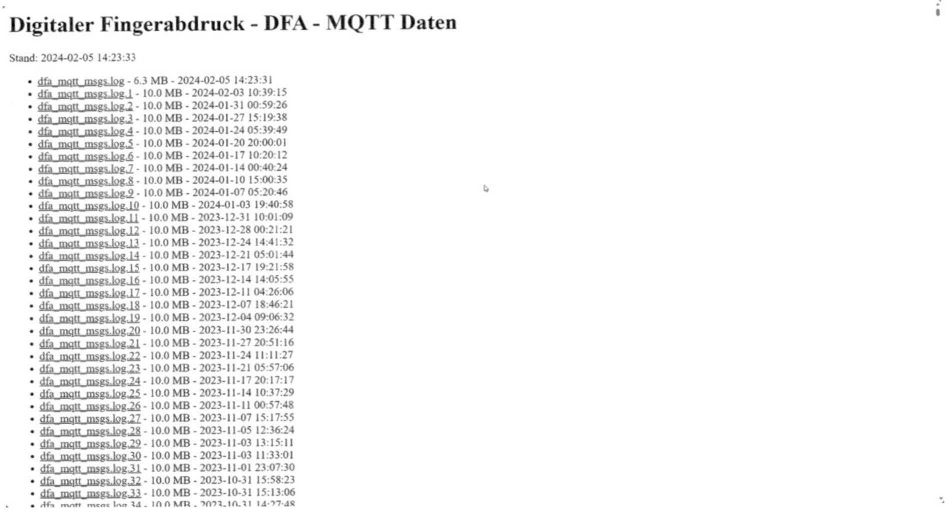

Abb. 3.23 MQTT Data Logger Webservice

An anderer Stelle wurde ein Konzept mit einem anderen Verbundprojekt namens Fluide Produktion (FluPro) entwickelt. Der Schwerpunkt lag hier in der Verknüpfung der intelligenten Maschine aus dem Produktionsprozess mit dem IoT Asset über eine MQTT-Bridge. Diese MQTT-Bridge sorgt dafür, dass der MQTT-Broker, über den die Sensordaten des IoT Assets übermittelt werden, auch Zugriff auf die Daten des MQTT-Brokers aus dem Projekt Fluide Produktion (FluPro) und damit auch Zugriff auf die Daten der intelligenten Maschinen aus der Produktion erhält. Als Use-Case, um dies zu demonstrieren, wurde sich für den Anschraubprozess entschieden. Hier wird der Deckel, in dem sich das Sensorband befindet, mit dem Gehäuse der Hochleistungselektronik verschraubt, siehe Abb. 3.24.

Mit der zukünftigen Umsetzung dieses Konzeptes sollen die Sensordaten der Produktionsmaschinen im Rahmen des Projektes FluPro mit in den Digitalen Fingerabdruck aufgenommen werden. Durch die Datenauswertung könnten Parameter, wie beispielsweise das Anziehdrehmoment geprüft und angepasst werden, sodass der Anschraubprozess und damit die Produktqualität optimiert wird.

Wie schon beschrieben entwickelte sich die Architektur mit dem MVP-E an mehreren Stellen weiter. Es wurde auf den zwischengeschalteten Arduino zurückgegriffen, um die Abtastrate zu erhöhen, es wurde ein MQTT Logger implementiert, um den Datenexport zu garantieren und eine MQTT Bridge eingeführt, die es ermöglicht die Maschinendaten in den Digitalen Fingerabdruck mit aufzunehmen, siehe Abb. 3.25.

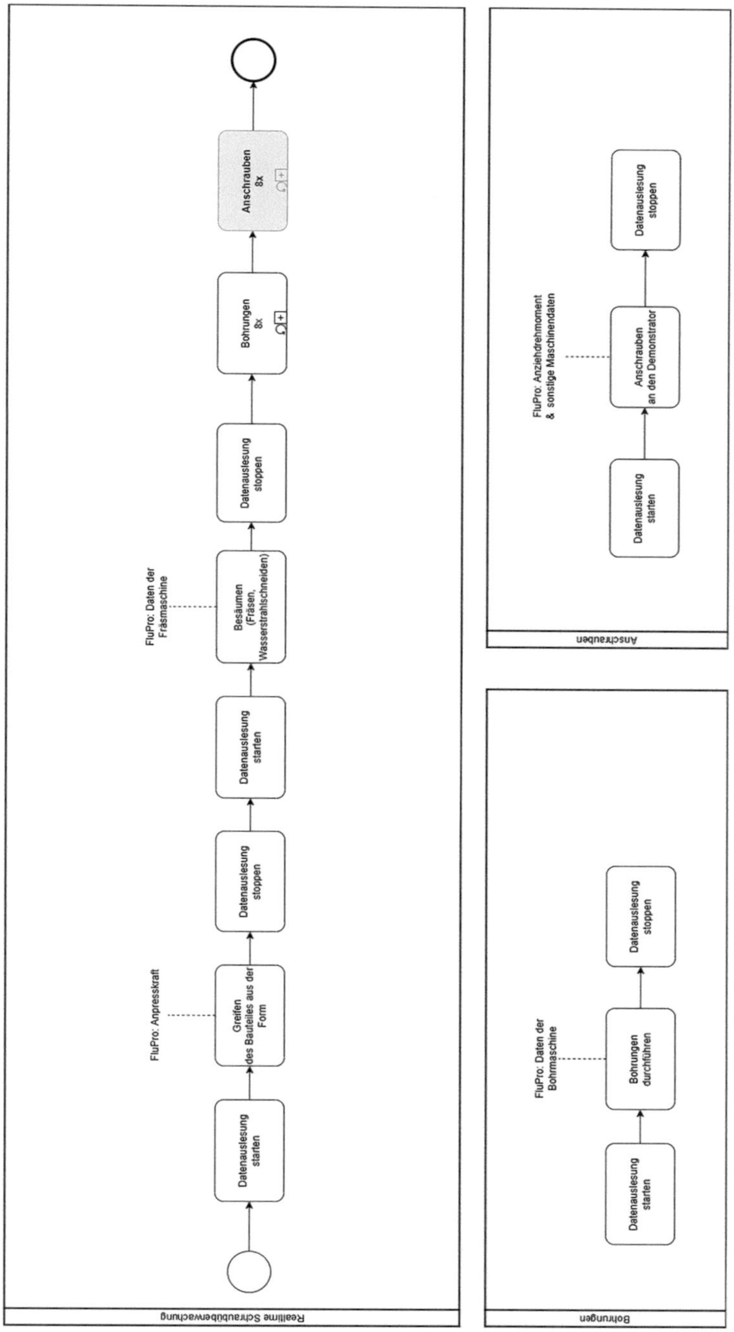

Abb. 3.24 FluPro und DFA Use-Case 'Schraubprozess'

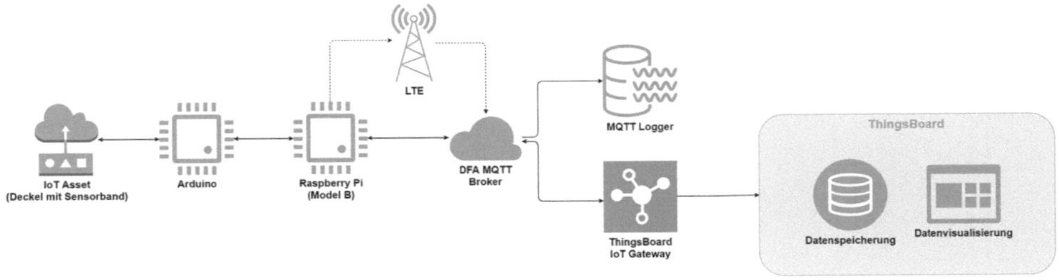

Abb. 3.25 Systemarchitektur des MVP-E

MVP-F

Das MVP-F stellt die Finale Lösung des Demonstrators dar und wurde im September 2023 nach einer fünfjährigen Entwicklungszeit fertiggestellt. Mit dieser letzten Version wurde die IoT-Plattform ThingsBoard durch die Datenbank „InfluxDB“ ersetzt, die Steuerung des MQTT Brokers über das Terminal durch die Ausführung neu implementierter Skripte abgelöst, welche wiederum durch ein neues Webportal, mit einer nutzerfreundlich gestalteten grafischen Oberfläche abstrahiert wurden. Wie auch schon in Abschn. 3.2 genannt, ist es zudem nötig die Sensordaten in ein PLM System zu importieren, um einen digitalen Fingerabdruck und die automatisierte Bauteilevolution zu ermöglichen. Dies wurde auch mit dieser Version ermöglicht.

Die finale Systemarchitektur ist in Abbildung Abb. 3.26 abgebildet und wird im Folgenden im Detail vorgestellt, indem die einzelnen Komponenten beleuchtet werden.

Sensordatenerfassung

Das im Bauteil eingearbeitete Sensorband ist an den Arduino Due angeschlossen, der die Sensorwerte für jeden der drei Sensoren über eine SPI-Schnittstelle empfängt und mit einem relativen Zeitstempel versieht. Dieser Zeitstempel gibt an, wie viel Zeit seit dem Beginn der

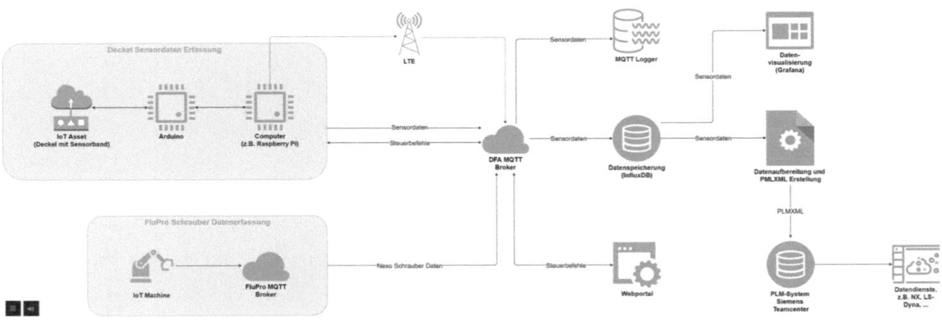

Abb. 3.26 Systemarchitektur des MVP-F

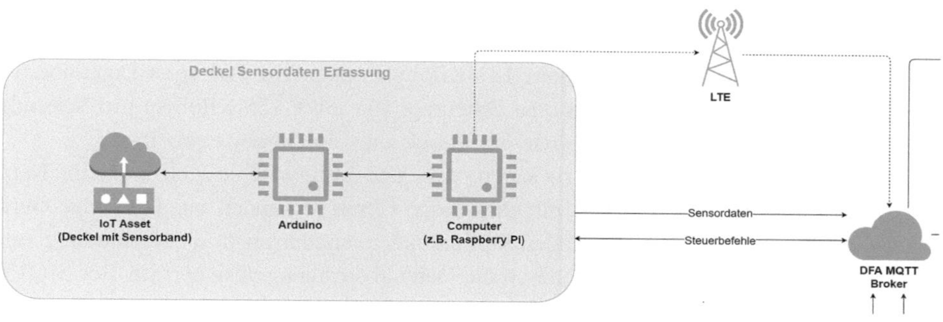

Abb. 3.27 Systemarchitektur – Sensordatenerfassung

Datenerfassung vergangen ist. Die gesammelten Datenpunkte, zusammen mit ihren relativen Zeitstempeln, werden daraufhin mithilfe des Universal Asynchronous Receiver/Transmitter (UART) Protokolls über eine USB-Schnittstelle an den Computer (wie zum Beispiel ein Raspberry Pi) übertragen. Auf dem empfangenden Computer erfolgt die Verarbeitung der relativen Zeitstempel, sodass jedem Datenpunkt ein realer Zeitstempel zugeordnet wird. Nach dieser Datenaufbereitung werden die Informationen über LTE oder WLAN zum MQTT Broker übertragen (Abb. 3.27).

Die Sensordaten liegen an dieser Stelle in folgendem JSON Format vor und werden an folgende MQTT Topics geschickt, von wo aus sie abgerufen werden können:

- Sensordatenformat
  - Beispiel: [[1691668033600682700, 27.0, 1.00439453125, 0.00048828125, –0.07958984375, 10], …]
  - Liste von Listen mit je 6 Werten bestehend aus Zeitstempel in Nanosekunden, Temperatur in Grad Celsius, Beschleunigung x, y und z-Achse in g, Index der Messung fortlaufend über alle Werte
- MQTT-Topics
  - arena2036/dfa/+/bma456_1
  - arena2036/dfa/+/bma456_2
  - arena2036/dfa/+/bma456_3

Hierbei ist anzumerken, dass das Symbol „+" als eine Art Platzhalter oder Wildcard fungiert, welche die Seriennummer des jeweiligen Sensors repräsentiert.

Die Datenpakete werden so gepackt, dass pro Sensor und Sekunde (1 Hz) eine einzelne Nachricht übertragen wird. Dies erfordert, dass die Anzahl der Datenpunkte in einem Datenpaket der Datenrate entspricht, die von den Sensoren geliefert wird, was als „Output Data Rate" (ODR) bezeichnet wird. In einem Test wurde die erforderliche Bandbreite gemessen, indem eine Messung mit einer Frequenz von 1600 Hz gestartet und die Nachrichten vom MQTT-Broker abgefangen und analysiert wurden. Eine beispielhafte Nachricht bestand aus

11.207 Wörtern bzw. 146.031 Zeichen. Da das ASCII-Format verwendet wird, entspricht ein Zeichen einem Byte. Im Durchschnitt hat somit ein Datenpunkt eines Sensors eine Größe von etwa 145.234 Bytes, was ungefähr 142 Kilobyte entspricht. Bei einer Datenübertragungsrate von 1600 Hz ergibt sich eine Datenrate von etwa 426 Kilobyte pro Sekunde, 25 Megabyte pro Minute, 1,46 Gigabyte pro Stunde oder 35 Gigabyte pro Tag.

Hinsichtlich der Sicherheit ist zu sagen, dass der Arduino Due sich nicht im Netzwerk befindet, sondern nur seriell mit dem Edge-Gerät verbunden ist. Das Edge-Gerät wiederum akzeptiert keine eingehenden Verbindungen, sondern baut die Verbindung zum MQTT-Broker eigenständig auf, wodurch die Datenübertragung gesichert ist. Der MQTT-Broker selbst ist derzeit nicht direkt abgesichert, jedoch ist er nur über das ARENA2036 VPN erreichbar. In Zukunft kann er zusätzlich vor unbefugtem Zugriff geschützt werden, indem verschiedene Sicherheitsmaßnahmen implementiert werden, wie beispielsweise die Verwendung von Benutzeranmeldedaten oder auch Tokens.

Datenerfassung der IoT Maschine über eine MQTT Bridge

Im Rahmen des MVP-F wurde eine zusätzliche Systemkomponente eingeführt. Hierbei handelt es sich um den MQTT-Broker des FluPro Projekts. Dieser Broker wird durch eine MQTT-Bridge mit dem DFA-Broker verknüpft. Dieses Konzept wurde während der Entwicklungsphase des MVP-E erarbeitet (Abb. 3.28).

Die IoT Maschine, in diesem Szenario der Funk-Akkuschrauber NEXO von Bosch Rexroth, sendet Daten über den MQTT-Broker des Projektes FluPro. Um diese Daten nun für den digitalen Fingerabdruck des Bauteils nutzen zu können, wurde an dieser Stelle eine MQTT Bridge implementiert. Diese ermöglicht dem DFA MQTT Broker den FluPro MQTT Broker zu abonnieren und die Daten des Akkuschraubers, die über ein spezifisches MQTT Topic gesendet werden (IPA/nexo/…), zu erfassen.

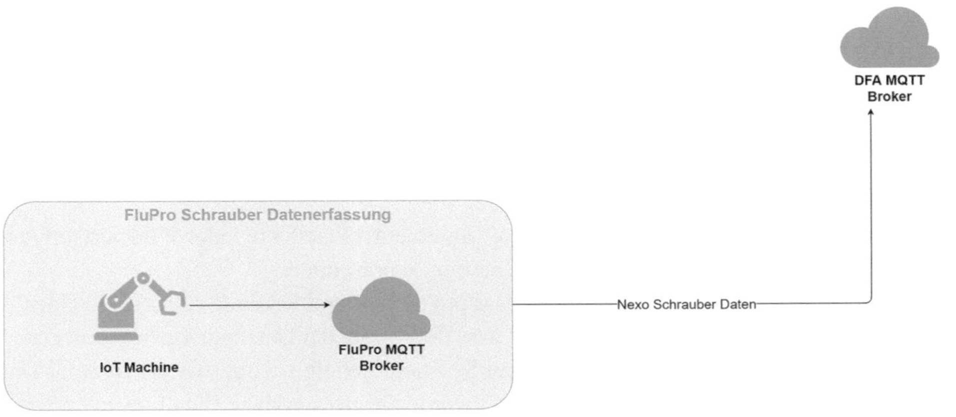

Abb. 3.28 Systemarchitektur – MQTT Bridge

Es sei anzumerken, dass die Daten der Maschine gegenwärtig ohne individuelle Zeitstempel gesammelt versendet werden. Daher steht noch die Herausforderung bevor, wie eine Zeitsynchronisierung der Maschinendaten mit den Sensordaten erreicht werden kann. Ebenso ist festzustellen, dass der aktuelle Datenfluss nur in eine Richtung verläuft. Zusätzliche Schritte sind erforderlich, um eine umfassende Integration der IoT-Maschine zu realisieren.

MQTT-Broker als zentrales Bindeglied

Der MQTT-Broker fungiert als zentrale Komponente und zentrales Bindeglied in diesem System. Er übernimmt die entscheidende Rolle, indem er als Vermittler zwischen den eintreffenden Daten von Sensoren und Maschinen agiert. Diese Daten werden über definierte MQTT-Topics übertragen und stehen somit verschiedenen Empfängern zur Verfügung. Die Empfänger, hier zum Beispiel der MQTT Logger oder auch die die InfluxDB, haben die Möglichkeit, die Daten gezielt über die spezifizierten MQTT-Themen abzufragen (Abb. 3.29).

Darüber hinaus eröffnet der MQTT-Broker die Option zur Übermittlung von Steuerbefehlen. Dies ermöglicht die ferngesteuerte Steuerung der Datenerfassung bei den Sensoren, die unter anderem vom Webportal genutzt wird. Somit agiert der MQTT-Broker als zentrale

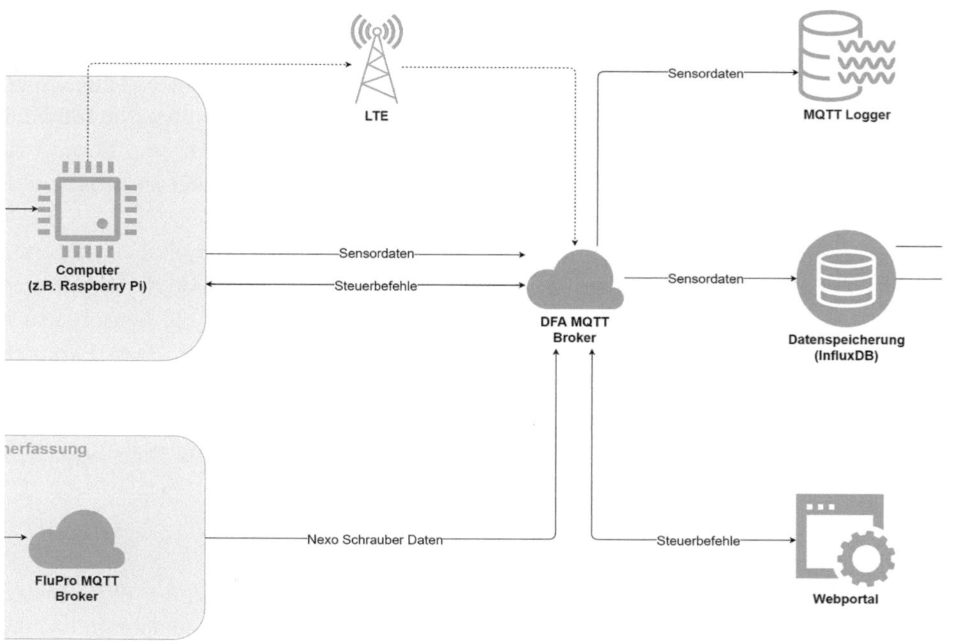

Abb. 3.29 Systemarchitektur – MQTT Broker

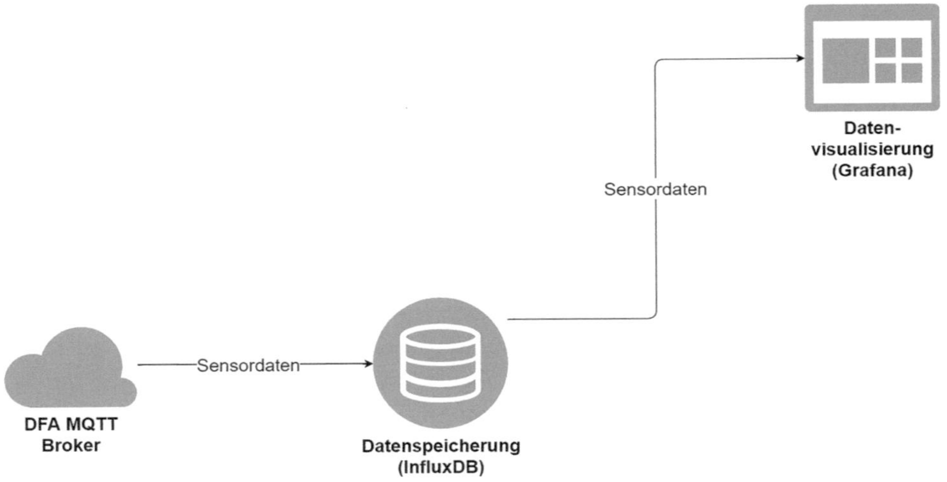

Abb. 3.30 Systemarchitektur – Datenspeicherung und Datenvisualisierung

Schaltstelle, die sowohl Datenvermittlung als auch Steuerungsfunktionalitäten in diesem System bereitstellt.

Datenspeicherung und Datenvisualisierung

Wie bereits im Abschnitt des MVP-E erörtert, wurde in Betracht gezogen, ThingsBoard durch eine alternative Lösung zu ersetzen. Dabei wurde die Wahl getroffen, die InfluxDB Datenbank zur Speicherung der Daten einzusetzen. Diese liefert auch eine Lösung zur Datenvisualisierung, welche „Data Explorer" genannt wird und von nun an genutzt wird (Abb. 3.30).

Diese Architektur eröffnet die Möglichkeit, Sensordaten direkt und ohne Verzögerung vom MQTT-Broker abzurufen, sie über ein Python Skript an das benötigte Datenformat anzupassen und in der InfluxDB einzuspielen. Anschließend können die Sensordaten in unterschiedlichen gewünschten Formaten exportiert, als auch über den „Data Explorer" angezeigt werden. Damit wird eine nahtlose Verarbeitung und Analyse der Sensordaten ermöglicht. Die InfluxDB stellt auch eine umfassende Lösung für die Authentifizierung und Autorisierung von Benutzern zur Verfügung, wodurch Berechtigungen auf Datenbankebene geregelt werden können (Abb. 3.31).

MQTT Logger

Der MQTT Logger wurde mit der Entwicklungsstufe des MVP-E eingeführt. Wie schon in Abschnitt des MVP-D beschrieben, diente der MQTT Logger als eine temporäre Lösung, und hatte den Zweck den vermehrten Verzögerungen und Ausfällen bei der Übertragung von

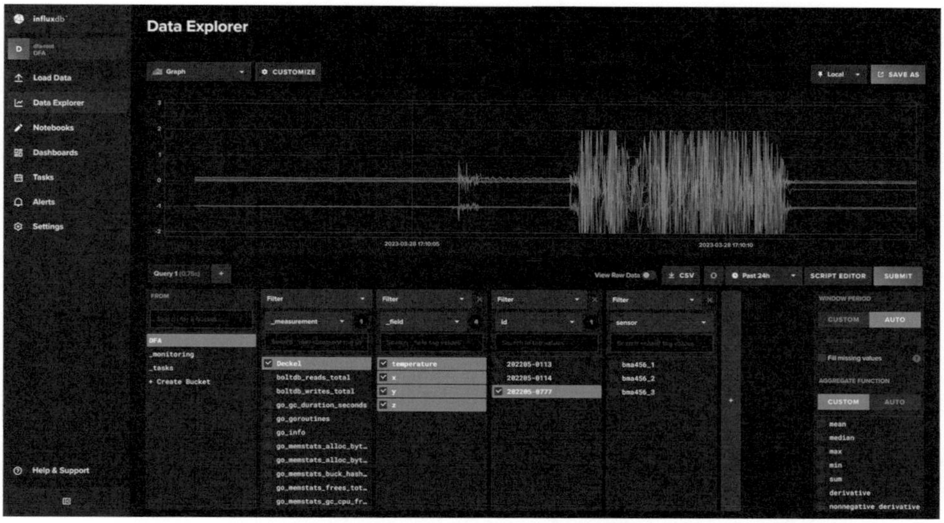

Abb. 3.31 Datenvisualisierung mithilfe des Grafana Data Explorer

Sensordaten in die IoT-Plattform ThingsBoard entgegenzuwirken und so einen potenziellen Datenverlust zu vermeiden (Abb. 3.32).

Mithilfe des MQTT Loggers werden Protokolldateien über zwei kleine Webdienste erstellt und über eine Webseite zum Download zur Verfügung gestellt. Diese Protokolldateien beinhalten alle aufgenommenen Sensordaten, die an den MQTT Broker übermittelt werden, siehe Abb. 3.33.

Abb. 3.32 Systemarchitektur – MQTT Logger

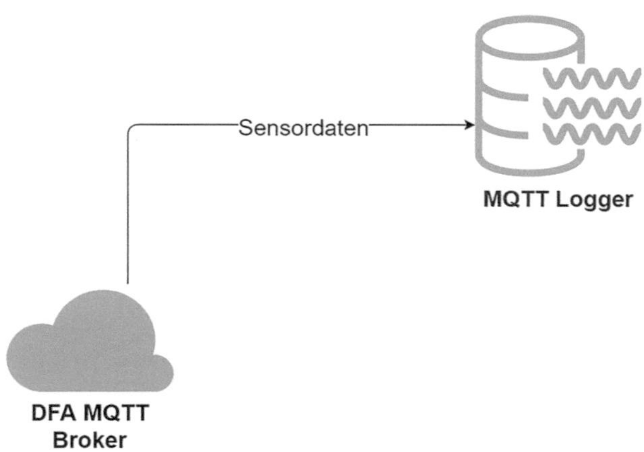

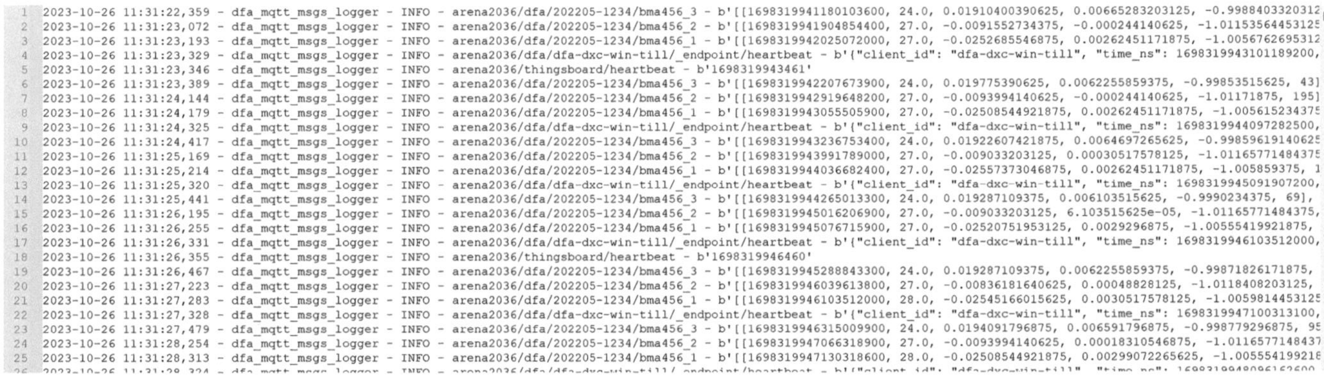

```
2023-10-26 11:31:22,359 - dfa_mqtt_msgs_logger - INFO - arena2036/dfa/202205-1234/bma456_3 - b'[[1698319941180103600, 24.0, 0.01910400390625, 0.00665283203125, -0.9988403320312
2023-10-26 11:31:23,072 - dfa_mqtt_msgs_logger - INFO - arena2036/dfa/202205-1234/bma456_2 - b'[[1698319941904854400, 27.0, -0.0091552734375, -0.000244140625, -1.0115356445312
2023-10-26 11:31:23,193 - dfa_mqtt_msgs_logger - INFO - arena2036/dfa/202205-1234/bma456_1 - b'[[1698319942025072000, 27.0, -0.0252685546875, 0.00262451171875, -1.0056762695312
2023-10-26 11:31:23,329 - dfa_mqtt_msgs_logger - INFO - arena2036/dfa/dfa-dxc-win-till/_endpoint/heartbeat - b'{"client_id": "dfa-dxc-win-till", "time_ns": 1698319943101189200,
2023-10-26 11:31:23,346 - dfa_mqtt_msgs_logger - INFO - arena2036/thingsboard/heartbeat - b'1698319943461'
2023-10-26 11:31:23,389 - dfa_mqtt_msgs_logger - INFO - arena2036/dfa/202205-1234/bma456_3 - b'[[1698319942207673900, 24.0, 0.019775390625, 0.0062255859375, -0.99853515625, 43]
2023-10-26 11:31:24,144 - dfa_mqtt_msgs_logger - INFO - arena2036/dfa/202205-1234/bma456_2 - b'[[1698319942919648200, 27.0, -0.0093994140625, -0.000244140625, -1.01171875, 195]
2023-10-26 11:31:24,179 - dfa_mqtt_msgs_logger - INFO - arena2036/dfa/202205-1234/bma456_1 - b'[[1698319943055505900, 27.0, -0.02508544921875, 0.00262451171875, -1.0056152343
2023-10-26 11:31:24,325 - dfa_mqtt_msgs_logger - INFO - arena2036/dfa/dfa-dxc-win-till/_endpoint/heartbeat - b'{"client_id": "dfa-dxc-win-till", "time_ns": 1698319944097282500,
2023-10-26 11:31:24,417 - dfa_mqtt_msgs_logger - INFO - arena2036/dfa/202205-1234/bma456_3 - b'[[1698319943236753400, 24.0, 0.01922607421875, 0.0064697265625, -0.9985961914062
2023-10-26 11:31:25,169 - dfa_mqtt_msgs_logger - INFO - arena2036/dfa/202205-1234/bma456_2 - b'[[1698319943991789000, 27.0, -0.009033203125, 0.00030517578125, -1.0116577148437
2023-10-26 11:31:25,214 - dfa_mqtt_msgs_logger - INFO - arena2036/dfa/202205-1234/bma456_1 - b'[[1698319944036682400, 27.0, -0.02557373046875, 0.00262451171875, -1.005859375, 1
2023-10-26 11:31:25,320 - dfa_mqtt_msgs_logger - INFO - arena2036/dfa/dfa-dxc-win-till/_endpoint/heartbeat - b'{"client_id": "dfa-dxc-win-till", "time_ns": 1698319945091907200,
2023-10-26 11:31:25,441 - dfa_mqtt_msgs_logger - INFO - arena2036/dfa/202205-1234/bma456_3 - b'[[1698319944265013300, 24.0, 0.019287109375, 0.006103515625, -0.9990234375, 69],
2023-10-26 11:31:26,195 - dfa_mqtt_msgs_logger - INFO - arena2036/dfa/202205-1234/bma456_2 - b'[[1698319945016206900, 27.0, -0.009033203125, 6.103515625e-05, -1.01165771484375,
2023-10-26 11:31:26,255 - dfa_mqtt_msgs_logger - INFO - arena2036/dfa/202205-1234/bma456_1 - b'[[1698319945076715900, 27.0, -0.02520751953125, 0.0029296875, -1.00555419921875,
2023-10-26 11:31:26,331 - dfa_mqtt_msgs_logger - INFO - arena2036/dfa/dfa-dxc-win-till/_endpoint/heartbeat - b'{"client_id": "dfa-dxc-win-till", "time_ns": 1698319946103512000,
2023-10-26 11:31:26,355 - dfa_mqtt_msgs_logger - INFO - arena2036/thingsboard/heartbeat - b'1698319946460'
2023-10-26 11:31:26,467 - dfa_mqtt_msgs_logger - INFO - arena2036/dfa/202205-1234/bma456_3 - b'[[1698319945288843300, 24.0, 0.019287109375, 0.0062255859375, -0.99871826171875,
2023-10-26 11:31:27,223 - dfa_mqtt_msgs_logger - INFO - arena2036/dfa/202205-1234/bma456_2 - b'[[1698319946039613800, 27.0, -0.00836181640625, 0.00048828125, -1.0118408203125,
2023-10-26 11:31:27,283 - dfa_mqtt_msgs_logger - INFO - arena2036/dfa/202205-1234/bma456_1 - b'[[1698319946103512000, 28.0, -0.02545166015625, 0.0030517578125, -1.0059814453125
2023-10-26 11:31:27,328 - dfa_mqtt_msgs_logger - INFO - arena2036/dfa/dfa-dxc-win-till/_endpoint/heartbeat - b'{"client_id": "dfa-dxc-win-till", "time_ns": 1698319947100313100,
2023-10-26 11:31:27,479 - dfa_mqtt_msgs_logger - INFO - arena2036/dfa/202205-1234/bma456_3 - b'[[1698319946315009900, 24.0, 0.0194091796875, 0.006591796875, -0.998779296875, 9
2023-10-26 11:31:28,254 - dfa_mqtt_msgs_logger - INFO - arena2036/dfa/202205-1234/bma456_2 - b'[[1698319947066318900, 27.0, -0.0093994140625, 0.00018310546875, -1.011657714843
2023-10-26 11:31:28,313 - dfa_mqtt_msgs_logger - INFO - arena2036/dfa/202205-1234/bma456_1 - b'[[1698319947130318600, 28.0, -0.02508544921875, 0.00299072265625, -1.00555419921
```

Abb. 3.33 MQTT Logger – Beispiel einer Protokolldatei

3.2.5 Teamcenter® im DFA-Projekt

Im Rahmen des DFA-Projektes wird das PLM-System Teamcenter® der Firma Siemens Digital Industries Software als Teil der Siemens Xcelerator Plattform verwendet. Teamcenter bietet eine zentrale Plattform für das Datenmanagement, die Zusammenarbeit und die Prozessautomatisierung in verschiedenen Phasen des Produktlebenszyklus, einschließlich Konzeption, Entwicklung, Produktion, Vertrieb und Wartung. Es ermöglicht Unternehmen, ihre Produktinformationen, Dokumente, Zeichnungen, Stücklisten und andere relevante Daten in einer einzigen Datenbank zu speichern und den gesamten Lebenszyklus ihrer Produkte effizient zu verwalten (Abb. 3.34).

Mit Teamcenter können Benutzer schnell auf die benötigten Informationen zugreifen, Änderungen verfolgen, Genehmigungsworkflows durchführen, Aufgaben zuweisen und die Zusammenarbeit zwischen verschiedenen Abteilungen und externen Partnern verbessern. Es bietet zudem Funktionen zur Versionskontrolle, zum Änderungsmanagement, zur Qualitätssicherung und zur Integration mit anderen Unternehmenssystemen. Durch die Skalierbarkeit der Lösung ist Teamcenter nicht nur für große Konzerne, sondern auch für kleine Unternehmen oder Projekte wie das DFA-Projekt geeignet. Es kann an die spezifischen Anforderungen und Prozesse eines Unternehmens angepasst werden und bietet eine Vielzahl von Modulen und Erweiterungen, um den individuellen Bedürfnissen gerecht zu werden.

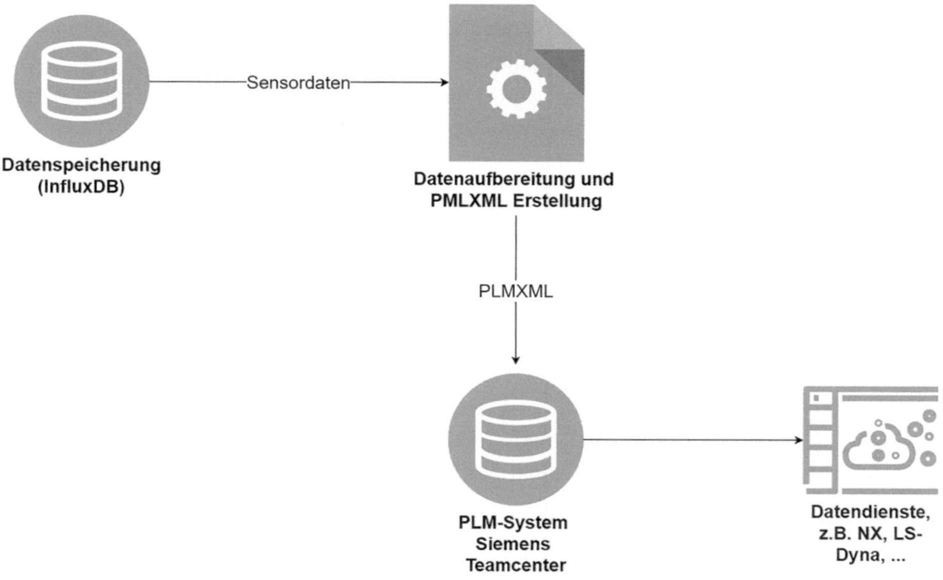

Abb. 3.34 Systemarchitektur – PLM-System

Die Umsetzung des DFA-Projektes in Teamcenter erfolgt durch eine Anpassung des Out-of-the-Box (OOTB) Datenmodells in Teamcenter. Dieses anzupassende Datenmodell wurde anhand der im Abschn. 3.1 beschriebenen vorbereitenden Analysen wie der Aufnahme des Ist-Prozesses und der Beschreibung der Prozessketten, jeweils inklusive der benötigten und anfallenden Input- und Output-Objekte abgeleitet. Das Teamcenter Datenmodell ist eine vorgefertigte Struktur, die von Siemens Digital Industries Software entwickelt wurde und als Grundlage für das Datenmanagement in Teamcenter dient. Es bietet eine standardisierte und vordefinierte Organisationsstruktur, um Produktinformationen effizient zu organisieren und zu verwalten. Es besteht aus verschiedenen Modulen und Objekttypen, die spezifische Informationen und Funktionen repräsentieren.

Einige der in der folgenden Abbildung dargestellten DFA-Objekte konnten durch bereits bestehende Objekttypen des OOTB Teamcenter Datenmodells abgebildet werden. Bei DFA-Objekten, die zusätzliche Eigenschaften erfordern, wurden neue Objekte in das Teamcenter Datenmodell eingepflegt (Abb. 3.35).

Neben dem Datenmodell wurde auch die Benutzeroberfläche des webbasierten Active Workspace Clients durch entsprechende Icons, Spalteninformationen und angepassten Informationen aus dem Datenmodell an die Bedürfnisse des DFA-Projektes angepasst (Abb. 3.36).

Der in Abb. 3.37 zu sehende Active Workspace ist eine webbasierte Benutzeroberfläche für Teamcenter. Er ermöglicht den Benutzern, schnell und einfach auf alle relevanten Informationen und Funktionen zuzugreifen, die sie für ihre PLM-Aufgaben benötigen. Dazu gehört beispielsweise das Anzeigen von CAD-Modellen und Beziehungen zwischen Objekten, das Erstellen und Verwalten von Dokumenten, das Durchführen von Änderungsprozessen und das Zusammenarbeiten mit anderen Teammitgliedern. Durch die nahtlose Integration mit anderen Anwendungen und Tools von Siemens wird so eine effiziente und konsistente PLM-Umgebung gewährleistet.

Anbindung der DFA-Plattform an Teamcenter

Neben dem Aufsetzen von Teamcenter ist auch die Anbindung an die DFA-Plattform, respektive an die verwendete Influx Datenbank vonnöten. Teamcenter bietet viele Schnittstellen zum Austausch von Informationen. Es wurde sich im Projekt für die PLMXML Schnittstelle entschieden, da diese einen offenen Standard darstellt und eine gut dokumentierte API besitzt, um alle benötigten Informationen vom ThingsBoard nach Teamcenter zu transportieren.

PLMXML steht für Product Lifecycle Management eXtensible Markup Language. Es handelt sich um ein Dateiformat, das verwendet wird, um Produktinformationen im Rahmen des Produktlebenszyklusmanagements zu speichern und auszutauschen. PLMXML ermöglicht es Daten über Produkte, wie zum Beispiel CAD-Modelle, Stücklisten, Änderungsverfolgung und andere relevante Informationen, in einer standardisierten und strukturierten

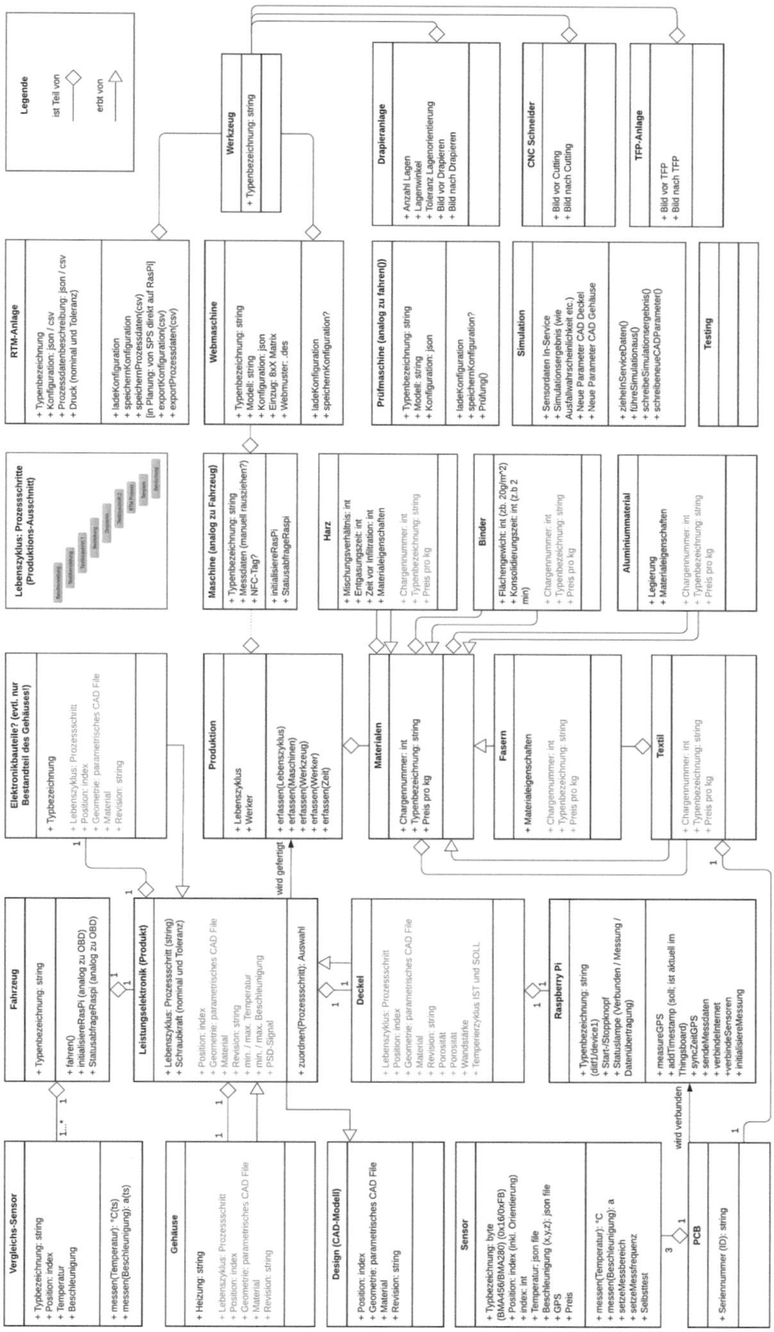

Abb. 3.35 Konzeptionelles Datenmodell für das DFA-Projekt

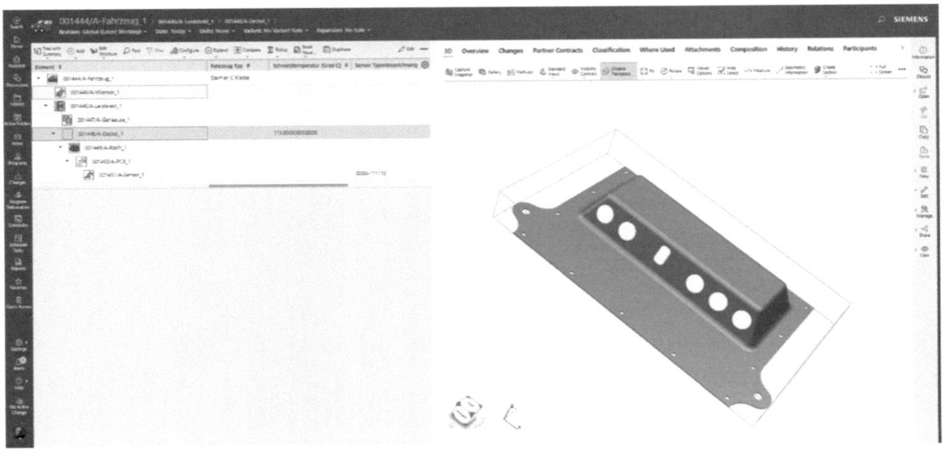

Abb. 3.36 Teamcenter Active Workspace mit DFA-Beispielstruktur

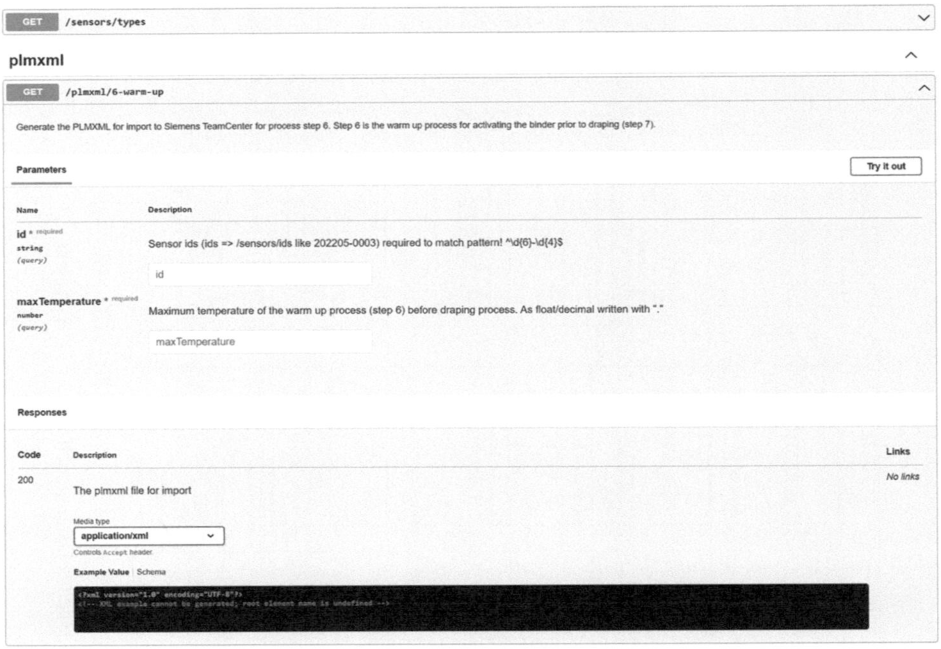

Abb. 3.37 PLM-System Swagger Schnittstellendokumentation

Weise zu speichern und zwischen verschiedenen Systemen auszutauschen. Es ist ein wichtiger Bestandteil vieler PLM-Softwarelösungen und trägt zur Effizienz und Zusammenarbeit in der Produktentwicklung bei.

Im DFA-Projekt wurde eine Applikation in JAVA geschrieben, um damit die erforderlichen Informationen aus der Influx Datenbank auszulesen und in das PLMXML Format zu überführen.

Die erforderliche Schnittstelle wurde auch implementiert und lässt sich über das SwaggerUI ausführen, sodass durch die Angabe einer Sensorband-ID und der maximalen Temperatur ein Export der entsprechenden PLMXML Datei möglich ist, siehe Abb. 3.37.

Aktuell erfolgt der Import dieser PLMXML-Datei in Teamcenter noch manuell. Zukünftig kann ein Import der PLMXML Datei über regelmäßige Importzyklen und unter Zuhilfenahme des Teamcenter SDK, nahezu vollständig automatisiert werden und der Abgleich der Informationen mit der InfluxDB ist somit gewährleistet.

3.2.6 DFA Portal

Abb. 3.38 stellt die Systemarchitektur des DFA-Portals dar.

Ist-Situation

In den vorhergegangenen MVPs A bis E wurden Messungen stets mit Hilfe von eigens programmierten Skripten gestartet, überwacht, ausgewertet und gestoppt. Dafür bedurfte es einer großen Menge an technischem Knowhow seitens der Anwender*innen. Zusätzlich bedeutete dies einen großen Mehraufwand für die Messsteuerung jeder einzelnen Messung, da jedes Messystem separat über ein Skript angesteuert werden musste. Diese Skripte waren ebenfalls für die Handhabung der Kommunikation zwischen dem Messsystem und dem DFA MQTT-Broker zuständig.

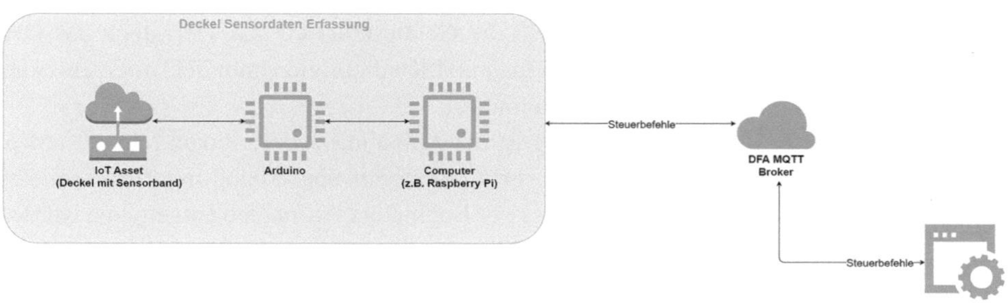

Abb. 3.38 Systemarchitektur – DFA-Portal

Soll-Situation
Das Ziel des DFA Portals ist es die Messsteuerung zu vereinfachen und die individuellen Programm-Skripte durch ein einheitliches System abzulösen. Es soll die Steuerung und Konfiguration der Datenaufnahme ermöglichen. Zusätzlich soll es Funktionalitäten enthalten, die eine Übersicht über alle registrierten Messsysteme bieten und es ermöglichen Statusinformationen zu den jeweiligen Systemen einzusehen. Alle Messysteme, die mit dem DFA MQTT-Broker kommunizieren, sollen vom DFA Portal registriert, gespeichert und in einer Benutzeroberfläche angezeigt werden. Der Status jedes registrierten Messystems soll einsehbar sein. Zuletzt soll zu jedem Messsystem eine Historie über die ausgeführten Aktionen der Benutzer*innen und des Messystems angezeigt werden.

Das entwickelte System
Bei dem entwickelten System, dem „DFA Portal", handelt es sich um ein Webportal, dass über einen beliebigen Web-Browser mittels URL aufgerufen werden kann. Das DFA-Portal setzt sich aus den zwei Komponenten Front- und Backend zusammen. Das Backend übernimmt die Verarbeitung von Daten und die Logik vom Datenaufnahmeprozess. Das Frontend ist die grafische Benutzeroberfläche, mit der Benutzer*innen mit dem System interagieren. Beide Komponenten kommunizieren asynchron miteinander, was den Benutzer*innen einen ununterbrochenen Interaktionsfluss ermöglicht. Während vom Frontend gesendete Befehle im Backend verarbeitet werden, an die Messsysteme versendet werden und auf eine Antwort gewartet wird, können Benutzer*innen ununterbrochen weiterarbeiten. Somit wird das Arbeiten mit mehreren Messsystem in komplexen Umgebungen vereinfacht. Mehr zur Datenverarbeitung und Prozesshandhabung im Abschnitt „Funktionsweise".

Zustandsvisualisierung und Aufnahmesteuerung
In diesem Abschnitt wird die Benutzeroberfläche des DFA Portals behandelt. Genauer wird hier dargestellt, wie Daten der Messsysteme visualisiert werden und welche Möglichkeiten den Benutzer*innen für die Aufnahmesteuerung geboten werden.

Die Benutzeroberfläche ist in zwei Teile geteilt: In Abb. 3.39 ist links eine Tabelle und rechts die Gerätesteuerung zu sehen. Während die Tabelle eine schnelle Übersicht über alle registrierten Messsysteme liefert, stellt die Gerätesteuerung das Herzstück des DFA Portals dar. Hier sind alle Detailinformationen und Konfigurationsmöglichkeiten eines aus der Tabelle ausgewählten Messsystems zu finden.

Die Hauptaufgabe der Gerätesteuerung ist die Aufnahmesteuerung von Messsystemen. Jedes Messsystem (im folgenden „MS") verfügt über ein Sensorband mit einer eindeutigen Nummer zur Identifikation. Diese muss vor Beginn der Aufnahme eingetragen werden, um die Auswertung der Aufnahmedaten auf das korrekte Sensorband und damit auch das entsprechende Bauteil zurückführen zu können. Ebenfalls einstellbar sind die Abtastfrequenz und der Messbereich eines Sensorbands. Hier können vordefinierte Werte aus der jeweiligen Liste ausgewählt werden. Der Messbereich legt die Sensibilität des Messgeräts für Bewegungen fest. Die Einheit hierfür ist g (g-Kraft) und erstreckt sich vom negativen

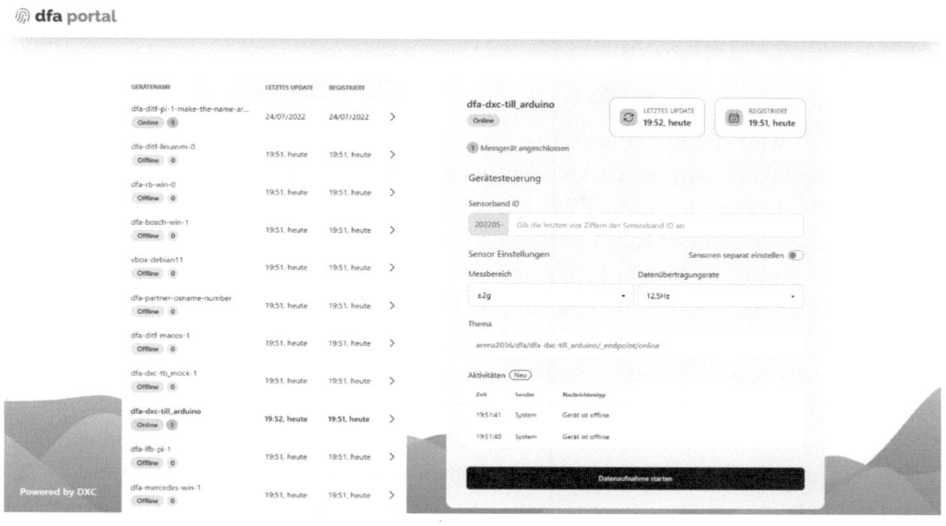

Abb. 3.39 DFA-Portal GUI

bis in den positiven Bereich. Das heißt das Gerät misst Beschleunigungen im Bereich von zum Beispiel +2 bis −2 g. Die Möglichen Einstellungsmöglichkeiten sind ±2, ±4, ±8 und ±16 g. Die Abtastfrequenz legt die Anzahl an Messungen pro Sekunde fest. Die möglichen Einstellungsmöglichkeiten sind hier 12,5, 25, 50, 100, 200, 400, 800 und 1600 Hz.

Da das Sensorband eines Messgeräts aus drei Sensoren besteht, sind diese auch separat einstellbar. Standardmäßig werden die vorher beschriebenen Einstellungen für Abtastfrequenz und Messbereich für jeden Sensor eines Bandes einheitlich gesetzt. Über die Schaltfläche „Sensoren separat einstellen“ kann die Eingabemaske erweitert werden, um die drei Sensoren separat einzustellen und unabhängige Werte für Abtastfrequenz und Messbereich festzulegen.

Neben der Hauptaufgabe der Aufnahmesteuerung ist der Kerngedanke der Benutzeroberfläche die Zustandsvisualisierung. Den Benutzer*innen soll zu jedem Zeitpunkt klar sein in welchem Zustand sich das MS befindet. So kann ein MS die Zustände „Online“, „Offline“, „Senden“ und „Aufnahme“ einnehmen, welche in entsprechend semantisch gefärbten Indikatoren dargestellt sind. Ebenfalls sehr relevant ist die Anzahl an angeschlossenen Messgeräten (Arduinos) an ein Messystem, welche über einen blau hervorgehobenen Indikator dargestellt werden. Zur Fehlerbehebung und Systemeinsicht wird ebenfalls in der Benutzeroberfläche angezeigt, wann ein MS zum ersten Mal vom DFA Portal registriert wurde und wann das Portal das letzte Lebenszeichen vom MS erhalten hat. Letzteres ist besonders hilfreich, um Ausnahmefehler in der Kommunikation mit dem Gerät zu erkennen. Zuletzt sind in der Gerätesteuerung alle Aktivitäten des MS aufgelistet. Dies bietet eine chronologische

Übersicht über alle durch den oder die Nutzer*in gesendeten Steuerbefehle und alle vom System daraufhin ausgeführten Aktionen beziehungsweise gesendeten Fehlermeldungen.

Funktionsweise
Im Folgenden wird die Funktionsweise des DFA Portals genauer betrachtet und anhand eines Beispielablaufs dargestellt. Die Ausgangsarchitektur für dieses Beispiel besteht aus dem DFA Portal, einem DFA MQTT-Broker und zwei bereits registrierten Messystemen. Zu Beginn wird das System des DFA Portals gestartet. Das Portal empfängt die Statusmeldungen der zwei im MQTT-Broker persistierten Messsysteme und speichert diese. Nun startet ein*e Nutzer*in ein drittes Messsystem. Das Portal registriert das neue MS und speichert es als neues Gerät intern ab. Da es sich um ein aktives Gerät handelt, bzw. ein Gerät das online ist, werden zwei weitere Schritte ausgeführt. Zum einen wird ein sogenannter „Heartbeat" für das neue System festgelegt. Hierbei handelt es sich um einen Befehl, der das MS anweist, jede Sekunde ein „Lebenszeichen" mit aktuellen Konfigurationsparametern zu senden. Zum anderen werden Port-Informationen von dem MS angefragt, welche Details über das angeschlossene Messgerät, also den Arduino inklusive Sensorband, beinhalten. Beide Befehle werden asynchron verarbeitet, was bedeutet, dass das System nicht auf eine Antwort wartet, bis weitere Aktionen ausgeführt werden. Die Bearbeitung der Antworten zu den Befehlen übernimmt der „Callback-Handler", welcher in einem eigenen Abschnitt detailliert behandelt wird. Nachdem das neue MS im Backend abgespeichert wurde und alle Konfigurationsbefehle verschickt wurden, sendet das Backend alle Informationen über das MS an das Frontend.

Aufnahmestart
Der oder die Benutzer*in legt alle Konfigurationsparameter, wie im Abschnitt „Zustandsvisualisierung und Aufnahmesteuerung" dargestellt, fest und startet die Aufnahme. Eine Aufnahme-Anfrage wird mit den Konfigurationsparametern an das Backend übergeben. Direkt im Anschluss setzt das Backend den Status des MS auf „Senden" und übermittelt den Status an das Frontend. Der*die Benutzer*in sieht jetzt, dass das System die Daten verarbeitet.

Der Start einer Aufnahme besteht aus drei Schritten: Zunächst wird die Sensorband-ID and das Messsystem übermittelt. Im Anschluss sendet das Backend die Konfigurationsparameter für die Aufnahme an das MS. Danach wird ein Befehl zum Start der Aufnahme gesendet und gespeichert. Abschließend startet das Backend eine Ausfallsicherung. Falls der Aufnahmestart nach fünf Sekunden nicht bestätigt wurde, wird der Status des MS auf den vorherigen Zustand zurückgesetzt. Dies dient als Absicherung der Zustandsvisualisierung, falls die Kommunikation über das MQTT-Protokoll fehlschlägt.

Die Antwort auf den Aufnahmestart-Befehl wird vom sogenannten „Callback-Handler" bearbeitet, dessen Funktionsweise später erläutert wird. Für dieses Beispiel wird angenommen, dass die Aufnahme erfolgreich gestartet wurde. Daraufhin wird der der Status „Aufnahme" in der Benutzeroberfläche angezeigt und das Messsystem sammelt Daten, wie es in den Konfigurationsparametern festgelegt ist. Nach einer beliebigen Zeit kann der oder die Benutzer*in die Aufnahme beenden.

Aufnahmestopp
Der oder die Benutzer*in stopp nun die Aufnahme. Der Status des MS wird auf „Senden“ gesetzt, an das Frontend geschickt und eine Anfrage zum Aufnahmestopp vom Backend per MQTT versendet. Diese Anfrage wird zu späterer Verarbeitung ebenfalls gespeichert. Im Anschluss sendet das Backend einen Befehl mit Konfigurationsparametern, welche die Einstellungen des Sensorbands auf ihre kleinste Einstellung zurücksetzten. Das heißt die Abtastrate wird auf 12 Hz und der Messbereich auf ± 2 g gesetzt. Dies dient dazu, Rechenleistung des Arduinos des Messgeräts nach Beendung der Messung freizugeben, damit andere Prozesse diese verwenden können. Abschließend startet das Backend die gleiche Ausfallsicherung, wie für den Aufnahmestart. Die Antwort auf den Aufnahmestopp-Befehl übernimmt ebenfalls der „Callback-Handler“, welcher im Folgenden erläutert wird.

Callback-Handler
Der Callback-Handler verwaltet alle Antworten zu asynchron versendenten Anfragen, die das DFA Portal über das MQTT-Protokoll empfängt. Alle vom Backend über MQTT versendeten Nachrichten werden intern gespeichert, um eingehende Nachrichten zu ihrem ausgegangenen Gegenstück zuzuordnen. Folgende Callbacks werden bearbeitet:

Port-Anfrage Wie bereits erwähnt, werden beim Verbindungsprozess eines neuen Messsystems die belegten Ports angefragt, um Informationen über die angeschlossenen Messgeräte zu erhalten. Die verbundenen Messgeräte werden erkannt, gespeichert und die Informationen zur Anzeige direkt an das Frontend gesendet.

Aufnahmestart Wurde eine Aufnahme erfolgreich gestartet, wird der Status eines MS auf „Aufnahme“ gesetzt. Schlug die Aufnahme fehl, setzt das Backend den Status wieder auf „Online“, um den aktuellen Systemzustand korrekt abzubilden. Die Informationen werden danach an das Frontend gesendet.

Aufnahmestopp Der Aufnahmestopp verhält sich invers zum Aufnahmestart. Wurde die Aufnahme erfolgreich gestoppt, wird der „Online“ Status des MS gesetzt. Schlug der Stopp der Aufnahme jedoch fehl, wird der Status wieder auf „Aufnahme“ gesetzt.

Heartbeat (Lebenszeichen) Jedes verbundene und aktive MS erhält, wie zuvor beschrieben, den Befehl jede Sekunde ein Lebenszeichen, einen sogenannten „Heartbeat“ an das DFA Portal zu senden. Der Heartbeat liefert wichtige Informationen über den Zustand des Messsystems. So beinhaltet er etwa Daten über die an das MS angeschlossenen Messgeräte mit denen Änderungen, wie Verbindungsabbrüche sehr schnell erkannt werden können.

Erreicht ein Heatbeat eines MS das Portal, wird zunächst überprüft, wann der vorherige Heartbeat ankam. Alle 60 s wir die aktuelle Zeit des Hearbeats an das Frontend geschickt, um Informationen über das letzte Update anzeigen zu können. Dementsprechend aktualisiert sich die Zeit des letzten Updates jede Minute.

Danach überprüft das System, ob sich die verbundenen Aurdions des MS verändert haben. Ist dies nicht der Fall, passiert nichts. Haben sie sich jedoch geändert, können zwei Fälle eintreten. Hat sich der Port eines Arduinos geändert, so wird dieser Wechsel registriert, gespeichert und an das Frontend gesendet. Sind jedoch keine Arduinos mehr verbunden, wird der Status des MS auf „Online" gesetzt. Falls der Verbindungsabbruch während einer Aufnahme stattfand, wird so der Abbruch der Aufnahme signalisiert.

3.3 Ausblick auf zukünftige Erweiterungsmöglichkeiten des Use-Cases

Der demonstrierte Use-Case ließe sich zukünftig auf verschiedene Arten erweitern. Da derzeit nur ein Bruchteil der Funktionalitäten von Teamcenter innerhalb des DFA-Projektes genutzt wird, könnten bezogen auf das Datenmanagement und die Aussteuerung der Simulationsprozesskette weitere Teamcenter-Funktionalitäten eingebunden werden. So könnte beispielsweise Teamcenter Simulation als umfangreiches Simulationsdatenmanagement zum Verwalten der Tools, Daten und Prozesse für Simulationen und physikalische Tests eingesetzt werden. Durch vorgefertigte und automatisierte Workflows können Simulationsmodelle schnell und mit weniger manuellen Eingaben erstellt und die Simulationen effizient ausgesteuert werden. Dadurch könnten die Bauteilentwicklungszeiten sowie die Entwicklungskosten weiter reduziert werden.

Zusätzlich bietet sich die Etablierung eines integrierten Änderungsmanagements an, welches die Zusammenarbeit der unterschiedlichen Domänen wie Produktion und Simulation vereinfachen und verschnellern könnte. Durch Statusänderungen und automatische Workflows kann schneller auf notwendige Produktänderungen reagiert werden, wodurch sich die Bauteilentwicklungszeit weiter verkürzt.

Zukünftig kann zudem eine automatische Bauteilevolution durch das Zusammenspiel der Simulationskette mit Teamcenter und dem CAD-Tool Siemens NX realisiert werden. Ergibt die Simulation beispielsweise, dass das Bauteil eine größere Wandstärke benötigt, um die real auftretenden Belastungen dauerhaft auszuhalten, so kann auf Basis dieser Information ein Workflow gestartet werden. Dieser ruft im NX-Part den betreffenden Parameter, der die Wandstärke des Bauteils steuert, auf und ändert diesen entsprechend ab, um die Wandstärke zu erhöhen. So können simple Geometrie-Änderungen direkt aus der Simulationskette heraus gestartet werden, die eine automatische Bauteilevolution ermöglichen.

Das DFA Portal, das zur Statusvisualisierung und Steuerung der Messsysteme dient, kann zukünftig um weitere Funktionalitäten für den Datenauswertungsprozess erweitert werden. So kann eine Visualisierung der Datenauswertung mittels Grafana eingebunden werden. Des Weiteren kann die Schaltfläche der Aktivitäten erweitert werden, um anzuzeigen, ob eine Messung final ausgewertet wurde und deren Daten zum Download anzubieten.

Insgesamt und wie bereits zu Beginn von Abschn. 3.2.4 erwähnt wurde, erfolgten während der Entwicklung des Demonstrators regelmäßige Anpassungen, um neue Gegebenheiten und Anforderungen, die während der Projektlaufzeit auftraten, zu berücksichtigen. Mit jeder neuen Version wurden der Umfang der Funktionen, die Benutzerfreundlichkeit und der Automatisierungsgrad verbessert.

Im Hinblick auf die endgültige Lösung, dem Demonstrator, kann abschließend aus der Perspektive des Datenmanagements festgestellt werden, dass die Datenübertragung vom Sensor bis ins PLM-System in einem Umfang ermöglicht wurde, der den im Abschn. 3.1.2 beschriebenen Use-Case 1 abdeckt.

Damit wurde das Ziel, einen (automatisierten) Simulations- und Realdaten-Loop zu ermöglichen und somit die übergeordnete Vision einer autonomen Wertschöpfungskette voranzutreiben, nähergebracht. Die beiden Datenkreisläufe ermöglichen eine kontinuierliche Bauteilüberwachung und somit die Möglichkeit, Erkenntnisse für die nächste Bauteilevolution zu gewinnen. Es sollte jedoch beachtet werden, dass entgegen der ursprünglichen Planung immer noch manuelle Schritte für einen nahtlosen Datenfluss erforderlich sind und weitere Entwicklungen erforderlich wären, um den gesamten Prozess vollständig zu automatisieren.

Literatur

1. Da Xu L, He W, Li S (2014) Internet of things in industries: a survey. IEEE Trans Industr Inf 10(4):2233–2243. https://doi.org/10.1109/TII.2014.2300753
2. AVK – Industrievereinigung Verstärkte Kunststoffe e. V. (Hrsg) (2013) Handbuch Faserverbundkunststoffe/Composites. Springer Vieweg Wiesbaden, Wiesbaden
3. Hoßfeld M, Ackermann C (2020) Leichtbau durch Funktionsintegration
4. Hopmann C, Michaeli W (2017) Einführung in die Kunststoffverarbeitung. Carl Hanser Verlag GmbH Co KG
5. Tzetzis D, Hogg PJ (2008) Experimental and finite element analysis on the performance of vacuum-assisted resin infused single scarf repairs. Mater Des 29(2):436–449. https://doi.org/10.1016/j.matdes.2007.01.002
6. Boller C, Chang F-K, Fujino Y (Hrsg) (2009) Encyclopedia of structural health monitoring. John Wiley, Chichester, West Sussex, U.K
7. Balaji R, Sasikumar M. (2016) Structural health monitoring (SHM) system for polymer composites: a review. Indian J Sci Technol 9(41). https://doi.org/10.17485/ijst/2016/v9i41/85832
8. Contreras Lopez J, Chiachío J, Saleh A, Chiachío M, Kolios A (2022) A cross-sectoral review of the current and potential maintenance strategies for composite structures. SN Appl Sci 4(6):180. https://doi.org/10.1007/s42452-022-05063-3

9. Klein L (2019) Sensor systems for FRP lightweight structures: automotive features based on serial sensor products. Sensors 19(14):3088. https://doi.org/10.3390/s19143088
10. Zhang J, Liu J, Zhuang R, Mäder E, Heinrich G, Gao S (2011) Single MWNT-glass fiber as strain sensor and switch. Adv Mater 23(30):3392–3397. https://doi.org/10.1002/adma.201101104
11. Guo H, Xiao G, Mrad N, Yao J (2011) Fiber optic sensors for structural health monitoring of air platforms. Sensors 11(4):3687–3705. https://doi.org/10.3390/s110403687
12. Sun L, Li H-N, Ren L, Jin Q (2007) Dynamic response measurement of offshore platform model by FBG sensors. Sens Actuators, A 136(2):572–579. https://doi.org/10.1016/j.sna.2006.12.012
13. Grouve W, Warnet L, de Boer A, Akkerman R, Vlekken J (2008) Delamination detection with fibre Bragg gratings based on dynamic behaviour. Compos Sci Technol 68(12):2418–2424. https://doi.org/10.1016/j.compscitech.2007.11.007
14. de Baere I, Luyckx G, Voet E, van Paepegem W, Degrieck J (2009) On the feasibility of optical fibre sensors for strain monitoring in thermoplastic composites under fatigue loading conditions. Opt Lasers Eng 47(3–4):403–411. https://doi.org/10.1016/j.optlaseng.2008.01.001
15. Papantoniou A, Rigas G, Alexopoulos ND (2011) Assessment of the strain monitoring reliability of fiber Bragg grating sensor (FBGs) in advanced composite structures. Compos Struct 93(9):2163–2172. https://doi.org/10.1016/j.compstruct.2011.03.001
16. Shimada A, Urabe K, Kikushima Y, Takahashi J, Kageyama K (2003) Detection of missing fastener based on vibration mode analysis using fiber Bragg grating (FBG) sensors. In: Baz AM (Hrsg) Smart structures and materials 2003: smart structures and integrated systems, S 312
17. Guemes JA, Frovel M, Rodriguez-Lence F, Menendez Martin JM (2002) Embedded fiber Bragg grating as local damage sensors for composite materials. In: Inaudi D, Udd E (Hrsg) Smart structures and materials 2002: smart sensor technology and measurement systems, S 118–128
18. Chan T, Yu L, Tam HY, Ni YQ, Liu SY, Chung WH et al (2006) Fiber Bragg grating sensors for structural health monitoring of Tsing Ma bridge: background and experimental observation. Eng Struct 28(5):648–659. https://doi.org/10.1016/j.engstruct.2005.09.018
19. Panopoulou A, Loutas T, Roulias D, Fransen S, Kostopoulos V (2011) Dynamic fiber Bragg gratings based health monitoring system of composite aerospace structures. Acta Astronaut 69(7–8):445–457. https://doi.org/10.1016/j.actaastro.2011.05.027
20. Loutas TH, Panopoulou A, Roulias D, Kostopoulos V (2012) Intelligent health monitoring of aerospace composite structures based on dynamic strain measurements. Expert Syst Appl 39(9):8412–8422. https://doi.org/10.1016/j.eswa.2012.01.179
21. Bonopera M (2022) Fiber-Bragg-grating-based displacement sensors: review of recent advances. Materials 15(16):5561. https://doi.org/10.3390/ma15165561
22. Xiaolin T, Yong W, Qiang Z, Yunzhou L, Huanxin L, Jiaojiao Q et al (2021) A miniaturized, low-cost and portable fiber Bragg grating interrogation system for remote monitoring. Optik 248:168054. https://doi.org/10.1016/j.ijleo.2021.168054
23. Todoroki A, Tanaka Y (2002) Delamination identification of cross-ply graphite/epoxy composite beams using electric resistance change method. Compos Sci Technol 62(5):629–639. https://doi.org/10.1016/S0266-3538(02)00013-1
24. Todoroki A, Tanaka M, Shimamura Y (2002) Measurement of orthotropic electric conductance of CFRP laminates and analysis of the effect on delamination monitoring with an electric resistance change method. Compos Sci Technol 62(5):619–628. https://doi.org/10.1016/S0266-3538(02)00019-2
25. Baron C, Schulte K, Harig H (1987) Influence of fibre and matrix failure strain on static and fatigue properties of carbon fibre-reinforced plastics. Compos Sci Technol 29(4):257–272. https://doi.org/10.1016/0266-3538(87)90075-3

26. Suzuki Y, Todoroki A, Matsuzaki R, Mizutani Y (2012) Impact-damage visualization in CFRP by resistive heating: development of a new detection method for indentations caused by impact loads. Compos A Appl Sci Manuf 43(1):53–64. https://doi.org/10.1016/j.compositesa.2011.09.003
27. Hofmann P, Walch A, Dinkelmann A, Selvarayan SK, Gresser GT (2019) Woven piezoelectric sensors as part of the textile reinforcement of fiber reinforced plastics. Compos A Appl Sci Manuf 116:79–86. https://doi.org/10.1016/j.compositesa.2018.10.019
28. Abry J, Choi Y, Chateauminois A, Dalloz B, Giraud G, Salvia M (2001) In-situ monitoring of damage in CFRP laminates by means of AC and DC measurements. Compos Sci Technol 61(6):855–864. https://doi.org/10.1016/S0266-3538(00)00181-0
29. Horoschenkoff A, Mueller T, Kroell A (2009) On the characterization of the piezoresistivity of embedded carbon fibres. In: Proceedings of the 17th international conference on composite materials, Edinburgh, UK
30. Zhao H, Zhang Y, Bradford PD, Zhou Q, Jia Q, Yuan F-G et al (2010) Carbon nanotube yarn strain sensors. Nanotechnology 21(30):305502. https://doi.org/10.1088/0957-4484/21/30/305502
31. Häntzsche E, Matthes A, Nocke A, Cherif C (2013) Characteristics of carbon fiber based strain sensors for structural-health monitoring of textile-reinforced thermoplastic composites depending on the textile technological integration process. Sens Actuators, A 203:189–203. https://doi.org/10.1016/j.sna.2013.08.045
32. Abot JL, Song Y, Vatsavaya MS, Medikonda S, Kier Z, Jayasinghe C et al (2010) Delamination detection with carbon nanotube thread in self-sensing composite materials. Compos Sci Technol 70(7):1113–1119. https://doi.org/10.1016/j.compscitech.2010.02.022
33. Hasan MMB, Matthes A, Schneider P, Cherif C (2011) Application of carbon filament (CF) for structural health monitoring of textile reinforced thermoplastic composites. Mater Technol 26(3):128–134. https://doi.org/10.1179/175355511X13007211258881
34. Srivastava RK, Vemuru VSM, Zeng Y, Vajtai R, Nagarajaiah S, Ajayan PM et al (2011) The strain sensing and thermal–mechanical behavior of flexible multi-walled carbon nanotube/polystyrene composite films. Carbon 49(12):3928–3936. https://doi.org/10.1016/j.carbon.2011.05.031
35. Alexopoulos ND, Jaillet C, Zakri C, Poulin P, Kourkoulis SK (2013) Improved strain sensing performance of glass fiber polymer composites with embedded pre-stretched polyvinyl alcohol–carbon nanotube fibers. Carbon 59:65–75. https://doi.org/10.1016/j.carbon.2013.02.055
36. Konka HP, Wahab MA, Lian K (2013) Piezoelectric fiber composite transducers for health monitoring in composite structures. Sens Actuators, A 194:84–94. https://doi.org/10.1016/j.sna.2012.12.039
37. Makireddi S, Shivaprasad S, Kosuri G, Varghese FV, Balasubramaniam K (2015) Electro-elastic and piezoresistive behavior of flexible MWCNT/PMMA nanocomposite films prepared by solvent casting method for structural health monitoring applications. Compos Sci Technol 118:101–107. https://doi.org/10.1016/j.compscitech.2015.08.014
38. Muto N, Arai Y, Shin S, Matsubara H, Yanagida H, Sugita M et al (2001) Hybrid composites with self-diagnosing function for preventing fatal fracture. Compos Sci Technol 61(6):875–883. https://doi.org/10.1016/S0266-3538(00)00165-2
39. Wicks S, Barber D, Raghavan A, Dunn CT, Daniel L, Kessler SS et al (2009) Health monitoring of carbon nanotube (CNT) hybrid advanced composites for space applications. In: Proceedings of the 11th European conference on spacecraft structures, materials and mechanical testing, Toulouse

40. Sebastian J, Schehl N, Bouchard M, Boehle M, Li L, Lagounov A et al (2014) Health monitoring of structural composites with embedded carbon nanotube coated glass fiber sensors. Carbon 66:191–200. https://doi.org/10.1016/j.carbon.2013.08.058
41. Vavouliotis A, Paipetis A, Kostopoulos V (2011) On the fatigue life prediction of CFRP laminates using the electrical resistance change method. Compos Sci Technol 71(5):630–642. https://doi.org/10.1016/j.compscitech.2011.01.003
42. Thostenson ET, Chou T-W (2006) Carbon nanotube networks: sensing of distributed strain and damage for life prediction and self healing. Adv Mater 18(21):2837–2841. https://doi.org/10.1002/adma.200600977
43. Thostenson ET, Chou T-W (2008) Real-time in situ sensing of damage evolution in advanced fiber composites using carbon nanotube networks. Nanotechnology 19(21):215713. https://doi.org/10.1088/0957-4484/19/21/215713
44. Böger L, Wichmann MH, Meyer LO, Schulte K (2008) Load and health monitoring in glass fibre reinforced composites with an electrically conductive nanocomposite epoxy matrix. Compos Sci Technol 68(7–8):1886–1894. https://doi.org/10.1016/j.compscitech.2008.01.001
45. Swait TJ, Jones FR, Hayes SA (2012) A practical structural health monitoring system for carbon fibre reinforced composite based on electrical resistance. Compos Sci Technol 72(13):1515–1523. https://doi.org/10.1016/j.compscitech.2012.05.022
46. Abry J (1999) In situ detection of damage in CFRP laminates by electrical resistance measurements. Compos Sci Technol 59(6):925–935. https://doi.org/10.1016/S0266-3538(98)00132-8
47. Kupke M, Schulte K, Schüler R (2001) Non-destructive testing of FRP by d.c. and a.c. electrical methods. Compos Sci Technol 61(6):837–847. https://doi.org/10.1016/S0266-3538(00)00180-9
48. Seo D-C, Lee J-J (1999) Damage detection of CFRP laminates using electrical resistance measurement and neural network. Compos Struct 47(1–4):525–530. https://doi.org/10.1016/S0263-8223(00)00016-7
49. Christof H (2014) Untersuchungen zur Nutzbarkeit piezoelektrischer Effekte von PVDF-Fasern für sensorische Anwendungen in FVK. Institut für Textil- und Verfahrenstechnik Denkendorf, Denkendorf
50. Todoroki A, Tanaka Y, Shimamura Y (2002) Delamination monitoring of graphite/epoxy laminated composite plate of electric resistance change method. Compos Sci Technol 62(9):1151–1160. https://doi.org/10.1016/S0266-3538(02)00053-2
51. Todoroki A, Tanaka M, Shimamura Y (2005) Electrical resistance change method for monitoring delaminations of CFRP laminates: effect of spacing between electrodes. Compos Sci Technol 65(1):37–46. https://doi.org/10.1016/j.compscitech.2004.05.018
52. Werthschützky R, Bock K, Dittrich PG, Ettrich K, Fröhlich T, Graf V et al (2018) Sensor Technologien 2022. AMA Verband für Sensorik und Messtechnik eV
53. Mariani S, Corigliano A, Caimmi F, Bruggi M, Bendiscioli P, de Fazio M (2013) MEMS-based surface mounted health monitoring system for composite laminates. Microelectron J 44(7):598–605. https://doi.org/10.1016/j.mejo.2013.03.003
54. Köster U (2018) Entwicklung eines MEMS-basierten Low-Cost-Sensors für geodätische Überwachungsmessungen. Hochschule
55. Ratcliffe C, Heider D, Crane R, Krauthauser C, Yoon MK, Gillespie JW (2008) Investigation into the use of low cost MEMS accelerometers for vibration based damage detection. Compos Struct 82(1):61–70. https://doi.org/10.1016/j.compstruct.2006.11.012
56. Caimmi F, Mariani S, de Fazio M, Bendiscioli P (2014) Investigation of the effectiveness and robustness of an MEMS-based structural health monitoring system for composite laminates. IEEE Sens J 14(7):2208–2215. https://doi.org/10.1109/JSEN.2014.2315831

57. Damm AM, Spitzmüller C, Raichle ATS, Bühler A, Weißgraeber P, Middendorf P (2020) Deep learning for impact detection in composite plates with sparsely integrated sensors. Smart Mater Struct 29(12):125014. https://doi.org/10.1088/1361-665X/abb644
58. Bosch Sensortec GmbH (2023) BMA456 Data Sheet. Bosch Sensortec GmbH. https://www.bosch-sensortec.com/media/boschsensortec/downloads/datasheets/bst-bma456-ds000.pdf
59. Damm A, Bahroun K, Middendorf P (2019) A low-cost flow front monitoring system. In: ICCM22, S 236–244
60. Bosch Sensortec GmbH (2014) BMA280 Data Sheet
61. Arduino S.r.l. (2023) Arduino Due. Arduino Official Store. https://store.arduino.cc/products/arduino-due
62. Raspberry Pi Ltd. (2023) Raspberry Pi 4 Model B. Raspberry Pi. https://www.raspberrypi.com/products/raspberry-pi-4-model-b/
63. Gilb T (1988) Principles of software engineering management. Addison-Wesley Longman Publishing Co., Inc, Boston, MA, United States
64. Köhler M, Jenne S, Pötter K, Zenner H (2012) Zählverfahren und Lastannahme in der Betriebsfestigkeit. Springer Berlin Heidelberg, Berlin, Heidelberg
65. Dimri VP, Bansal AR (2021) Review of scaling approach to estimate depths from gravity and magnetic data. J Geol Soc India 97(10):1300–1306. https://doi.org/10.1007/s12594-021-1860-6

4 Durchführung der Fertigungsprozesse für den Digitalen Fingerabdruck

Silvio Facciotto, Jörg Dittmann, Andreas Raichle, Florian Fritz, Karim Bahroun, Jan Dietrich Seiffert, Markus Münch, Sebastian Dogaru, Florian Ritter, Andreas Maximilian Damm, Lennart Bechtloff, Peter Middendorf, Patrick Böhler und Jochen Wiedemann

S. Facciotto (✉) · J. Dittmann · A. Raichle · P. Middendorf
Institut für Flugzeugbau, Universität Stuttgart, Stuttgart, Deutschland
E-Mail: facciotto@ifb.uni-stuttgart.de

J. Dittmann
E-Mail: dittmann@ifb.uni-stuttgart.de

A. Raichle
E-Mail: andreas-raichle@web.de

P. Middendorf
E-Mail: middendorf@ifb.uni-stuttgart.de

F. Fritz
Kompetenzzentrum Stapelfaser, Weberei & Simulation, Deutsche Institute für Textil- und Faserforschung Denkendorf, Denkendorf, Deutschland
E-Mail: florian.fritz@ditf.de

K. Bahroun
CR/AMP2, Robert Bosch GmbH, Renningen, Deutschland
E-Mail: karim.bahroun@de.bosch.com

J. D. Seiffert
Lehrstuhl für Carbon Composites, Technische Universität München, Garching bei München, Deutschland
E-Mail: jan.seiffert@tum.de

M. Münch · F. Ritter
PS/EAT1, Robert Bosch GmbH, Blaichach, Deutschland
E-Mail: markus.muench3@de.bosch.com

F. Ritter
E-Mail: florian.ritter2@de.bosch.com

D. Holder und P. Middendorf (Hrsg.), *Digitaler Fingerabdruck,* ARENA2036,
https://doi.org/10.1007/978-3-662-69802-0_4

4.1 Auswahl und Definition der Fertigungstechnologien

Ziel der Fertigungskette im DFA ist die Herstellung eines Gehäuses für eine Leistungselektronik, welches über einen Deckel mit bauteilintegrierten Sensoren in Faserverbundbauweise (FVK-Deckel) und einem darauf abgestimmten Unterteil aus Aluminium besteht.

Das Aluminiumgehäuse soll dabei hinsichtlich Leichtbau optimiert und für die Anwendungen in unterschiedlichen Endvarianten in eine flexible, modulare Bauweise umgestaltet werden. Initial wird das Gehäuse als Gussbauteil realisiert, was für Großserien bei gleichbleibender Geometrie eine kostengünstige Variante für Aluminiumkomponenten darstellt. Modulare und variable Designs können in Gussbauweise nur bedingt realisiert werden. In diesem Projekt wird deshalb eine Substitution des vorhandenen Gehäuses durch ein Design aus Aluminium-Strangpressprofilen angestrebt. Dieses Konzept in Extrusionsbauweise bildet in diversen Fahrzeugkomponenten bereits die Lösung der Wahl. Durch die Beschaffenheit der Extrusionsprofile ist es möglich diverse Funktionen wie Kühlrippen und Kühlkanäle direkt in die Struktur zu integrieren ohne das Fügen von Zusatzbauteilen. Die Dimension des Gehäuses kann durch die gewählte Sägelänge der Profile kostenneutral eingestellt werden, was eine enorme Flexibilität und den Einsatz in unterschiedlichen Fahrzeugen ermöglicht.

Für die Aluminium-Einzelteile des Gehäuses wird die hochfesten Aluminium-Legierung HSA6.370 (EN AW-6xxx, Rp0,2 = 370 MPa) mit sehr hoher Recyclingquote (bis 80 %) verwendet, um eine nachhaltige Lösung bereitstellen zu können. Nach maschineller Bearbeitung werden die Profile mithilfe des hochtemperaturbeständigen zweikomponentigen Epoxidklebstoffs LOCTITE® EA 9492 gefügt und zugleich abgedichtet (Abb. 4.1).

Aus den Ergebnissen der Voruntersuchungen zur Eignung verschiedener Sensoriken für die definierten Use-Cases wurde der Einsatz von MEMS-Beschleunigungssensoren

S. Dogaru
PS-FM/ESS1, Robert Bosch GmbH, Stuttgart-Feuerbach, Deutschland
E-Mail: sebastian.dogaru@de.bosch.com

A. M. Damm
BST/EAS-M1, Bosch Sensortec GmbH, Reutlingen, Deutschland
E-Mail: andreas.damm@bosch-sensortec.com

L. Bechtloff
Robert Bosch GmbH, Karlsruhe, Deutschland

P. Böhler · J. Wiedemann
Automotive Structures and Industry, Constellium Singen GmbH, Singen, Deutschland
E-Mail: patrick.boehler@constellium.com

J. Wiedemann
E-Mail: jochen.wiedemann@constellium.com

Abb. 4.1 Aluminiumgehäuse in Extrusionsbauweise

als aussichtsreichster Ansatz identifiziert. Dabei zeigte sich, dass besonders die Nutzung von flexiblen Leiterbahnen eine sichere Kontaktierung des Sensors auch in einem für die Herstellung von FVK-Bauteilen im Automobil eingesetzten Verfahrens wie dem RTM-Prozess ermöglicht. Der RTM-Prozess ist im Gegensatz zum VARI-Prozess deutlich weiter automatisierbar und ist damit besser geeignet, reproduzierbar Teile vergleichbarer Qualität herzustellen. Die reproduzierbare Herstellung von Bauteilen ist Grundvorrausetzung für eine Vergleichbarkeit und damit einer zielführenden Analyse der ermittelten Sensordaten.

Als Grundlage für die Gestaltung des FVK-Deckels wird eine frühe Generation eines Leistungselektronikgehäuses der Firma Robert Bosch GmbH verwendet. Bei der Konstruktion des FVK-Deckels wurden abweichend vom Lastenheft der Komponente zwei Befestigungslaschen der ursprünglichen Leistungselektronik in den Bereich des Deckels umgelegt. Es sollten so größere Lasten über den Deckel verlaufen und damit auch Themen wie Lastpfadoptimierung, Verstärkung mit TFP oder mit ORW sowie der Einsatz von Sensoren in belasteten Bereichen von Strukturbauteilen untersucht werden. Außerdem sollte das Risiko vermieden werden, dass aufgrund unzureichender Lasteinleitung keine aussagekräftigen Sensorsignale erfasst werden.

Der Deckel der ursprünglichen Leistungselektronik als auch der FVK-Deckel stellen dreidimensional geformte Bauteile dar, sodass für die Herstellung des Bauteils im RTM-Prozess eine vorherige Drapierung des Verstärkungstextils eingesetzt werden muss.

Dieses Textil muss demnach entsprechend einer ersten Bauteilauslegung hergestellt und dem Drapierprozess zugeführt werden.

Um nun aus möglichst vielen Teilprozessen der skizzierten Fertigungskette Sensordaten erhalten zu können, sollen die MEMS-Sensoren zu einem möglichst frühen Zeitpunkt in die Bauteilfertigung eingebunden werden. Den frühstmöglichen Zeitpunkt stellt das Einweben der Sensoren in das Verstärkungstextil dar.

Damit ergibt sich folgende Fertigungskette:

1. Herstellung der MEMS-Sensorbänder
2. Multiaxialwebtechnologie inkl. Einweben der Sensorbänder
3. TFP-Prozess inkl. Gewebezuschnitt
4. Preformherstellung inkl. Vorbeschnitt
5. RTM-Prozess inkl. Endbeschnitt Preform, Tempern, Bauteilbeschnitt, Montagebohrungen und Kontaktierung des Sensorbands

Abschließend werden der FVK-Deckel und das Aluminiumunterteil zu einem Gehäuse für eine Leistungselektronik montiert und mit weiterer Peripherie komplettiert.

Alle Schritte (Abb. 4.2) der genannten Kette wurden dokumentiert und werden in den folgenden Abschnitten ausführlicher beschrieben und die wichtigsten Ergebnisse dargestellt. Aufgrund der Einfachheit wird das CNC-Schneiden nicht dargestellt. Dennoch wurde dieser Prozess mithilfe der in die Faservorform eingebetteten Sensoren gemessen, um die Konsistenz und Reproduzierbarkeit des Prozesses zu demonstrieren.

Abb. 4.2 Produktion Prozessschritte

4.2 Herstellung des Sensorbands

Zur Integration von MEMS wurde im Projekt DFA innerhalb der ARENA2036 ein neuartiges Sensorsystem auf Basis flexibler Folien entwickelt. Das Band ermöglicht die Positionierung der Sensorik im Herstellprozess und stellt eine Verbindung zwischen Sensorik zur Peripherie her. Das System konnte erfolgreich im RTM-Prozess eingesetzt und es konnte trotz eines Harzinfiltrationsprozesses bei Prozessdrücken von 1–6 bar eine ausreichend hohe Stabilität der Datenverbindung zur Abtastung des Sensors mit 1600 Hz nachgewiesen werden. In Versuchen am RTM-Werkzeug zeigt sich im Projekt jedoch auch immer wieder das Problem einer möglichen Beschädigung der Leiterbahnen und der Sensoren. Daher wurde im DFA in besonderes Augenmerk auf die Robustheit der Integration von MEMS gelegt. Abb. 4.3 zeigt das Konzept für die Sensorbandherstellung (FPC – Flexible Printed Circuit), die Herstellung der Bänder in einem seriennahen Prozess bei einem externen Zulieferer (Prototypenbauer, Firma PCBAStore) sowie zwei angewandten Methoden zur Qualitätsüberwachung (nach [1, 2]).

So konnte mithilfe der Selbstprüfung der Sensoren die Funktionsfähigkeit des Sensorbandes geprüft werden oder mithilfe von CT-Aufnahmen, von denen viele am Institut für Textiltechnik (ITV) in Denkendorf durchgeführt worden sind, Schäden in der Kontaktierung der Sensoren oder in den Leiterbahnen untersucht werden.

Das in [1, 3] dargestellte Konzept wurde um die Verwendung von FFC-Steckern und redundanten Signal- und Versorgungsleitungen bzw. Designaspekten zur Anbindung eines BMA456 verändert und erweitert Auch die Bestückung der Platine mit den eingesetzten MEMS wurde mehrfach optimiert.

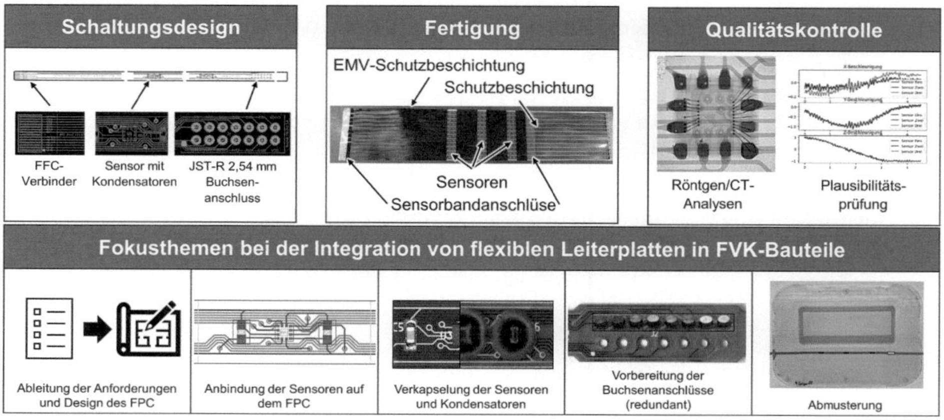

Abb. 4.3 Sensorbandherstellung im DFA

Ableitung der Anforderungen und Design des FPC

Für die Gestaltung des FPC wurden die verschiedensten Anforderungen aus dem Forschungsvorhaben zusammengetragen. Hierzu wurden zunächst die Anforderungen zur Darstellung der Funktionalität recherchiert und anschließend um die Anforderungen aus den folgenden Verarbeitungsprozessen ergänzt.

Tab. 4.1 zeigt die Zusammenstellung der Anforderungen und Merkmale der Sensorbandherstellung.

Die Verwendung von drei BMA456-Sensoren ergibt sich aus der Anforderung, mithilfe von MEMS Beschleunigungs- und Temperaturdaten redundant zu erfassen und hierbei auch Vergleichsmessungen und die Messung ortsveränderlicher Ergebnisse durchführen zu wollen. Aus der Entscheidung, die Sensoren über den SPI-Bus anzusteuern, ergibt sich die Notwendigkeit, je Sensor zwei Kondensatoren mit einer Kapazität von 100 nF [4] vorzusehen. Weiterhin soll die Funktion „Neue Messdaten verfügbar" über einen Interrupt des Sensors zum Mikrokontroller-Board geführt werden. Damit ergeben sich mindestens 12 Leiterbahnen je Sensorband. Bei dieser Anzahl an Leiterbahnen und einem typischen

Tab. 4.1 Anforderungen und Merkmale Sensorbandherstellung im DFA

Merkmal	Kommentar	Ausprägung
Anzahl und Art der Sensoren	Messung von Beschleunigungs- und Temperaturdaten; Redundanz und Vergleich von Messungen, Erfassung ortsveränderlicher Ereignisse	3 × BMA456 (inkl. je 2 × 100 nF Kondensatoren)
Anzahl der Leiterbahnen/ Aufbau	Leiterbahnen für Ansteuerung von 3 × BMA456 SPI-Bus; Herausführen eines Interrupts je MEMS	Mindestens 12 Leiterbahnen → 2-lagiger Aufbau, max. 0,3 mm
Abmaße Sensorband	Einsatz im Webprozess; Einspannung im RTM-Prozess; Konstante Breite	$X = 600 \pm 1$ mm, $Y = 7{,}5 \pm 0{,}1$ mm
Position der elektrischen Baugruppen (Mittelpunk MEMS)	Positionierung der Sensoren abhängig von Bauteilabmaßen und Einspannung im RTM-Werkzeug; Maß bezogen auf die Gesamtlänge des Sensorbands	$X_1 = 255 \pm 0{,}1$ mm; $Y_1 = 3{,}75 \pm 0{,}1$ mm $X_2 = 325 \pm 0{,}1$ mm; $Y_2 = 3{,}75 \pm 0{,}1$ mm $X_3 = 395 \pm 0{,}1$ mm; $Y_3 = 3{,}75 \pm 0{,}1$ mm
Schutzbeschichtungen	Schutz vor Kurzschluss und Beschädigung Einsatz im Webprozess	EMV/DCA-Beschichtungen Glob-Top (Loctite® Eccobond EO 1072, Henkel AG & Co. KGaA)
Bauteilkontaktierung/ Kupferplättchen	Kontaktierung des Sensorbands im fertigen Bauteil	14 × 2 mm × 0,5 mm auf Kontaktstellen ± 0,3 mm

Tab. 4.2 Schichtaufbau und Schichtdicken der DFA FPC-Sensorbänder

Einzelschicht	Dicke [μm]
Polyimid Deckschicht	25
Klebeschicht	25
Kupferleiterbahn	18
Klebeschicht	13
Polyimid Kern	25
Klebeschicht	13
Kupferleiterbahn	18
Klebeschicht	25
Polyimid Deckschicht	25
FR-4 Versteifung (Anschlüsse, Sensoranbindung)	100
Summe 187 bzw. 287 (versteift)	

Leiterbahnabstand von 0,5 mm zur Verwendung handelsüblicher Flexible Flat Cable (FFC)-Verbindern ergibt sich eine Mindestbreite des Bandes von 6 mm. Die Kontaktierung der BMA-Sensoren ist jedoch bei dieser Breite und einem einlagigen FPC nicht möglich. Daher wurden eine Breite des Bandes von 7,5 mm bei einem zweilagigen Aufbau des FPC gewählt. Hieraus ergibt sich der in Tab. 4.2 gezeigte Aufbau des Sensorbands und die dazugehörigen Lagendicken.

Das Sensorband wir während des Herstellungsprozesses sowohl im Webprozess als auch im RTM-Prozess verarbeitet. Hierfür ist eine ausreichende Länge des Bandes notwendig. Zum einen muss das Band im Webprozess sicher in das Textil eingebracht und geführt werden können, zum anderen muss das Sensorband im RTM-Prozess außerhalb der Kavität geführt und eingespannt werden. Zusätzlich muss der Hersteller des Sensorbandes die vorgegeben Maße auf seinen Anlagen verarbeiten können, was die maximale Länge des Bandes limitiert. In Summe ergibt sich für den vorliegenden Fall eine optimale Bandlänge von 600 mm.

Die Sensoren sollen im fertigen Bauteil derart positioniert werden, dass ein Sensor auf der Symmetrieachse des Bauteils liegt und die beiden anderen Sensoren symmetrisch zu beiden Seiten platziert sind. Zusammen mit der Länge des Bandes und der Positionierung des Bandes im RTM-Prozess ergeben sich die in Tab. 4.1 angegebenen Werte.

Das Sensorband soll im Bauteil zur Sensordatenerfassung in der Nutzungsphase über einen robusten Verbinder kontaktiert werden. Der eingesetzte FFC-Verbinder ermöglicht zwar in der Herstellungsphase über ein Herausführen des FPC und den Einsatz eines Adapters die Verbindung zu einem Mikrokontroller-Board; jedoch ist diese Verbindung mechanisch nicht dauerhaft belastbar. Hierzu wird ein redundanter JST-R 2,54 mm Buchsenanschluss vorgesehen, der in modifizierter Form die Kontaktierung des Bauteils ermöglicht.

Aufgrund der Erfahrungen aus dem Projekt LeiFu und den beschriebenen Vorversuchen erhält das Sensorband einen zusätzlichen Schutz vor mechanischer Beschädigung und elektromagnetischer Störstrahlung. Hierbei wird auf etablierte und industriell genutzte Beschichtungen im Bereich der FPC-Fertigung zurückgegriffen. Im vorliegenden Fall ist dies eine DCA-Beschichtung vom Typ SCC3 (Modified Silicone Conformal Coating) der Firma Electrolube Limited und eine EMV-Schutzbeschichtung vom basierend auf einer Schutzfolie des Typs SF-PC800 der Firma TATSUTA Electric Wire and Cable Co., Ltd. Weiterhin soll das Sensorband an allen Löt- und Kontaktierstellen versteift werden, um die Belastbarkeit der FFC- und JST-R Verbinder sowie die planparallele Ablage der BMA-Sensoren auf dem Band sicherzustellen. Als Versteifungsmaterial wird an den Stellen eine 0,1 mm dicke Schicht FR-4 eingesetzt. FR-4 ist ein schwer entflammbarer GFK (Glasfaserverstärkter Kunststoff), der für Leiterplattenanwendungen genutzt wird [5].

Anbindung der Sensoren auf dem FPC

Neben den Abmaßen, den Anschlüssen und der Leiterbahnführung ist die Anbindung der Sensoren und der dafür benötigten Komponenten als funktionale Komponente eine zentrale Fragestellung in der Auslegung des Sensorbands. Grundlage der Auslegung ist das Anschlussbild aus [4] bzw. in älteren Versionen mit dem BMA280 aus [6]. Eine entsprechende Anbindungsstelle ist beispielhaft in Abb. 4.4 dargestellt.

Durch die Wahl eines zweilagigen Aufbaus konnten alle benötigten Kontakte auf der Grundfläche der Sensoren mit den Leiterbahnen des FPC angebunden werden. Das Anschlussbild wurde mehrfach iterativ optimiert. So erforderten Erkenntnisse aus den in Abschn. 5.1.4 beschriebenen Versuchen eine Einzelanbindung aller Kontaktstellen

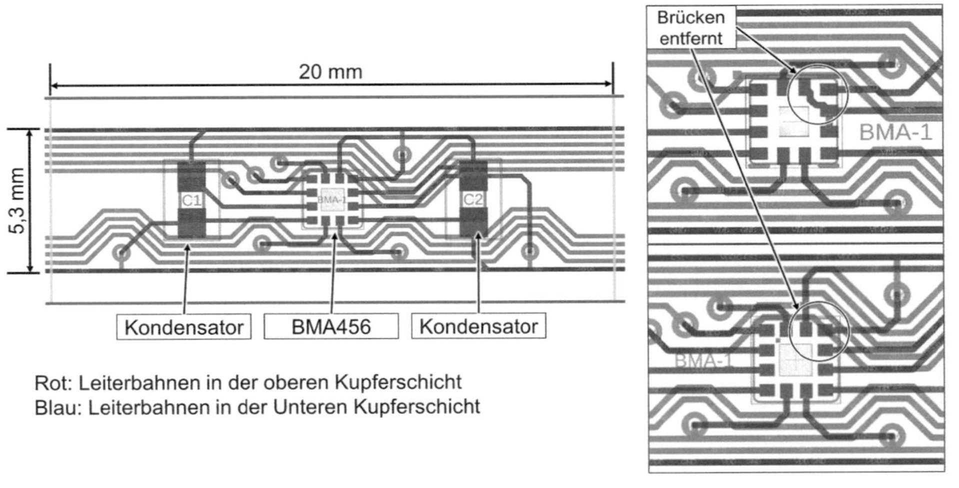

Abb. 4.4 Anbindung der BMA-Sensoren auf den DFA FPC-Sensorbändern

ohne die Verwendung von Kontaktbrücken. Auch erwies sich eine möglichst gerade Leiterbahnführung in der Nähe des Sensors, wenn es möglich war, als vorteilhaft.

Verkapselung der Sensoren und Kondensatoren

Die Verwendung einer DCA-Beschichtung schützt bereits die Sensoren und Kondensatoren auf dem Sensorband in gewissen Maßen vor mechanischer Beschädigung und elektrischer Fehlkontaktierung. Die Verarbeitung der Bänder im Web- und RTM-Prozess erfordert jedoch eine weitergehende Verkapselung der Bauteile und die Wahl eines geeigneten Materials zur Anbindung des Sensorband im Bereich der Sensoren an das umgebende Matrixmaterials des Bauteils. Zur Auswahl eines geeigneten Verkapselungsmaterials wurden Versuche unter statischer und dynamischer Last durchgeführt. Die Ergebnisse der Versuche sind in Abschn. 5.1 dargestellt. Darauf aufbauen fiel die Wahl auf eine Vergussmasse (Glob-Top) vom Typ Loctite Eccobond EO 1072 der Firma Henkel. Die Menge des aufgebrachten Glob-Tops richtet sich nach 2 Kriterien:

- Maximale Aufbauhöhe der Anbindungsstellen für den Einsatz im RTM-Prozess
- Weiterverarbeitbarkeit im Webprozess

Die Versuche zur Ermittlung des ersten Kriteriums werden in Abschn. 4.6 detailliert beschrieben. In den durchgeführten Versuchen ergibt sich eine maximale Aufbauhöhe von ca. 1 mm für das zu fertigende Bauteil von ca. 3,2 mm Höhe und einem Faservolumengehalt von ca. 55,8 % bei Verwendung von StarRov 086 der Firma John Manville als Verstärkungstextil. Bei einer Sensorbandhöhe mit Versteifung von 287 µm (ca. 0,3 mm) und einer Sensorhöhe von 0,65 mm (BMA456) darf die Vergussmasse maximal 0,05 mm über die Oberseite der BMA-Sensoren hinaus reichen. Diese Vergusshöhe ist jedoch ausreichend, um einen sicheren Eintrag des Sensorbandes im Webprozess zu gewährleisten, da die kritischen Stellen (Ecken und Kanten des Sensors) abgedeckt werden. Der Verguss wird nach einer vorherigen Aktivierung der Sensorbandoberfläche im Sauerstoffplasma aufgebracht. Abb. 4.5 zeigt die entsprechende Verkapselung der Sensoren und Kondensatoren in Draufund Seitenansicht.

Vorbereitung der Buchsenanschlüsse

Abschließend soll an dieser Stelle kurz auf die Modifikation des JST-R 2,54 mm Buchsenanschluss eingegangen werden. Zur Umsetzung der Modifikation wurde auf Ergebnissen aus [7] aufgebaut. Das beschriebene Konzept zur Kontaktierung im Serienprozess wird durch die Verwendung von Kupferplättchen anstatt von Inserts leicht abgewandelt. Die Kupferplättchen werden in der Sensorbandfertigung auf den dafür vorgesehenen Lötstellen des JST-R 2,54 mm Buchsenanschluss aufgelötet. Nach der Fertigung des DFA-Deckels werden die Kupferplättchen von außen angebohrt. Danach wir flüssiges Lot in die Bohrung gegeben und die Stifte des Buchsenanschluss im heißen Zustand eingebracht und mit den Kupferplättchen verlöten. Abschließend wird eine Schicht Klebstoff (MGSBP20, Hexion B.V.,

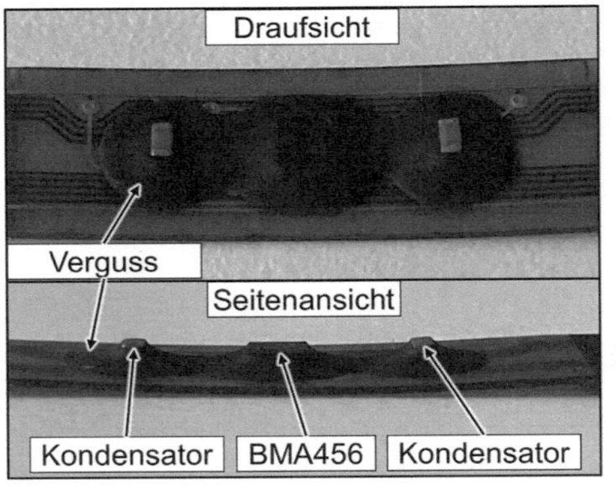

Abb. 4.5 Verkapselung der Sensoren und Kondensatoren

Rotterdam, Niederlande) zur Versieglung der Bohrungen und Fixierung des Buchsengehäuses aufgebracht. Der Durchmesser Kupferplättchen beträgt entsprechend der vorgesehenen Lötstellen 2 mm. Die Höhe der Kupferplättchen wurde in Infiltrationsversuchen mit max. 0,5 mm ermittelt.

4.3 Multiaxialwebtechnologie – Open Reed Weaving

Das Open Reed Weaving (ORW) ist ein Webtechnik bei der zusätzliche Kettefäden zwischen ihren Abbindungspositionen in einem festen Raster in Schussrichtung versetzt werden können und somit diagonale Faserverläufe realisiert werden können (vgl. [8] Abschn. 4.3, S. 51 ff.). Mithilfe dieser Technologie ist es möglich, besondere Anforderungen an das Textil, z. B. für Faser-Kunststoff-Verbundbauteilen (FKV-Bauteilen) zu realisieren.

Sensoren in FKV-Bauteilen ermöglichen die Dokumentation und Analyse der erfahrenen Belastungen und können somit Aufschluss über end-of-life (EOL), erforderliche Wartungs- und Reparaturintervalle geben. Diese Sensoren werden bislang bei der FKV-Herstellung zwischen die einzelnen Faserlagen eingebettet. Da deren geometrische Dimensionen nicht in einer ähnlichen Größenordnung wie die der Verstärkungsfasern sind, stellen sie eine relevante Störstelle im Verbund dar, die die mechanischen Eigenschaften stark negativ beeinflussen. Um Sensoren ohne diesen Nachteil in das FKV-Bauteil zu integrieren, wurde an den Deutschen Instituten für Textil- und Faserforschung (DITF) Denkendorf Möglichkeiten der Sensorintegration durch die ORW-Web¬prozess¬technik untersucht. Die in das Textil integrierten Sensoren sollen insbesondere die negative Beeinflussung der Materialeigenschaften reduzieren, sowie die Weiterverarbeitung und die Positionierung in der Prozesstechnik vereinfachen.

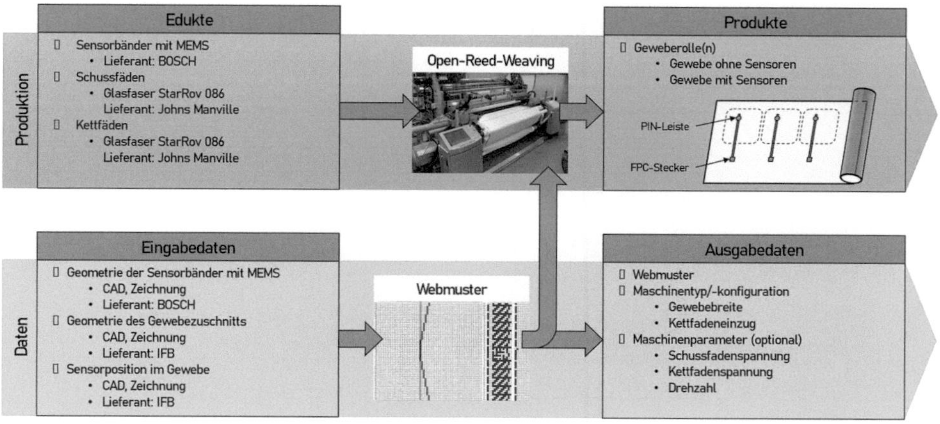

Abb. 4.6 Prozessdefinition Weben

Im Webeprozess werden die in vorangehenden Prozessen gefertigten Sensorbänder (vgl. Abschn. 4.2) zusammen mit den Glasfaserrovings (Johns Manville, StarRov 086) zu einem sensorintegrierten Gewebe verarbeitet. Neben dem sensorintegrierten Gewebe werden mit derselben Webmaschine ebenso Gewebe ohne Sensoren hergestellt. Es wurden Gewebe für den Prototypenbau definiert, hergestellt und den Projektpartnern BOSCH und IFB zur Weiterverarbeitung zur Verfügung gestellt. Abb. 4.6 zeigt die Material und Datenflüsse im Digitalen Fingerabdruck für den Teilprozess „Weben". Einzelne Schritte werden im Folgenden näher erläutert.

Die Definition der Webmuster aus den Eingabedaten erfolgt bauteilspezifisch. Der Textilzuschnitt und die Sensorposition wird entsprechend den Ergebnissen aus den Drapiersimulationen ermittelt und auf den dreidimensional geformten Pre-Form übertragen. Damit lässt sich die gewünschte Sensorposition im ebenen Textil, dem Ausgangszustand der Simulation, ermitteln (siehe Abschn. 5.4.2). Die Drapiersimulationsdaten werden hierzu aus dem Digitalen-Fingerabdruck entnommen.

Zur Erstellung des Webmusters werden die Prozessrandbedingungen der Folgeprozesse (hier Cutter und TFP) berücksichtigt. Der für das Aufsticken zusätzlicher Verstärkungsfasern spezifizierte TFP-Prozess erfordert z. B. eine Randzugabe, um das Textil zu spannen. Abb. 4.7 zeigt die Definition der Textilkonfektion für den Deckel-Demonstrator, wobei das Sensorband orange eingezeichnet ist. Die rote Umrandung definiert den Zuschnitt für den Umform- bzw. den RTM-Prozess entsprechend dem Ergebnis der Drapiersimulation. Die gestrichelte Linie zeigt die für den TFP-Prozess nötigen Zugaben für das Handling und die Klemmung.

Diese Definition ergibt eine Rapport-Länge (Länge des wiederholbaren Musters) von 420 mm und erfordert eine Mindestbreite des Webmaschineneinzugs (Breite der nebeneinanderliegenden Kettfäden) von 600 mm. Hat der Einzug die doppelte oder dreifache

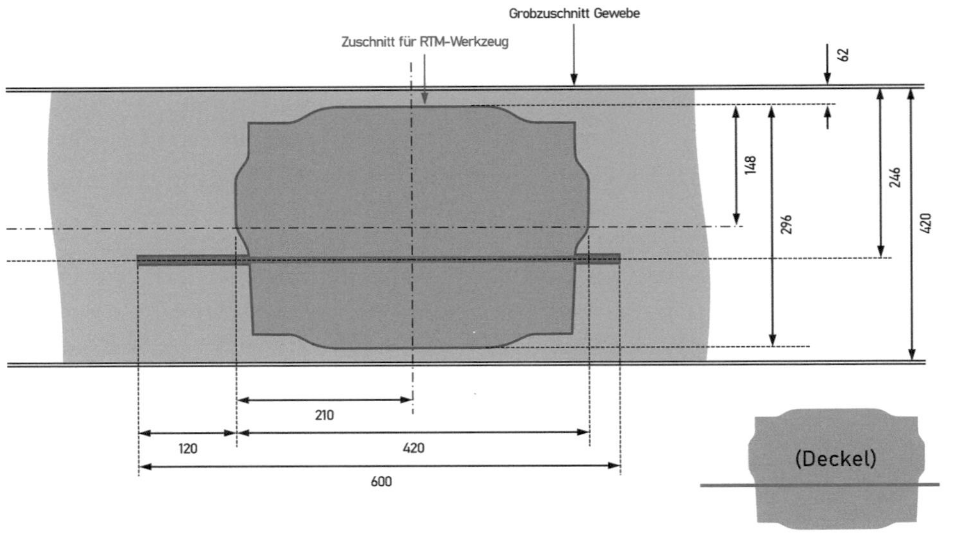

Abb. 4.7 Definition der Textilkonfektion für den Deckel-Demonstrator

Breite, können auch mehrere Textilien gleichzeitig nebeneinander gefertigt werden. Dies erhöht wesentlich die Produktivität und Wirtschaftlichkeit und reduziert den Abfall.

Sind alle Randbedingungen bekannt, kann vom Weberpersonal ein Gewebemuster für den Webprozess erstellt werden (siehe Abb. 4.8). Für das zu entwickelnde FKV-Bauteil, den Deckel des Inverters mit der an verschiedenen Positionen integrierten Sensoren wurde ein exakt auf die Bedürfnisse angepasstes Bindungsmuster mit Taschenbildung entwickelt, in der der Sensorfaden beim Webvorgang eingebunden wird. Dabei werden die Kettfäden in zwei Fadengruppen geteilt, die entweder ober- oder unterhalb des Sensorbandes verlaufen. In den anfänglichen Versionen wurden diese Fäden mit Schussfäden zu zwei einzelnen Gewebelagen verwoben, die vor und nach dem Sensorband mit der Köper-2/2 Bindung des Grundgewebes einlagig fortgeführt werden.

Es wurde jedoch festgestellt, dass die Sensoren der so gefertigten sensorischen Textilien nach dem RTM-Prozess nicht mehr zuverlässig funktionierten. Durch den mehrlagigen Aufbau ist das sensorische Gewebe bereichsweise dicker und wird dort in der Kavität stärker verpresst, was zu unterschiedlichen Schäden führt. Hochaufgelöste computertomographischen Analysen an den Proben, die keine Messwerte lieferten, zeigten Defekte, die sowohl einzeln als auch in Kombination auftraten:

- Teile des Chip-Gehäuses und der Leiterbahnen im Sensorband waren gebrochen
- Wire-Bond-Verbindungen zwischen dem Sensorsubstrat und den Kontaktierungselementen waren beschädigt
- Das Trägersubstrat der MEMS-Sensoren war beschädigt

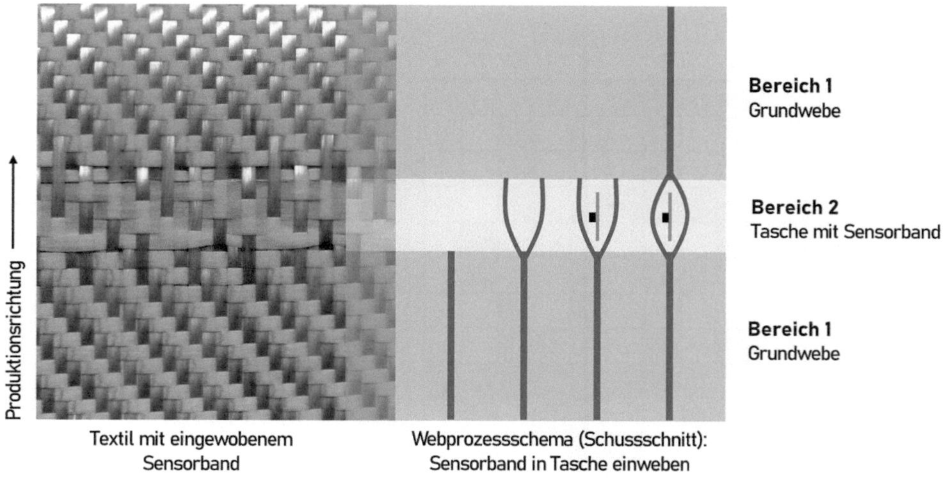

Abb. 4.8 Schematische Darstellung des Webvorgangs zur Bildung einer Gewebetasche

- Die äußere mechanische Belastung auf das Chip-Gehäuse reduzierte den Bewegungsraum der Trägheitsmasse

Durch Bindungsanpassungen konnte speziell auf die Belange für die optimale Sensoreinbettung im Gewebe eingegangen werden: Um die Zerstörung der MEMS-Sensoren auf dem Sensorband durch die Druckbelastung beim Schließen der Kavität im RTM-Prozess zu verhindern, wurden die Fäden auf der Oberseite flottiert. Zusätzlich wurden die Kettfäden, die an den Sensorpositionen das Sensorband kreuzen, durch die ORW-Technik links und rechts am Sensor vorbeigeführt. Dies reduziert die Materialanhäufung im Sensorbereich und dadurch auch die Gewebedicke an den kritischen Stellen. Damit wurde es möglich, das Sensorgewebe im RTM-Prozess zu verarbeiten ohne die Sensoren zu beschädigen oder ihren Messbereich zu beeinflussen.

Abb. 4.9 zeigt das abgeleitete Webmuster für den Deckel-Demonstrator.

Die verfügbare Länge der Sensorbänder (600 mm) lässt eine direkte Verarbeitung auf der Webmaschine nicht zu. Um die Sensoren als Schuss eingetragen zu können, werden sie mit einem 7,5 mm breiten und 0,2 mm dicken Kunststoffband verbunden.

Für das Einbringen von solch flachen, bandartigen Fäden (engl. Tapes) in ein Gewebe werden in der Regel sog. Tape-Webmaschinen verwendet. Diese haben jedoch eine geringere Produktivität als herkömmliche Webmaschinen und nicht die Möglichkeit zum Versetzen der Fäden wie bei der ORW-Technik. Daher wurde die zur Fertigung von Faserverbund Verstärkungstextilien eingesetzte Open-Reed-Webmaschine (ORW) für die Verarbeitung der breiten Sensorbänder angepasst und optimiert.

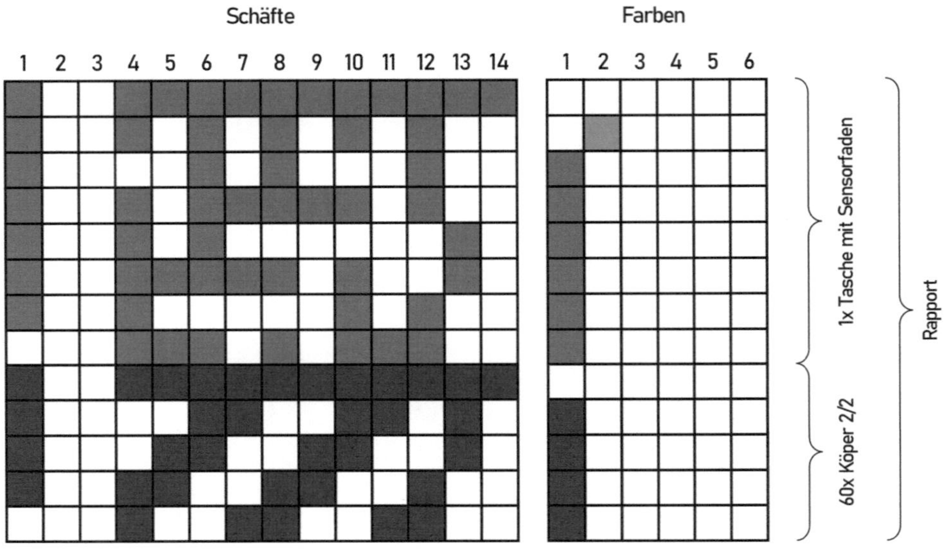

Abb. 4.9 Abgeleitetes Webmuster für den Deckel-Demonstrator

Diese an den DITF vorhandene ORW-Maschine arbeitet nach dem Zwei-Greifer-Schusseintragsprinzip, bei dem der Schussfaden mithilfe einer Mittenübergabe durch das geöffnete Webfach über die gesamte Breite eingetragen wird. Um den Eintrag der Sensorbänder erfolgreich zu realisieren, mussten die Aggregate der Webmaschine modifiziert werden. Dabei wurden die Übergabepunkte vom Fadenvorleger zum ersten Greifer und zwischen den beiden Greifern als besonders kritische Punkte identifiziert. Hochgeschwindigkeits-Videoaufnahmen zeigten, dass bei der Übergabe in der Gewebemitte eine undefinierte Verdrehungen des Sensorbandes, insbesondere bei höheren Webgeschwindigkeiten, erfolgen (Abb. 4.10a). Ein typischer Übergabefehler resultiert in einer Verdrehung des Sensorbandes oder der Verlängerung des Schussfadens (Abb. 4.10b).

Das undefinierte Umschlagen des Kunststoffbandes wird sowohl von der Greifer-Geometrie (Abb. 4.11b) als auch durch die Öffnung im Fadenvorleger stark beeinflusst. Daraufhin wurden die Geometrie des Fadenvorlegers (Abb. 4.11a), sowie Teile des Greifers modifiziert und jeweils verschiedene Varianten als 3D-Druck Bauteil hergestellt (Abb. 4.11c). Nur durch die Kombination dieser Modifikationen konnte ein definierter Umschlag des Kunststoffbandes am Greifer und ein verdrehungsfreier Schusseintrag erzielt werden.

In den Versuchen wurde festgestellt, dass eine exakte, wiederholbare Platzierung der Sensoren im Textil mit der an der Maschine vorhandenen Schussfadentrennung durch das einfache Messer direkt hinter dem Faden¬vorleger bzw. Greiferübergabepunkt nicht möglich ist. Dabei erfolgt der Schnitt durch das Messer immer direkt vor dem Schusseintrag.

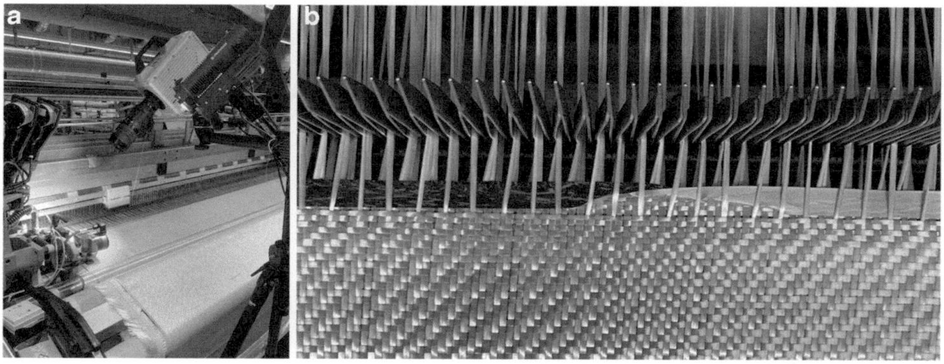

Abb. 4.10 a) Hochgeschwindigkeitsaufnahmen am Übergabepunkt; b) Verdrehung des Schussfadens beim Blattanschlag

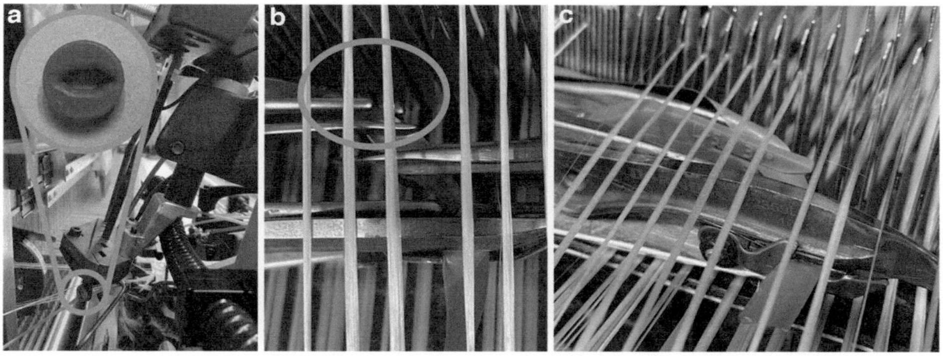

Abb. 4.11 a) Modifizierter Fadenvorleger; b) Undefiniertes Umknicken des Kunststoffbandes am Greifer; c) Modifizierter Greifer mit definiertem Umschlag

Das andere Fadenende bleibt nach dem Eintrag mit dem nächsten Faden im Fadenvorleger verbunden und läuft parallel zur Gewebekante mit, bis der nächste Schusseintrag erfolgt. Das Problem hierbei ist die nicht exakt bekannte Fadenlänge zwischen den (Ab)Schnitten des Fadens. Die Fadenlänge hängt unter anderem von der Schussfadendichte und der Häufigkeit der Schusseinträge des Materials ab. Insbesondere bei nicht oft eingetragenen Materialien – wie z. B. dem Sensorfaden – oder bei variierenden Abständen zwischen den (Sensor)Fäden kommt es daher zu unterschiedlich langen Fadenabschnitten. Dies führt zu einer unerwünschten Verschiebung der Sensoren beim nächsten Schusseintrag. Nach wenigen Schusseinträgen kann sich der Fehler soweit aufsummieren, dass sich der Sensor nicht mehr an der gewünschten Position im Gewebe befindet.

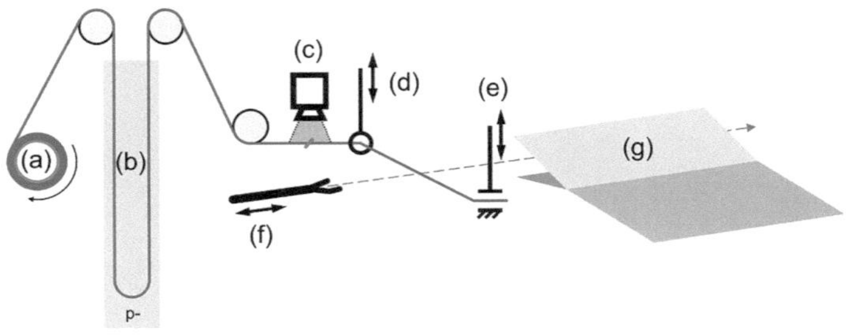

Abb. 4.12 Neugestalteter Prozess zur Automatisierung des Sensoreintrags

Um jedoch die wiederholbare Platzierung der Sensoren im Textil zu gewährleisten, musste der Prozess des Sensoreintrags daher komplett neu gestaltet werden. Das Ziel war hier, dass der Schusseintrag der Verstärkungs¬fasern nicht beeinflusst wird. Für den Sensoreintrag wurde daher ein Prozess mit aktiv gesteuerter Fadenpositionierung entworfen. Um den Kosten- und Arbeitsaufwand bei der Prozessintegration zu minimieren, wurden bereits vorhandene Aggregate bei der Entwicklung einbezogen.

Das Konzept zur Einbringung der Sensorbänder mit exakter Längspositionierung in Fadenlaufrichtung ist in Abb. 4.12 schematisch dargestellt.

Für den Prozess wird der Sensorfaden mit dem Kunststoffband als Vor- und Nachlauf von einem selbst geregelten, angetriebenen Lieferwerk (a) in ein Unterdruckgefäß (b) geliefert, um einen Fadenvorrat für den Schusseintrag vorzuhalten. Die Zugspannung des Schussfadens kann über den Unterdruck geregelt werden. Um die exakte Positionierung des Sensorbandes im Gewebe (g) zu erzielen, muss der Greifer (f) den Vorlauffaden an einer definierten Position möglichst exakt greifen. Dies wird durch eine Markierung auf dem Faden realisiert, die ein optischer Sensor (c) erfasst und daraufhin die pneumatische Schussfadenklemme (e) schließt und den Faden auf der Gewebeseite abschneidet. Damit ist der Abstand zwischen dem Klemmpunkt und dem Sensorband exakt definiert. Wird nun der Schussfaden vom Fadenvorleger (d) dem Greifer zum Eintrag vorgelegt, wird dies durch eine am Fadenvorleger (d) angebrachte Lichtschranke registriert und öffnet die Klemme (e) für den nächsten Faden. Abb. 4.13 zeigt die an der ORW-Maschine angebauten, neuen Maschinen¬komponenten.

Für die Steuerung der neuen Maschinenkomponenten wurde speziell eine Steuerelektronik entwickelt, aufgebaut und programmiert. Die Steuerung und die Sensorik sind so ausgelegt, dass eine direkte Kommunikation mit der Maschinensteuerung nicht notwendig ist (Abb. 4.14). Die Steuerung wurde mit einer kostengünstigen SPS auf Arduino-Basis realisiert, wobei die Zustände der zwei Sensoren (Lichtschranke und optischer Sensor), den Zustand der pneumatische Schussfadenklemme steuern.

Der optische Sensor hat den Zustand „Aus" und ändert seinen Zustand auf „Ein" sobald er die Markierung auf dem Faden erkennt. Die Lichtschranke hat den Zustand „Aus" wenn der von der Webmaschine gesteuerte Fadenvorleger sich in der oberen Position befindet.

Abb. 4.13 Neue Maschinenkomponenten: a) Lieferwerk; b) Unterdruck Schussfadenspeicher; c) Markierungssensor; d) mod. Fadenvorleger; e) pneumatische Fadenklemme

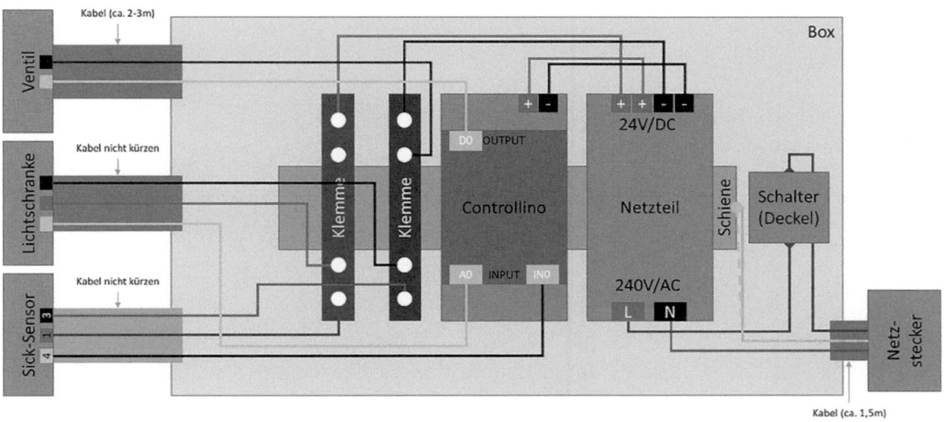

Abb. 4.14 Aufbau der Steuerelektronik; Sensor-/Aktor-Ein-Ausgänge auf der linken Seite, Netzstecker auf der rechten

Legt die Webmaschine den Sensorfaden vor, und der Fadenvorleger bewegt sich in die untere Position, wechselt der Zustand der Lichtschranke zu „Ein". Die Steuerungslogik ist in folgender Tabelle (Tab. 4.3) zusammengefasst.

Mit dieser Steuerung konnte der Prozess der Sensorintegration im Schusseintrag erfolgreich realisiert werden (Abb. 4.15).

Die elektronischen Komponenten auf dem Sensorband sind mit einem speziellen Kunststoff zum Schutz vor Beschädigung umhüllt (Glob-Top). Der linsenförmigen Auftrag des Kunststoffs führt zu einer relevanten Aufdickung im Bereich der elektronischen

Tab. 4.3 Steuerungslogik der Schussfadenpositionierung

Opt. Sensor (c)	Lichtschranke (d)	Fadenklemme (e)	Prozesszustand
Aus	Aus	Offen	Sensorfaden noch nicht an der Klemmposition angekommen Sensorfaden ist mit dem Gewebe verbunden und wird weiter abgezogen
Ein	Aus	Geschlossen	Sensorfaden an der Klemmposition angekommen Fadenklemme wird geschlossen Sensorfaden wird geschnitten (ist nicht mehr mit dem Gewebe verbunden und wird nicht weiter abgezogen)
Ein	Ein	Offen	Webmaschine hat Sensorfaden zum Schusseintrag vorgelegt Fadenklemme wird geöffnet
Aus	Ein	Offen	Schuss wird eingetragen
Aus	Aus	Offen	Webmaschine hat den Fadenvorleger wieder zurückgezogen Prozess beginnt von vorne

Abb. 4.15 Gewebe mit automatisch eingewobenen Sensorbändern

Komponenten und wirkt sich positiv auf die Stabilität des Webprozesses aus, da sich hierdurch die scharfen Kanten der Komponenten nicht mehr in den Fasern der Kettgarne verfangen können. Beim RTM Prozess entsteht durch das zusätzliche Material ein höherer Druck auf die Fasern der anderen Faserlagen, die dadurch nicht vollständig mit

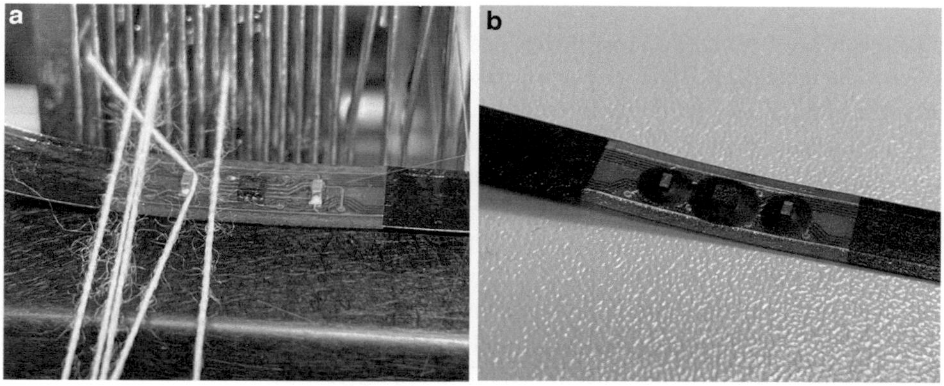

Abb. 4.16 a) Elektronische Komponenten verfangen sich beim Schusseintrag an der Kantenbindung; b) Verbesserung der Prozesssicherheit durch Fadenleitblech und Glob-Top

Harz imprägniert werden. Darüber hinaus können durch den erhöhten Druck die Sensoren zerstört oder ihre Funktion beeinträchtigt werden. Daher wurde vom Projektpartner BOSCH der Wunsch geäußert auf den „Glob-Top" zu verzichten, oder möglichst wenig Glob-Top einzusetzen. Die Versuche mit Sensorbändern ohne Glob-Top führten zu Problemen beim Schusseintrag, da sich die elektronischen Komponenten in den Kettfäden, insbesondere die der Kantenbindung, verhaken (Abb. 4.16a). Hierfür wurde eine Lösung entwickelt, wobei durch ein Leitblech der Sensorfaden näher am Greifer geführt wird. Mit dieser Lösung kann zwar nicht vollständig auf den Glob-Top verzichtet, jedoch die Auftragsmenge wesentlich reduziert werden (Abb. 4.16b). Ein Hängenbleiben des Sensorbandes wird so zuverlässig verhindert, die Prozesssicherheit beim Schusseintrag deutlich verbessert und die Sensorschädigung beim RTM-Prozess verhindert.

Es wurden Gewebe für den Prototypenbau definiert, hergestellt und den Projektpartnern BOSCH und IFB zur Weiterverarbeitung zur Verfügung gestellt.

4.4 Der TFP-Prozess

Beim Taylor Fiber Placement (TFP)-Verfahren wird ein Verstärkungsfaserbündel auf eine Basisschicht aufgenäht. Dies geschieht mithilfe eines Fixierfadens. Das Verstärkungsfaserbündel kann mit beliebiger Ausrichtung und nach komplexen Nahtformen platziert werden. Dies ist aus vielen Gründen vorteilhaft, u. a. wegen der Möglichkeit, komplexen Formen zu folgen, kritische Zonen zu verstärken und sogar die Platzierung zu optimieren, um die mechanischen Eigenschaften zu verbessern und dabei das Gewicht und den Materialeinsatz zu begrenzen [9].

Das Verfahren wurde erstmals in den 1990er Jahren durch die Anpassung von Nähmaschinen an Fasern für strukturelle Anwendungen, insbesondere Kohlenstoff- und Glasfasern, entwickelt [10–13]. Wie bereits erwähnt, lassen sich bei der TFP Platzierung und Ausrichtung der Fasern leicht steuern. Dadurch ist es möglich, die Struktur von Bauteilen lokal zu variieren und diese Technologie dort einzusetzen, wo sie benötigt wird. Die Fasern werden in trockener Form vernäht, was bedeutet, dass das Harz an zweiter Stelle infiltriert wird, wodurch sich das Verstärkungsmaterial leicht biegen und drehen lässt. Die Fasern können in Belastungsrichtung ausgerichtet werden, was die mechanische Leistungsfähigkeit erhöht [11]. Die Anwendung von Verstärkungspreformen, die nur auf lokale Bereiche beschränkt sind, verringert die Abfallproduktion und das Gewicht der Struktur. Außerdem hilft der Faden, mit dem die Verstärkungsfasern mit den Grundschichten vernäht werden, bei der Delaminierung [14, 15]. Spannungsspitzen, wie z. B. offene Löcher, können durch die richtige Ausrichtung und Platzierung verbessert werden [16].

Aufgrund der Größe der Heftmaschine und ihrer Produktivität ist dieses Verfahren besonders für kleine bis mittlere Teile interessant. Dieses Verfahren ist außerdem in Kombination mit Drapieren nützlich, um komplexe 3D-Formen zu realisieren. Ein weiterer großer Vorteil dieser Technologie ist die hohe Reproduzierbarkeit und Flexibilität bei der Definition von CAM-Programmen [9].

Bei der am Institut für Flugzeugbau vorhandenen Nähmaschine (Abb. 4.17) handelt es sich um eine Maschine der Marke Tajima, die aus einem beweglichen Rahmen besteht, in den die Grundschicht eingelegt wird. Die Maschine hat 4 Nähköpfe, die es ermöglichen, mit 4 Preformen parallel zu arbeiten. Das CAM-Programm wird direkt in die Maschine geladen und einige Parameter wie die Nähgeschwindigkeit und die Länge zwischen den Stichen können gewählt werden. Das CAM-Programm ist vollständig anpassbar, d. h. es können verschiedene Stichtypen und sogar „Nicht-Stich“-Zonen definiert werden. Dies ist für dieses Projekt besonders wichtig, da das in die Basisschicht integrierte Sensorband nicht genäht werden darf, um einen Kurzschluss und die Beschädigung eines oder mehrerer Sensorchips zu vermeiden.

Ein weiterer wichtiger Effekt, der bei dem Projekt berücksichtigt werden musste, ist die Verformung der genähten Bereiche beim Drapieren der Preforms. Das Drapieren wird im folgenden Abschnitt beschrieben, da es die letzte Phase der Produktion darstellt. Es ist jedoch wichtig zu verstehen, welche Auswirkungen es auf den Einsatz einer Technologie wie TFP hat. Sobald eine Preform auf eine dreidimensionale Form drapiert (gepresst) wird, gleiten die Fasern der Verstärkung, um sich an die neue Geometrie anzupassen. Dadurch entstehen Scherflächen in der Preform und lokale Änderungen der Faserorientierung und -position, die sich auch in den neu vernähten TFP-Fasern widerspiegeln. Dieser Effekt muss bei der Konstruktion des Bauteils berücksichtigt werden, da die Variation der lokalen Verstärkungen möglicherweise nicht den Anforderungen an die mechanische Leistung entspricht.

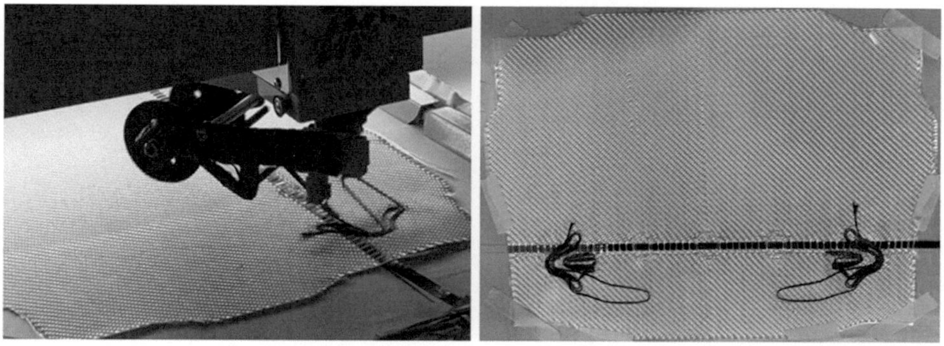

Abb. 4.17 Nähmaschine und Ergebnisse

Um dies zu erreichen, wurden einzelne CAM-Programme (Progressive) während der Preformingsphase an die Entwicklung der TFP-Geometrie angepasst. Diese wurde zunächst mithilfe von Simulationen definiert, bei denen die angewandten Lasten analysiert wurden und der Faden auf dieser Grundlage platziert wurde. Darauf aufbauend wurden Simulationen des Drapierens und Tests verwendet, um die Verschiebung des TFP-Verlaufs gegenüber dem ursprünglich Vorgesehenen zu ermitteln (Abb. 4.18).

Die Ergebnisse sind in Abb. 4.19 dargestellt, wo die erfolgreiche Anwendung dieser Technologie bei den Demonstrationsdeckeln zu sehen ist.

Der gesamte Prozess wird mit den zuvor beschriebenen Sensoren gemessen. Ein wichtiger Parameter, der berücksichtigt werden muss, ist die korrekte Positionierung der Preform vor Beginn des Prozesses. Eine falsche Positionierung der Preform kann dazu führen, dass die Nadel das Sensorband durchsticht und einen oder mehrere Sensoren

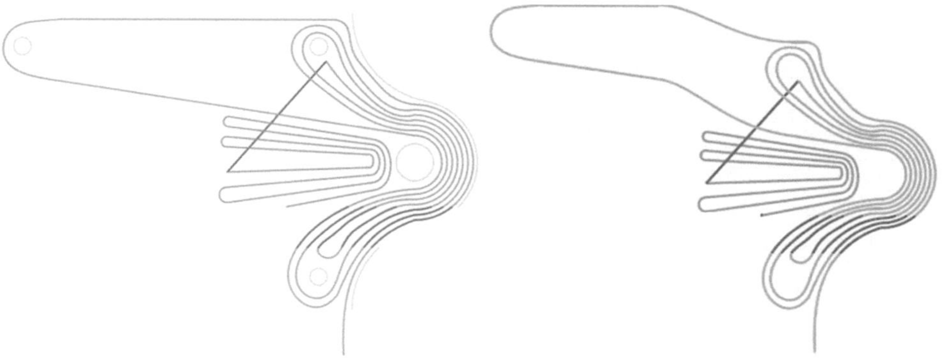

Abb. 4.18 CAM Programm der TFP Muster ohne (Links) und mit (Rechts) Korrekturen

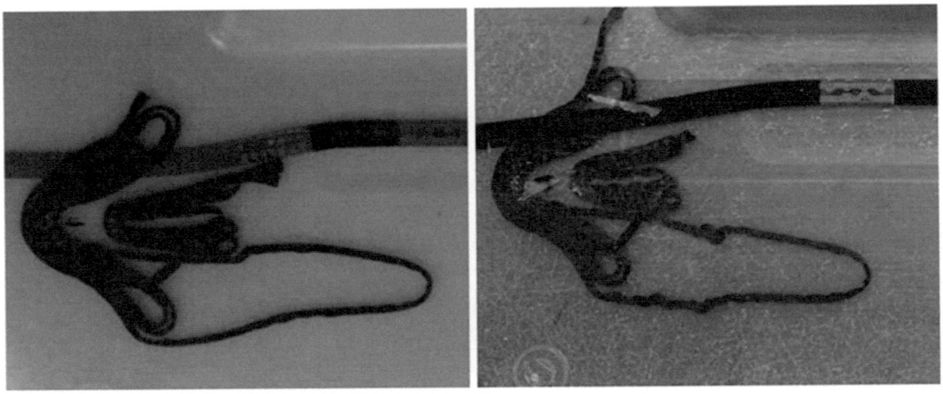

Abb. 4.19 Ergebnisse nach RTM von TFP ohne Anpassen der Muster (Links) und mit (Rechts)

beschädigt. Ein erster Test zeigte, dass die TFP-Maschinen unter hohen Beschleunigungen nähen, sodass der Bereich für die Datenmessung auf 16 g eingestellt werden musste. Für das TFP-Verfahren läuft die Maschine mit 300 Umdrehungen pro Minute, der Zickzackschwung-Hub ist auf 10 mm und die Breite auf 3,5 mm eingestellt. Die Frequenz für die Datenerfassung wurde auf 1600 Hz eingestellt, um die Bewegung der zu vernähenden Schicht und auch den Vorgang des Perforierens der Fasern mit der Nadel richtig zu dokumentieren. Die Ergebnisse dieses Prozesses werden in Kap. 7 dargestellt.

4.5 Drapierprozess

Der Drapiervorgang kann entweder mit vorgefüllten Verstärkungen, den sogenannten Prepregs, oder mit trockenen Verstärkungen durchgeführt werden. In diesem Projekt wurde nur das Drapieren von trockenen Preforms untersucht und für die Herstellung der Teile verwendet. Beim Drapieren von trockenen Schichten ist häufig die Verwendung von Bindemitteln erforderlich. Es gibt verschiedene Arten von Bindemitteln, auch in Pulverform, die bereits in früheren Phasen der Produktion auf die Bewehrung aufgetragen werden. In unserem Fall wurden thermoplastische Bindemittelschichten mit einem Schmelzpunkt um 100 °C gewählt. Solche Schichten werden zwischen die Bewehrungslagen gelegt und müssen vor Beginn des Drapierens aktiviert werden. Alternativ kann dies auch während des Drapierens in beheizten Formen geschehen.

Ziel der Drapierphase ist es, die endgültige Form zu erhalten, indem das Knicken und Falten der Fasern unterdrückt wird. Normalerweise wird versucht, einen Spannungszustand im Gewebe aufrechtzuerhalten, um Druckkräfte zu vermeiden. Dies ist nicht immer leicht zu erreichen und hängt stark von der Architektur der Preform ab [17].

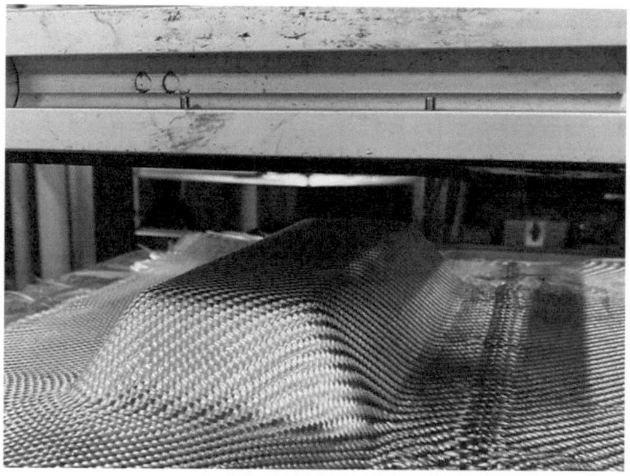

Abb. 4.20 Drapierprozess

Die in diesem Projekt verwendete Methode ist die Prägemethode (Abb. 4.20). Die Verstärkung wird auf eine untere Form gelegt, die die Negativform der Unterseite des Deckels darstellt. Eine andere Form, die das Negativ des oberen Teils des Deckels darstellt, wird auf einen beweglichen Stempel montiert und gegen die Preform und die untere Form gedrückt. Die Position wird beibehalten, bis die Temperatur der Bindemittelschichten wieder Raumtemperatur erreicht hat. Dies geschieht in der Regel innerhalb von 10 min, nachdem die Formgebung abgeschlossen und die Verstärkung in der Form geschlossen ist.

Wie bereits erwähnt, führt das Drapieren von gewebten Textilien zum Gleiten und zur Bewegung der Fasern der Verstärkung. Bei geringen Scherwinkeln tritt Reibung zwischen den Fasern auf, und der erzeugte Widerstand ist hauptsächlich auf diesen Effekt zurückzuführen. Die Scherverformung erzeugt einen Spannungszustand in den Fäden der Preform, der durch eine stärkere Verzahnung der Architektur verursacht wird und den Scherwiderstand erhöht. Ab einem bestimmten Scherwinkel beginnen die Fäden in Querrichtung zu interagieren; an diesem Punkt wird der Scherwiderstand durch die Verdichtung der Fäden in Querrichtung dominiert (Abb. 4.21) [17]. Dies zu berücksichtigen ist besonders wichtig, wenn Ecken vorhanden sind. Krümmungen führen zu einer Scherung des Preforms, wodurch sich die Zugrichtung ändert und lokale Verdichtungen an "scharfen" Kanten und Übergangsbereichen entstehen, die nicht glatt genug sind.

Durch die Scherung und die Bewegung der Seile verdichtet sich die Preform auch in der Ebene und schrumpft dort, wo die Verdichtung geschieht.

All diese Effekte sind eng mit dem Rest der Vorformung verbunden, insbesondere im Fall von TFP-Verstärkungen und dem Vorhandensein von eingebetteten Sensorbändern wie im vorliegenden Fall. Dies muss sowohl bei der Definition von CAM-Programmen als auch bei der Steuerung der Spannung in der Drapierphase berücksichtigt werden.

Entscheidend für die Herstellung des Demonstrators war die Begrenzung der Bewegung der Fasern auf der Seite des Sensors, um übermäßige Verschiebungen und Verbiegungen zu vermeiden, die möglicherweise zu einer falschen Positionierung und

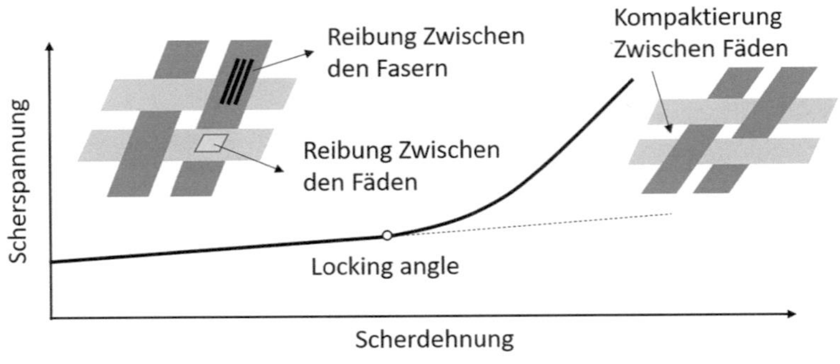

Abb. 4.21 Scherung zwischen Fäden (Nach [17])

Beschädigung der Sensorchips führen könnten. Diese Lösung wurde mithilfe einer Simulation des Fadenzuges entwickelt, die dabei half, den zu blockierenden Teil der Bewehrung zu identifizieren (Abb. 4.22).

Ähnlich wie beim TFP-Verfahren wurde der gesamte Drapiervorgang mit den Sensoren gemessen. Diesmal wurden jedoch zwei Phasen gemessen. Zunächst wurde das

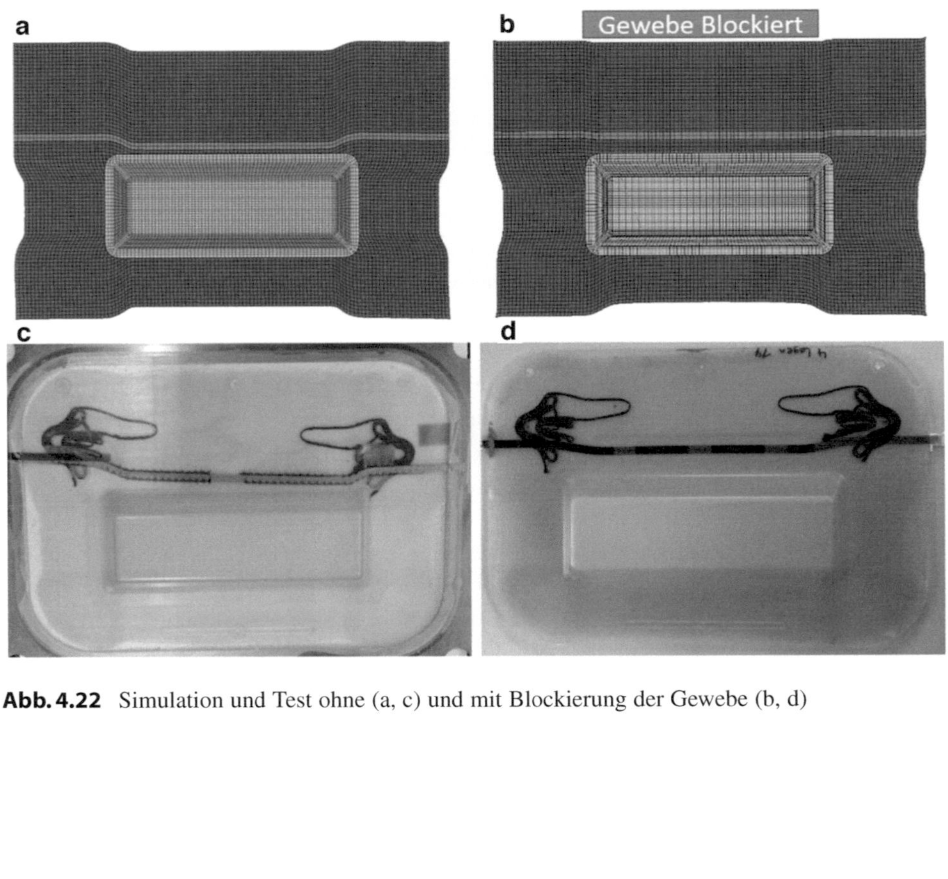

Abb. 4.22 Simulation und Test ohne (a, c) und mit Blockierung der Gewebe (b, d)

Bindemittel aktiviert, wobei die Temperatur des Preforms überwacht wurde. Das Bindemittel wurde auf 120 Grad erhitzt und nach Erreichen der Temperatur 10 min gehalten. Die zweite Phase war die Drapierphase, in der die Beschleunigungen, die sich aus der Verschiebung der Preform ergaben, gemessen wurden und die Temperatur des Prozesses überwacht wurde. Sobald sich die Temperatur des Preforms der Raumtemperatur (25 °C) näherte, wurde die drapierte Preform 10 min lang in der Kavität eingeschlossen gehalten, um sicherzustellen, dass der Binder die gewünschte Geometrie an Ort und Stelle hielt. Im Gegensatz zum TFP-Verfahren war der erforderliche Beschleunigungsbereich viel geringer, und für alle Messungen wurde ein Bereich von 2 g verwendet, da die durch das Drapieren verursachten Verlagerungen weniger plötzlich auftraten. Der Datenerfassungsbereich für das Verfahren wurde aus demselben Grund auf 12,5 Hz festgelegt. Die Ergebnisse der Analyse werden in Kap. 7 dargestellt.

4.6 Der RTM Prozess

Das Resin Transfer Molding-Verfahren (RTM) gehört zu den Flüssigkompositverfahren. Beim RTM-Verfahren werden trockene Gewebestapel in einen geschlossenen Hohlraum gelegt und ein flüssiges Harz unter kontrolliertem Druck oder kontrollierter Fließgeschwindigkeit eingespritzt, um die Poren der Verstärkung zu füllen. Nach dem Füllen wird das Harz bei der gewünschten Temperatur und oft unter Druck aushärten gelassen, um die Bildung von chemischen Poren während des Aushärtens zu vermeiden.

RTM kann bei Raumtemperatur oder unter Erwärmung der Form durchgeführt werden. Diese Anforderung hängt stark vom Harzsystem und dem Aushärtungsprozess ab.

Im Allgemeinen kann das Fließen von Harz in Verbundwerkstoffen mithilfe des Darcy-Gesetzes angenähert werden, das für eindimensionales Fließen wie folgt ausgedrückt werden kann [17, 18]:

$$Q = -\frac{KA}{\eta}\frac{\Delta P}{L} \tag{4.1}$$

Dabei ist Q die Durchflussmenge, ΔP die Druckdifferenz über die Länge L, A die Durchflussquerschnittsfläche, η die Viskosität des injizierten Harzes und K die Permeabilität der Preform.

Wie bereits erwähnt, wirkt sich die Erwärmung der Form während des Prozesses auf die eingespritzte Flüssigkeit aus. Dies beeinflusst zum einen die Aushärtungsreaktion und zum anderen die Viskosität. Durch eine Erhöhung der Temperatur ist es möglich, die Viskosität zu verringern und das Füllen des Preforms zu erleichtern. Es ist jedoch zu beachten, dass eine Erhöhung der Temperatur auch die Reaktionsgeschwindigkeit des injizierten Harzes erhöht, was zu einem früheren Gelübergang und einem Anstieg der Viskosität führt.

Die Permeabilität des Preforms beschreibt, wie schnell die Füllung der Verstärkung erfolgt. Bei diesem Wert handelt es sich um einen messbaren Wert und für Details wird der Leser auf Abschn. 5.1.1 verwiesen.

Für die Infiltration der DFA Demonstrationsteile wurde eine Kombination aus Unterdruck an den Entlüftungsöffnungen und kontrolliertem Überdruck am Einlass verwendet. Der gesamte Abfüllprozess wird von einem RTM-Automaten gesteuert, der den Druck, die Temperatur und das automatische Schließen der Entlüftungsöffnungen nach Abschluss des Prozesses kontrolliert. Nach Beendigung des Füllvorgangs werden die Entlüftungsöffnungen geschlossen und der Druck für kurze Zeit erhöht, gefolgt von einer kurzen Öffnung der Entlüftungsöffnungen. Dies ermöglicht das Entweichen der eingeschlossenen Luft.

Vor der Konstruktion des Werkzeugs für Inverterdeckel wurden mittels des Werkzeugs für Platten Materialproben hergestellt. Diese dienten in Vorversuchen zur Ermittlung von Materialkennwerten des verwendeten Harz-Härter-Systems in Verbindung mit dem gewählten Textil und der Sensorintegration hinsichtlich Lebensdauer von integrierten Sensoren unter Last, Abschn. 5.1.4. Aus den später in diesem Abschnitt aufgeführten Gründen weichen die Inverterdeckel hinsichtlich ihrer Materialdicke und Lagenzahl von den Platten ab. Entsprechende Materialkennwerte für die sensorintegrierten Inverterdeckel sind aus den Kennwerten der Materialproben ableitbar. Die Inhalte dieses Abschnitts, insbesondere der Prozess und die Parameter zur Herstellung von Platten, basieren auf einer Masterarbeit [19], welche im Rahmen des Digitalen Fingerabdrucks erstellt wurde.

Gewebe und Harz

Als Glasfasergewebe wurde für den DFA ein Köper 2×2 Gewebe aus Glasfaserrovings des Typs StarRov® 086 600, der Firma Johns Manville [20], benutzt. Dieses wurde am Deutschen Institut für Textil- und Faserforschung (DITF) gefertigt und ist in Abschn. 4.3 beschrieben. Da die zu entwickelnde Komponente einen Inverterdeckel, d. h. einen Teil einer automotiven Leistungselektronik, darstellt, welche aufgrund der normalerweise dort fließenden Ströme sehr heiß werden, wurde ein Hochtemperaturharz genutzt. Ein solches für ein RTM-Verfahren geeignetes Harzsystem ist das Biresin® Epoxidharz CR144 in Verbindung mit dem Biresin® CH170-3 Härter der Firma Sika [21]. Dieses zeichnet sich durch seine hohe Glasübergangstemperatur im vollständig ausgehärteten und vernetzten Zustand aus und wurde daher für dieses Forschungsprojekt gewählt. Eine Charakterisierung von Gewebe und Harz ist in Abschn. 5.1, 5.1.2 und 5.1.3 zu finden.

Plattenwerkzeug

Das RTM-Werkzeug für Platten, auch als Plattenwerkzeug bezeichnet, ist mit Armaturen in Abb. 4.23 gezeigt.

Im RTM-Werkzeug selbst wird durch ein 3 mm dickes Kavitätsblech eine Kavität zwischen oberer und unterer Werkzeughälfte erzeugt. Die entstandene Kavität hat die Abmaße 280 mm x 280 mm x 3 mm (L x B x H). Für die Plattenproduktion zur Erzeugung von

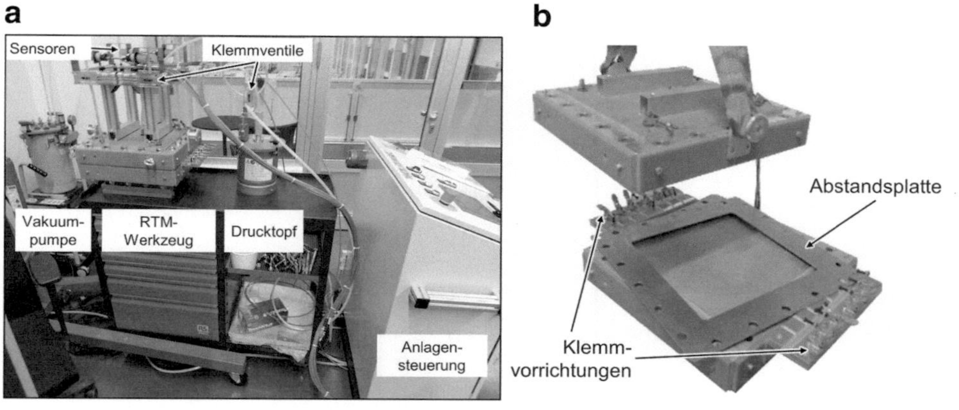

Abb. 4.23 RTM-Anlage für Platten, a) Armaturen, b) geöffnetes Werkzeug

Materialproben wurde ein Lagenaufbau von sechs Glasfaserlagen gewählt. Dies führt mit der Kavitätshöhe von3 mm zu einem Faservolumenanteil von ca. 55,8 %.

Integrierte Sensorbänder wurden so positioniert, dass sich die Bänder in der Mitte des Lagenaufbaus, das heißt zwischen den Lagen drei und vier, befinden. Zur Herstellung von Proben, welche dem Probentyp 3 der Din EN ISO 527-4 [22] genügen, ist bei den Abmaßen der Kavität Platz für sechs Bänder, welche mit Positionen eins bis sechs durchnummeriert sind und durch Einspannvorrichtungen festgelegt sind. Für dieses Projekt wurden hierbei zwei Varianten zur Positionierung der Bänder gewählt. Zunächst wurden Sensorbänder nur zwischen Lage drei und vier, mit nach oben orientierten Sensoren, eingelegt und mit den Klemmvorrichtungen festgehalten (Abb. 4.24). Mit dieser Konfiguration wurden die Proben für quasi-statische Zugversuche, Temperaturwechselversuche und die ersten zwei von drei Probensätzen für zyklische Zugversuche in Abschn. 5.1.4 hergestellt. Als Aufleimer wurden Zuschnitte aus Pregnit GMBE 4305 der Firma Krempel GmbH in einer Stärke von1,3 mm verwendet. Die Aufleimer wurden mittels Hexion EPIKOTE™ Resin MGS BPR A20 mit MGS BPH B20 und später aus Verfügbarkeitsgründen EPIKOTE™ Resin MGS BPR20 und EPICURE™ Curing Agent MGS BPH20 [23] aufgeklebt. Als Besonderheit wiesen Zugproben mit eingebetteten Sensorbändern eine Verlängerung der Probe über den Einspannbereich, zur Seite der FPC-Kontaktierung, hinaus auf. Hierbei blieb der Prüfbereich von 150 mm erhalten.

Aus den Ergebnissen dieser Versuche und darauf basierenden Veränderungen im Sensorbanddesign und der Webtechnik, vergleiche Abschn. 4.2 und 4.3, änderte sich die Positionierung der Sensorbänder im RTM-Prozess leicht. Bedingt durch den Webprozess bedingt passen nur drei, statt sechs Bänder, in einen Gewebezuschnitt für Platten. Deswegen wurden zwei Zuschnitte, mit jeweils drei Sensorbändern, als Lagen drei und vier benutzt. Dabei wurden diese so orientiert, dass die Sensoren der Sensorbänder in Lage 4 nach unten,

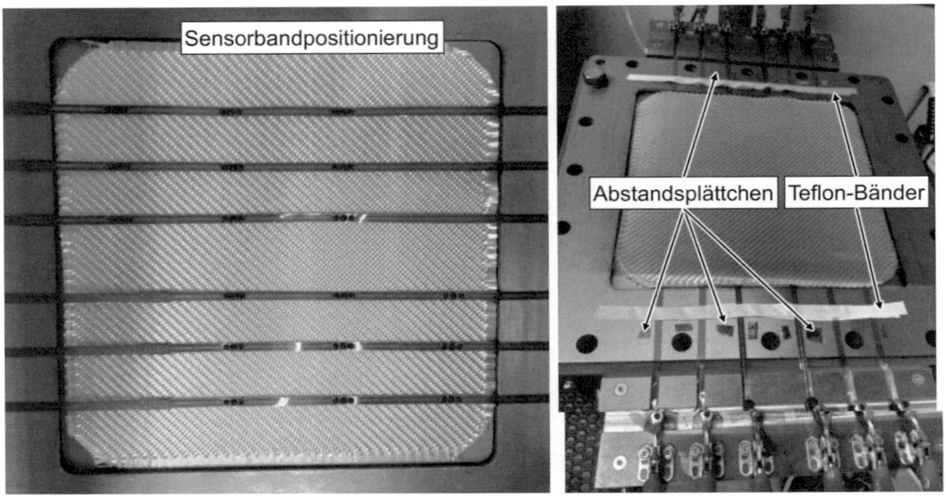

Abb. 4.24 Platzierung der Sensorbänder, Dichtbänder und Abstandsplättchen im Plattenwerkzeug

auf Positionen eins, drei und fünf, und Sensoren der Sensorbänder in Lage 3 nach oben, Positionen zwei, vier und sechs, zur Mittelebene der späteren Platten zeigten. Aus Platten mit dieser Sensorbandkonfiguration wurde ein dritter Probensatz für zyklische Zugversuche, Abschn. 5.1.4, hergestellt. Zur Abdichtung der Kavität wurden Dichtungsgummis in die Werkzeughälften integriert, welche beim Schließen des Werkzeugs von oben und unten gegen die Kavitätsplatte drücken.

Zur Ermittlung der Prozessparameter wurde eine Parameterstudie durchgeführt, wobei resultierende Musterplatten, ohne Sensorbänder, mittels einer Graustufenanalyse auf Porosität untersucht wurden. Die Graustufenanalyse ist ein übliches Mittel zur Porositätsbestimmung [24] und liefert ähnliche Ergebnisse wie eine Bestimmung über die Dichte-Methode [25]. Hierbei wurde ein Bildausschnitt verwendet, welcher Abmaßen von 230 mm x 230 mm entspricht und auf den Anguss im Mittelpunkt der Platten zentriert wurde. Musterplatten mit den beschriebenen Parametern erreichten Porositätsgehälter von ca. 0,1 %.

Zur Integration der Sensorbänder ist hierbei zunächst wichtig, diese so zu positionieren, dass die Sensoren nahe der neutralen Faser der späteren Platten liegen. Dadurch ergibt sich deren mittige Position zwischen den Lagen drei und vier, von sechs. Das Vakuum-Dichtband am Rand der Sensorbänder soll bei einer ausgehärteten Platte, oder einem ausgehärteten Inverterdeckel, dazu dienen, dass Sensorbänder nicht an den entsprechenden Austrittskante abgeschnitten werden. Die 0,25 mm dicken Abstandsplättchen werden dafür benutzt, dass, insbesondere in vollständig geheizten und geschlossenen Zustand des Werkzeugs, die Sensorbänder nicht abgetrennt werden, denn diese haben eine mittlere Höhe von0,2 mm (ohne Sensoren) und werden zwischen Kavitätsblech und Dichtungsgummi herausgeführt. Wegen

Tab. 4.4 Mittlere g-Werte eines Sensorbandes aus jeweils 5 s Messung vor und nach Festziehen der Bolzen des RTM-Werkzeugs

	Vor Festziehen der Bolzen	Nach Festziehen der Bolzen
Sensor 1	0,991543 g	0,984372 *g*
Sensor 2	0,996093 *g*	0,989757 *g*
Sensor 3	1,021457 *g*	1,015458 *g*

dieser zusätzlichen Abstandsplättchen verändert sich die Kavitätshöhe und die aus den Platten entstehenden Proben sind im Prüfbereich zwischen 3,15 mm und 3,2 mm dick. Das Teflon-Band dient als zusätzliche Dichtung und zusätzlicher Schutz der Bänder. Ein höheres Drehmoment als 10 Nm auf den 20 Bolzen zum Schließen des RTM-Werkzeugs führt von Messabweichungen der BMA456-Sensoren (Tab. 4.4) bis hin zu ihrer Zerstörung (Abb. 4.25) Dies liegt an einer Kombination aus Materialaufbau Funktionsweise der Sensoren.

Zunächst hat jede der Gewebelagen im losen Zustand eine Dicke von 0,65 mm, welche inklusive der Sensoren und Sensorbänder in der Kavität zusammengedrückt werden. Die

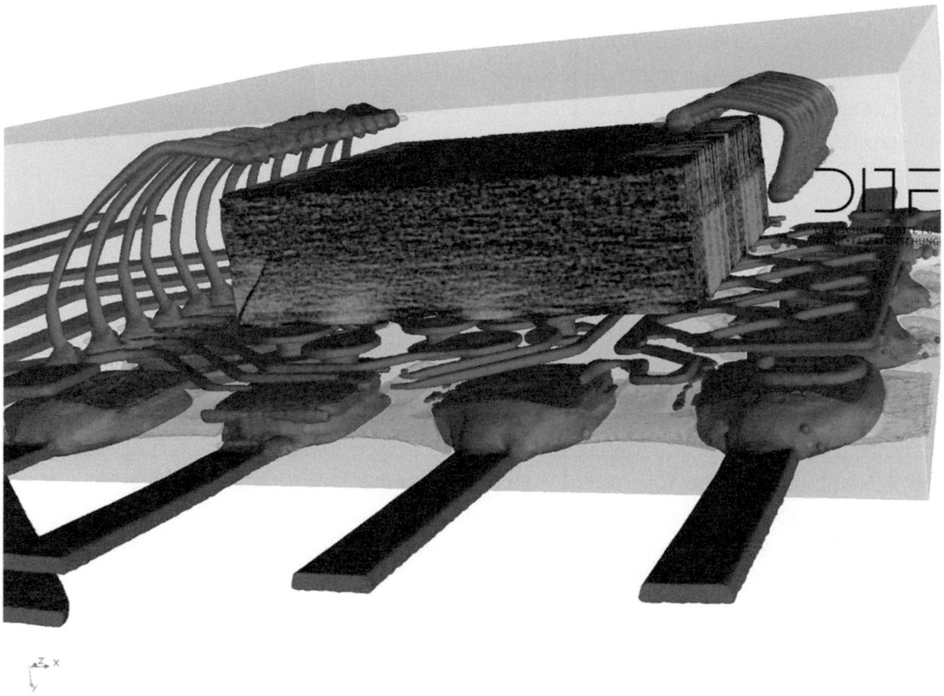

Abb. 4.25 CT-Scan eines zerstörten Sensors [26]

BMA456-Sensoren sind kapazitive Beschleunigungssensoren und funktionieren über feste und bewegliche Elektroden, wobei aus Kapazitätsänderungen Beschleunigungen berechnet werden. Ein Quetschen dieser Sensoren über die Elastizitätsgrenzen der Sensoraußenwand und eventuellen Verkapselungen, hier zum Beispiel mittels Glob-Top hinaus, führt somit zu einer Verschiebung der Elektroden und damit zu Messabweichungen. Dieses Verhalten ist in Tab. 4.4 zu sehen, wobei sich die Mittelwerte der Sensormessungen verschoben haben.

Zum Heizen des Werkzeugs sind Heizpatronen in die obere und untere Werkzeughälfte integriert. Die Heizdauer entsprechend nach Temperaturkontrolle von außen mittels eines Infrarotthermometers, Reflexionsgrad $\varepsilon = 0{,}95$, wurde festgelegt, da bei den jeweiligen Temperatursensoren in der oberen und unteren Werkzeughälfte die Solltemperaturen von 95 °C bzw. 97 °C bereits nach etwa 15 min erreicht werden. Jedoch ist nach dieser Heizdauer die Temperaturverteilung über die Werkzeughälften noch ungleichmäßig. Das Aufzeichnen der Sensordaten für30 s nach Vakuum- und Drucktest dient zur Kontrolle, ob durch das Schließen des Werkzeugs Sensoren zerstört wurden, und kann für spätere Sensordatenauswertungen des RTM-Prozesses als Aufzeichnung der Ruhelage der Sensoren unter den Umgebungsbedingungen des RTM-Werkzeugs benutzt werden. Der Verlauf einer Sensoraufzeichnung ist beispielhaft in Abb. 4.26 dargestellt. Diese entsprechen einem Sensor 3 eines Sensorbands auf Position fünf, das heißt mit Orientierung nach unten. Man erkennt eine gleichzeitige Änderung der Z-Achse und Temperatur bei etwa 27,5 s. Für diesen Zeitpunkt wird das initiale Auftreffen des Harzflusses auf den Sensor vermutet. Ebenfalls ist ab ca. 150 s bis Ende der Infiltration ein wellenförmiger Verlauf der Beschleunigungsdaten erkennbar, welcher mit dem Nachfördern in Verbindung gebracht werden kann. Auf eine weitere Analyse dieser Daten wird hier verzichtet. Die Sensordaten aus der Produktion von Inverterdeckeln können so direkt in die zugehörige Harzflusssimulation fließen und zu ihrer Validierung und Optimierung genutzt und so auch zur Erkennung eines Produktionsfehlers verwendet werden.

Deckelwerkzeug

Das RTM-Werkzeug für Inverterdeckel, im Folgenden auch Deckelwerkzeug genannt, unterscheidet sich durch die Geometrie für Inverterdeckel stark vom Plattenwerkzeug. Insbesondere Unterschiede sind ein Kavitätsblech mit einer Dicke von 2 mm statt 3 mm, der nicht zentrierte Anguss mit Angussverteiler, drei Steiger auf der gegenüberliegenden Seite, die Auswölbung für die Inverterdeckelgeometrie, eine 1 mm tiefe Mulde in der unteren Werkzeughälfte, in welcher die Sensoren liegen sollen, und nicht durchgängige Heizpatronen, wovon jeweils zwei angussseitig in die obere und untere Werkzeughälfte eingeführt sind (Abb. 4.27).

Bei Preforms für Inverterdeckel befinden dich die Sensorbänder sowie die TFP-Bestickung in der ersten Lage, von vier, von oben, vgl. Abschn. 4.5. Dies entspricht zunächst nicht der theoretischen neutralen Faser, ist aber in diesem Prozess notwendig für die korrekte Positionierung der Preform mittels Drapierschablone und zum Anzeichnen der Zuschnittkonturen.

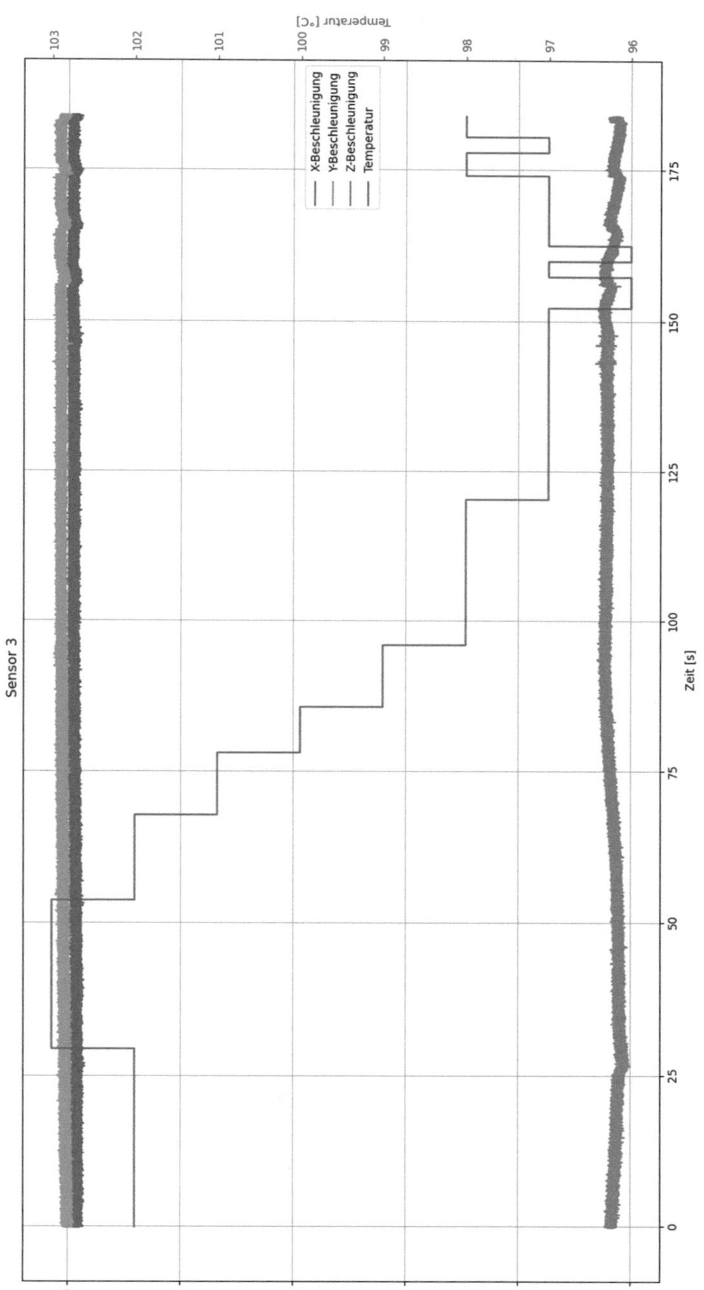

Abb. 4.26 Beispielhafter Sensordatenverlauf eines BMA-Sensors während eines RTM-Prozesses mit Plattenwerkzeug

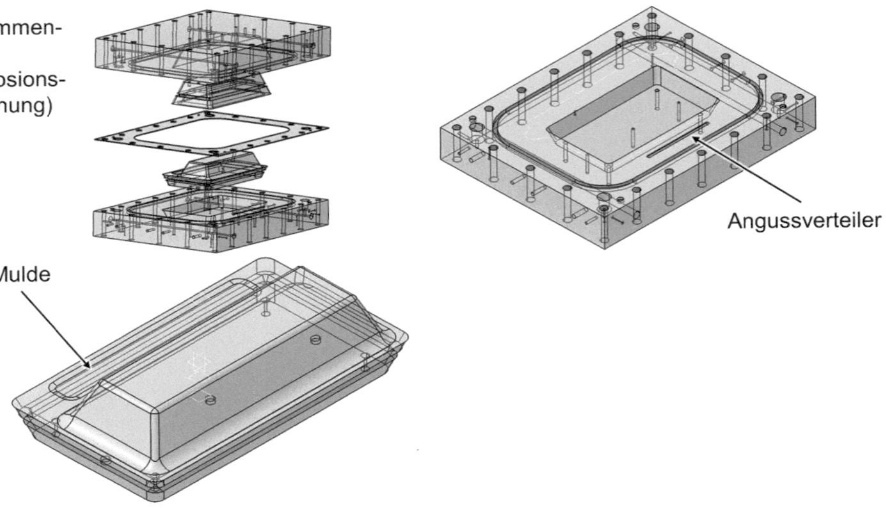

Abb. 4.27 CAD-Modell RTM-Deckelwerkzeug

Zur Findung der Lagenzahl, Kavitätshöhe und Prozessparameter wurde zunächst mit sechs handdrapierten Gewebelagen und einer 3 mm starken Abstandsplatte experimentiert, um den Lagenaufbau entsprechend der Platten zu erhalten. Bei den RTM-Parametern wurde sich dabei zunächst an den Parametern für Platten orientiert. Jedoch entstehen aufgrund der Maße der Werkzeughälften insbesondere in den Kanten der Auswölbung eine kleinere Kavität als im restlichen Werkzeug. Dies führt zu stärkerer Kompaktierung der Glasfasern, was lokal eine niedrigere Harzpermeabilität und somit Probleme beim Infiltrieren verursacht. Versuche mit fünf statt sechs Gewebelagen brachten keine Verbesserung. Ebenfalls entstand durch die Werkzeuggeometrie, zur Erzeugung der Auswölbung bei Inverterdeckeln, ein Zentriereffekt beim Ablassen der oberen Werkzeughälfte. Dies führte zu einer Schiefstellung der oberen Werkzeughälfte, siehe Abb. 4.28a. Bei Versuchen mit fünf Lagen konnte diese Schiefstellung behoben werden. Jedoch verhalf erst die Verwendung von vier Lagen bei einer 2 mm starken Abstandsplatte, nach rein optischer Bewertung, zu einer guten Infiltration der zuvor stark kompaktieren Stellen, siehe Abb. 4.28b und c. Über weitere Versuche mit vier Lagen und 2 mm Kavität wurde weiteres Augenmerk auf eine zu Beginn langsamere Infiltration gelegt. Dies wurde durch Druckrampen mit kleiner Steigung erreicht, vgl. die Unterschiede der beiden RTM-Parametersätze.

Während der Versuche zur Infiltration der Deckelkanten konnte festgestellt werden, dass sich Ablagerungen an den Positionen der Heizpatronen, insbesondere auf der unteren Werkzeughälfte, bildeten. Diese stammen vermutlich von der Schlichte der Gewebefasern und den großen Temperaturgradienten zwischen den Heizpatronen und den Temperatursensoren. Hierbei ist im Bereich der Ablagerungen die Temperatur bei ca. 120 °C. Somit wurden die

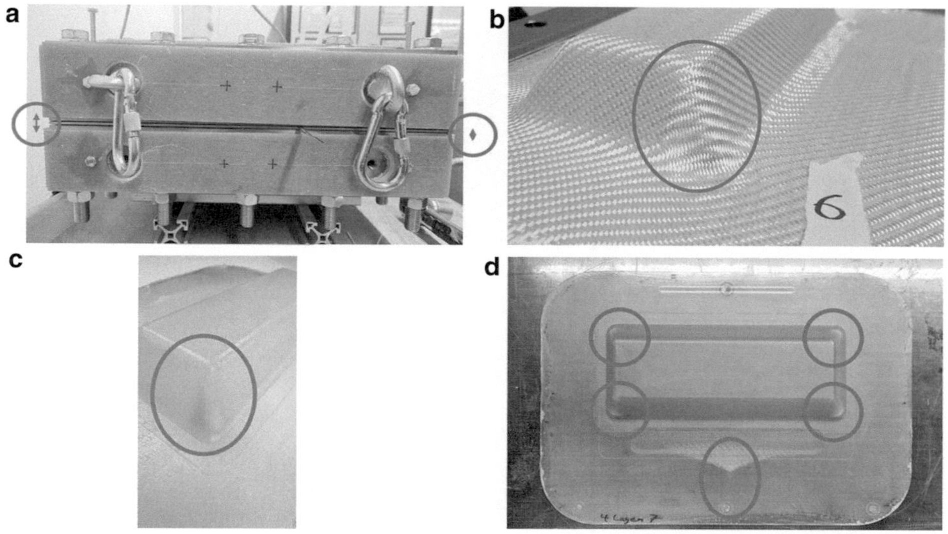

Abb. 4.28 a) Schiefstellung der oberen Werkzeughälfte bei sechs Glasfaserlagen, b) kompaktiere und beschädigte Fasern in oberster Gewebelage, c) nicht infiltrierte Ecke bei fünf Gewebelagen, d) Bindenaht bei vier Lagen

Solltemperaturen der oberen und unteren Werkzeughälfte, im Vergleich zum Plattenwerkzeug, auf 83 °C, bzw. 85 °C, reduziert. Im Vergleich zum Zeitpunkt der Parameterfindung für Platten stand zum Zeitpunkt der Parameterfindung für Inverterdeckel eine Wärmebildkamera bereit. Nach etwa 80 min konnte eine gleichmäßige Temperaturverteilung auf den inneren Werkzeugoberflächen beobachtet werden, siehe Abb. 4.29.

Bei den darauffolgenden Experimenten zur Parameterfindung war, wie bei den Experimenten zuvor, noch eine, im Projekt als „Bindenaht" bezeichnete, Fehlstelle zu lösen, Abb. 4.28d. Es bestand die Vermutung, dass diese dadurch entstand, dass Harz während der Infiltration um die Auswölbung herumströmt und so Luftblasen eines mittleren Harzstroms, welcher später über die Auswölbung fließt, einfängt. Dies entspricht ebenfalls den Erwartungen aus der RTM-Simulation. Ebenfalls wurde beobachtet, dass die Zeitpunkte der Klemmventilschließungen der äußeren Steiger mit L-förmigen Verschiebungen der Bindenaht nach links oder rechts korrelierten. Durch Verlängerung der äußeren Steigerschläuche, auf 95 cm bis zu den Klemmventilen, konnte somit der Zeitpunkt der Ventilschließungen verzögert und die Bindenaht außerhalb der späteren Inverterdeckelmaße positioniert und die Porosität des entsprechenden Bereichs gesenkt werden. Bei weiteren Vorversuchen mit bestickten Preforms und mit Sensorbändern trat schließlich keine Bindenaht mehr auf. Es wird vermutet, dass durch diese zusätzlichen Komponenten der Faserverlauf und Faservolumenanteil lokal geringfügig, aber ausreichend, geändert wird, um den Harzfluss dort derart zu ändern, dass keine Bindenaht mehr entsteht. Ebenso wurde durch die Verwendung

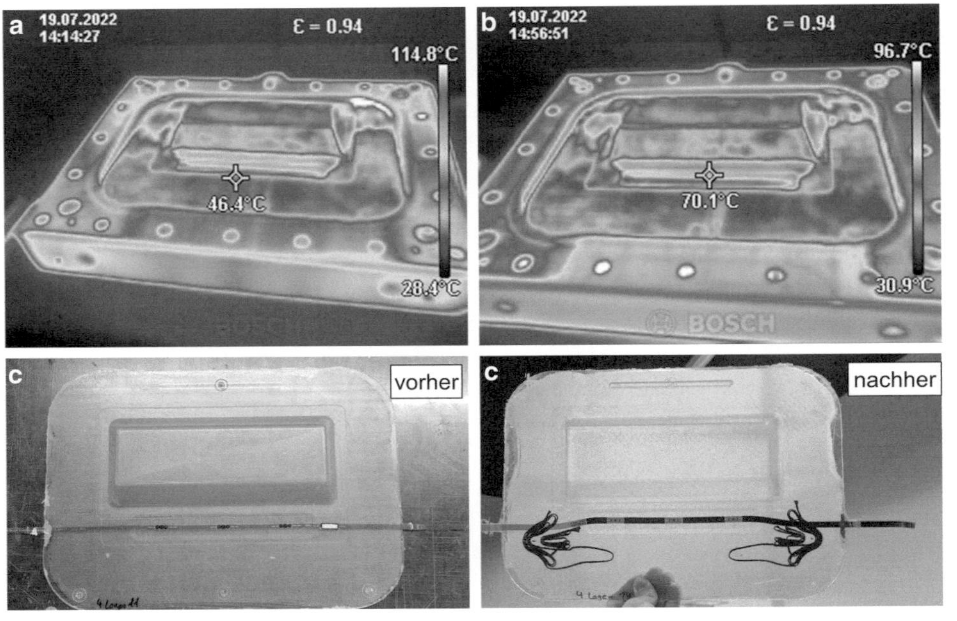

Abb. 4.29 a) Wärmebild der unteren Werkzeughälfte nach Erreichen der Solltemperatur an den Temperatursensoren des Werkzeugs, b) Wärmebild der unteren Werkzeughälfte weitere 40 min nach Erreichen der Solltemperatur, c) Resultat der finalen Konfiguration für Inverterdeckel

von Sensorbänder leicht erhöhte Porosität im Bereich der Mulde, welche vermutlich durch im Vergleich zu außerhalb der Mulde geringeren Faservolumenanteil entstand, eliminiert werden. Im Vergleich zu den Platten wurden die Musterteile für Inverterdeckel während der Prozessparameterfindung lediglich rein optisch und nicht mittels Graustufenanalyse auf Porosität kontrolliert.

Abb. 4.30 zeigt einen exemplarischen Verlauf der Sensordaten eines Inverterdeckels während des RTM-Prozesses. Die Temperaturüberwachung an den Sensorpositionen liefert Werte von ca. 100 °C, welche von den 83 °C und 85 °C an den entsprechenden Temperatursensoren des RTM-Werkzeugs abweichen. Die Abweichung lässt sich durch die Position der Temperatursensoren erklären, welche weiter von den Heizpatronen entfernt sind als die Sensoren der Deckel. Aufgrund der Regelhysterese und des Abstands zu den Heizpatronen kommt es zu einem Temperaturgradienten und einer nicht gleichmäßigen Aufheizung der Werkezughälften.

Aus dieser und vergleichbaren Beobachtungen für den RTM-Prozess der Inverterdeckel ist die In situ Prozessüberwachung des RTM-Prozesses hinsichtlich Prozesstemperatur gewährleistet. Eine entsprechende Rückkopplung des Temperatursignals der integrierten Sensoren, statt der Temperatursensoren der Werkzeughälften, an die Steuerungsanlage wäre somit ausreichend zur thermischen Prozesssteuerung. Ebenfalls ist mit dem Anstieg der

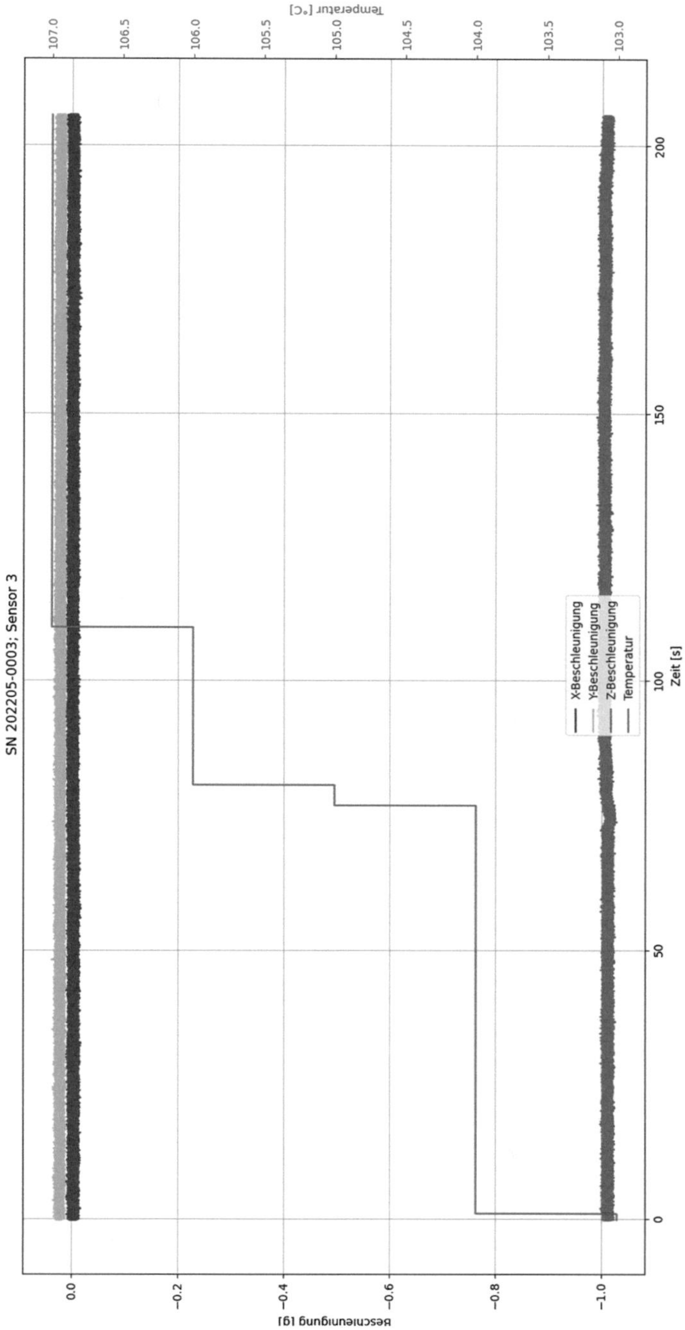

Abb. 4.30 Beispielhafter Datenverlauf eines Sensors im RTM-Prozess mit DFA-Deckelwerkzeug

Tab. 4.5 Temperprogramme

Temperprogramm	150	170
Maximale Temperatur	150 °C	170 °C
Auslagerungsdauer bei Maximaltemperatur	4 h	4 h
Aufheizrate	0,2 K/min	0,2 K/min
Abkühlrate	−0,5 K/min	−0,5 K/min

Temperatur auch eine Änderung in den Beschleunigungssignalen zu beobachten. Eine Auswertung dieser Daten ist auch hier mittels Fließsimulation möglich statt. Jedoch wird an dieser Stelle angemerkt, dass mittels einer Online-Überwachung der Sensoren eine Harzfronterkennung und ebenfalls eine Bewegung der Faserlagen im Prozess durch Verkippen der Sensoren registrierbar ist.

Tempern
Zur Verringerung von Bauteilspannungen nach dem RTM-Prozess wurden Platten und Inverterdeckel vor weiterer Verarbeitung einer Warmauslagerung (Tempern) unterzogen, Tab. 4.5.

Ein Teil der Materialproben wurde mit dem Temperprogramm 170 ausgelagert. Dieses entspricht dem vom Hersteller empfohlenen Temperprogramm [21]. Da die Sensoren jedoch eine maximal zulässige Lagertemperatur von 150 °C aufweisen [4], wurde das Temperprogramm 150 an den Herstellerangaben für das Harzsystem orientiert.

Weiterverarbeitung Deckel
Nach dem Tempern wurden Inverterdeckel hinsichtlich Bauteilverzug, d. h. Lage der TFP-Bestickung für Bohrungen und Abweichungen zur Dichtebene, bewertet. Bei guter Bewertung der Qualität wurden die Inverterdeckel mittels einer Schablone auf die vorgesehenen Abmessungen besäumt und ebenfalls mittels einer Schablone Bohrungen für die Verbindung zu den Aluminiumgehäusen und zum Einbau in Fahrzeuge gesetzt.

14-polige Buchsen mit 2,54 mm Rasterabstand wurden durch Einpressen der Anschlussstifte in Bohrungen der Kupferplättchen auf den Sensorbändern verbunden. Die Buchsen wurden schließlich mit den Oberflächen der Inverterdeckel verklebt und sind über ein 14-poliges Kabel mit Ausleseeinheiten verbindbar.

Literatur

1. Damm A, Bahroun K, Middendorf P (2019) A low-cost flow front monitoring system. In: ICCM22, S 236–244
2. Damm A, Ritter F (2019) Prozess- und Bauteilmonitoring durch strukturintegrierte Sensorik. Fachtagung Werkstoff Plus Auto, Stuttgart

3. Klein L (2019) Sensor systems for FRP lightweight structures: automotive features based on serial sensor products. Sensors 19(14):3088. https://doi.org/10.3390/s19143088
4. Bosch Sensortec GmbH (2023) BMA456 Data Sheet: Bosch Sensortec GmbH. https://www.bosch-sensortec.com/media/boschsensortec/downloads/datasheets/bst-bma456-ds000.pdf
5. ANSI/NEMA (2012) Industrial laminated thermosetting products. NEMA. https://www.nema.org/standards/view/industrial-laminated-thermosetting-products
6. Bosch Sensortec GmbH (2014) BMA280 Data Sheet
7. Hoßfeld M, Ackermann C (2020) Leichtbau durch Funktionsintegration
8. Dittmann J, Middendorf P (2019) Der Digitale Prototyp: Ganzheitlicher Digitaler Prototyp Im Leichtbau Für Die Großserienproduktion. Springer Vieweg, Berlin, Heidelberg. in Springer Fachmedien Wiesbaden GmbH
9. Carosella S (2015) Analyse und Verbesserung des Faserablegeverfahrens Tailored Fibre Placement zur kostenoptimierten Preformherstellung. Zugl.: Stuttgart, Univ., Diss. (Nicht für den Austausch). 1. Augl., Verl. Dr. Hut, München
10. Gliesche K, Hübner T, Orawetz H (2003) Application of the tailored fibre placement (TFP) process for a local reinforcement on an "open-hole" tension plate from carbon/epoxy laminates. Compos Sci Technol 63(1):81–88. https://doi.org/10.1016/S0266-3538(02)00178-1
11. Hinton M, Soden P (1998) Predicting failure in composite laminates: the background to the exercise. Compos Sci Technol 58(7):1001–1010. https://doi.org/10.1016/S0266-3538(98)00074-8
12. Turon A, Camanho PP, Costa J, Dávila CG (2006) A damage model for the simulation of delamination in advanced composites under variable-mode loading. Mech Mater 38(11):1072–1089. https://doi.org/10.1016/j.mechmat.2005.10.003
13. Coppola AM, Huelskamp SR, Tanner C, Rapking D, Ricchi RD (2023) Application of tailored fiber placement to fabricate automotive composite components with complex geometries. Compos Struct 313:116855. https://doi.org/10.1016/j.compstruct.2023.116855
14. Iarve EV, Kim R, Mollenhauer D (2007) Three-dimensional stress analysis and Weibull statistics based strength prediction in open hole composites. Compos A Appl Sci Manuf 38(1):174–185. https://doi.org/10.1016/j.compositesa.2006.01.004
15. Maimí P, Camanho PP, Mayugo JA, Dávila CG (2007) A continuum damage model for composite laminates: part I – constitutive model. Mech Mater 39(10):897–908. https://doi.org/10.1016/j.mechmat.2007.03.005
16. Iarve EV, Hoos KH, Nikishkov Y, Makeev A (2018) Discrete damage modeling of static bearing failure in laminated composites. Compos A Appl Sci Manuf 108:30–40. https://doi.org/10.1016/j.compositesa.2018.02.019
17. Pickett AK (2018) Process and mechanical modelling of engineering composites. IFB (Institute of Aircraft Design), Germany
18. Darcy H (1856) Les fontaines publiques de la ville de Dijon: exposition et application
19. Seiffert JD (2021) Einfluss thermischer und mechanischer Lasten auf die sensorischen Fähigkeiten sensorintegrierter Faserverbundkunststoffe. Institut für Flugzeugbau, Stuttgart
20. Johns Manville (2021) StarRov 086 Data Sheet. https://www.jm.com/content/dam/jm/global/en/engineered-products/EP-documents/Product_Data_Sheets/Fibers/Direct_Rovings/Europe/StarRov_086.pdf
21. Sika Deutschland GmbH (2021) Datenblatt Biresin CR144 und CH170-3: Sika Deutschland GmbH. https://industry.sika.com/content/dam/dms/deaddconst01/z/PDB-Biresin-CR144-CH170-3-de.pdf
22. Deutsches Institut für Normung (1997) Kunststoffe – Bestimmung der Zugeigenschaften: Teil 4: Prüfbedingungen für isotrop und anisotrop faserverstärkte Kunststoffverbundwerkstoffe – DIN EN ISO 527-4: Deutsches Institut für Normung

23. Westlake Epoxy (2022) Technical Data Sheet MGS BP20: Westlake Epoxy. https://renuware.co.uk/document/936/Westlake%20MGS%20BP20%20TDS.pdf
24. Mehdikhani M, Gorbatikh L, Verpoest I, Lomov SV (2019) Voids in fiber-reinforced polymer composites: a review on their formation, characteristics, and effects on mechanical performance. J Compos Mater 53(12):1579–1669
25. Hsu DK, Uhl KM (1987) A morphological study of porosity defects in graphite-epoxy composites. In: Review of progress in quantitative nondestructive evaluation. Springer US, Boston, MA, S 1175–1184
26. Deutsche Institute für Textil- und Faserforschung (2022) CT-Scan zerstörter Sensor: Deutsche Institute für Textil- und Faserforschung

Durchführung der Simulationsprozesskette 5

Mathieu Vinot, Tolga Usta, Christian Liebold, Martin Holzapfel, Silvio Facciotto, Florian Fritz, Jan Dietrich Seiffert, Markus Münch, Karim Bahroun, Lennart Bechtloff, Hermann Finckh, Jörg Dittmann, Andreas Raichle, Nathalie Toso, Peter Middendorf, Heinz Voggenreiter, Patrick Böhler und Jochen Wiedemann

Im Laufe der letzten Jahre wurden Vorhersagequalität, Modellskalen und die beherrschbare Komplexität der verwendeten Finite Elemente (FE) Modelle für gängige CAE-Softwarelösungen stetig verbessert. Dadurch ist es möglich, eine zunehmende Flexibilisierung der Fertigung immer detailgetreuer, aber auch für jede Komponente individuell darzustellen. Jeder einzelne Fertigungsschritt im Lebenszyklus eines Produktes sowie die Lasten, die es in der Anwendung erfährt, können modelliert, simuliert und bewertet werden – also nicht nur während der Auslegung eines neuen Bauteils, sondern auch in der Verwendung. Um dies zu realisieren, muss ein sogenannter „Digitaler Zwilling“ erstellt werden. Dabei handelt es sich um ein hochkomplexes virtuelles Modell, das ein möglichst genaues Abbild eines physischen Gegenstandes darstellt [1]. Um die Chancen,

M. Vinot (✉) · M. Holzapfel · N. Toso · H. Voggenreiter
Strukturelle Integrität, Deutsches Zentrum für Luft- und Raumfahrt, Institut für Bauweisen und Strukturtechnologie, Stuttgart, Deutschland
E-Mail: mathieu.vinot@dlr.de

M. Holzapfel
E-Mail: martin.holzapfel@dlr.de

N. Toso
E-Mail: nathalie.toso@dlr.de

H. Voggenreiter
E-Mail: heinz.voggenreiter@dlr.de

C. Liebold
DYNAmore, an Ansys Company, Stuttgart, Deutschland
E-Mail: christian.liebold@ansys.com

D. Holder und P. Middendorf (Hrsg.), *Digitaler Fingerabdruck,* ARENA2036,
https://doi.org/10.1007/978-3-662-69802-0_5

die sich durch die Digitalisierung und Erstellung von digitalen Zwillingen ergeben, optimal ausnutzen zu können, bedarf es sowohl einer guten Zusammenarbeit innerhalb von Abteilungen eines Unternehmens, die sich mit den verschiedenen Stadien entlang des Lebenszyklus eines Bauteils beschäftigen, als auch industrieübergreifend. In den folgenden Abschnitten wird dargestellt, wie eine virtuelle Simulationskette aufgebaut werden

S. Facciotto · J. Dittmann · A. Raichle · P. Middendorf
Institut für Flugzeugbau, Universität Stuttgart, Stuttgart, Deutschland
E-Mail: facciotto@ifb.uni-stuttgart.de

J. Dittmann
E-Mail: dittmann@ifb.uni-stuttgart.de

A. Raichle
E-Mail: andreas-raichle@web.de

P. Middendorf
E-Mail: middendorf@ifb.uni-stuttgart.de

F. Fritz · H. Finckh
Kompetenzzentrum Stapelfaser, Weberei & Simulation, Deutsche Institute für Textil- und Faserforschung Denkendorf, Denkendorf, Deutschland
E-Mail: florian.fritz@ditf.de

H. Finckh
E-Mail: florian.fritz@ditf.de

J. D. Seiffert
Lehrstuhl für Carbon Composites, Technische Universität München, Garching bei München, Deutschland
E-Mail: jan.seiffert@tum.de

M. Münch
PS/EAT1, Robert Bosch GmbH, Blaichach, Deutschland
E-Mail: markus.muench3@de.bosch.com

K. Bahroun
CR/AMP2, Robert Bosch GmbH, Renningen, Deutschland
E-Mail: karim.bahroun@de.bosch.com

L. Bechtloff
Robert Bosch GmbH, Karlsruhe, Deutschland

P. Böhler · J. Wiedemann
Automotive Structures and Industry, Constellium Singen GmbH, Singen, Deutschland
E-Mail: patrick.boehler@constellium.com

J. Wiedemann
E-Mail: jochen.wiedemann@constellium.com

T. Usta
Institut für Baustatik und Baudynamik, Universität Stuttgart, Stuttgart, Deutschland
E-Mail: usta@ibb.uni-stuttgart.de

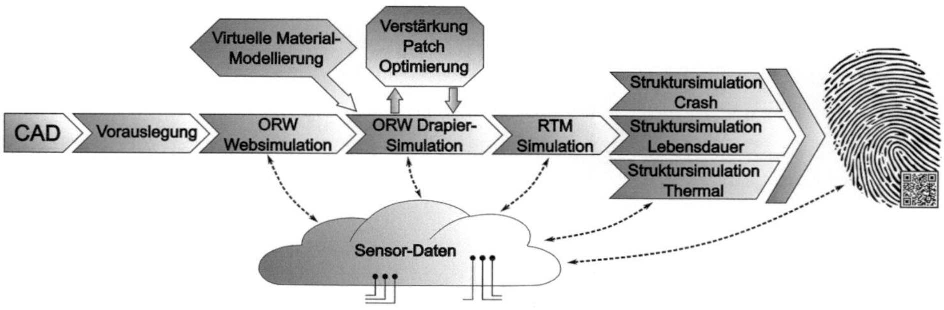

Abb. 5.1 Abbildung der virtuellen DFA-Prozesskette

kann, die alle durchgeführten Auslegungs- und Simulationsschritte von der Vorkonstruktion bis zur endgültigen Bauteilbewertung umfasst. Dabei sollen die Daten zwischen verschiedenen Simulationsdisziplinen übertragen und verschiedene Möglichkeiten zur Optimierung des Bauteilherstellungsprozesses miteinander verglichen werden, auch unter Berücksichtigung von anfallenden Sensordaten während der Produktion und der Lebenszeit. Diese Sensordaten, die während der Lebensdauerüberwachung des Bauteils erfasst werden, werden in den digitalen Zwilling mit einbezogen, um diesen mit realen Daten anzureichern. In Abb. 5.1 ist die Prozesskette illustriert, welche im Verbundprojekt DFA abgebildet werden soll.

Die virtuelle Prozesskette beginnt mit einem CAD-Modell, welches mit entsprechenden Vorauslegungen nachgebessert werden kann. Die ORW-Simulation (Open-Read-Weaving) und die Websimulation ist die erste Prozesssimulation der virtuellen Kette. Die Ergebnisse der Websimulation werden auf die nachfolgende Drapiersimulation übertragen, wobei die Materialparameter virtuell charakterisiert und Verstärkungspatches aus einer Bauteiloptimierung in den Modellaufbau mit einfließen. Auf diese Schritte folgt die Simulation des Resin Transfer Molding (RTM) Prozesses. Da die Durchlässigkeit des Modells von der Geometrie und der Topologie des Bauteils abhängt, hilft die Datenübernahme aus den vorherigen Schritten, die Genauigkeit zu erhöhen. Abschließend wird die Struktur unter verschiedenen Randbedingungen evaluiert. Idealerweise werden die gesammelten Sensordaten aus der Fertigungsüberwachung und der Belastung des Bauteils während seiner Lebensdauer über geeignete Schnittstellen zu jedem Zeitpunkt an den digitalen Zwilling gekoppelt, um mögliche Fehler während der Produktion oder Missbrauch in der Anwendung detektieren, sofort virtuell überprüfen, und ggf. über einen Bauteilrückruf oder Reparaturmaßnahmen rechtzeitig eingreifen zu können.

5.1 Materialcharakterisierung (Tests)

5.1.1 Textilversuche

Wie in Kap. 3 erläutert, werden im Rahmen des Projekts mehrere Produktionstechniken kombiniert. Aufgrund des komplexen Verhaltens von gewebten Textilien während des untersuchten Preformingsprozesses (ORW, Draping und TFP) ist es wichtig, einige wichtige textile Eigenschaften zu charakterisieren. Besonders relevant für die verwendeten Techniken sind Reibungs-, Biege- (IFB) und Schertests (DITF). In diesem Projekt wurde als Material das Harzsystem Biresin CR144 mit Biresin CH170-3 vom Sika Gmbh und Köper 2/2 Gewebe mit Flächengewicht von 720 g/m^2 vom DITF mit 600 Tex Johns Manville 086S Fasern gewebt.

5.1.1.1 Reibversuche

Reibungstests sind vor allem für das Drapierverfahren wichtig, bei dem der Stempel die Faserpreform gegen ein Metallwerkzeug drückt, wodurch die Schichten entweder gegen das Werkzeug selbst oder sogar zwischen den Werkzeugen gleiten. Dieses Gleiten ist wichtig, da es sich auf die Verformung der Preform am Ende des Prozesses auswirkt und die endgültige Architektur und Verdichtung beeinträchtigt. Mithilfe von Reibungstests wird der Reibungskoeffizient zwischen den verschiedenen Grenzflächen ermittelt, der ein Maß für den oben genannten Effekt ist. Da mehrere Bewehrungslagen die gestapelte Preform bilden und diese in direktem Kontakt mit dem Metallwerkzeug steht, muss die Reibung zwischen den Lagen desselben Materials und auch zwischen Preform und Metall gemessen werden. Darüber hinaus ist es wichtig festzustellen, ob die Ausrichtung der Lagen der Preform den Reibungskoeffizienten ebenfalls beeinflusst. Um dies zu analysieren, wurden fünf Konfigurationen getestet, die in Tab. 5.1 zusammengefasst sind:

Die Reibungstests wurden mit dem in Abb. 5.2 dargestellten Prüfstand durchgeführt.

Dieser besteht aus einem Ober- und einem Unterteil. Der obere Teil ist ein Stempel, in den das erste Material eingelegt wird und auf den die Kraft ausgeübt wird. Das Unterteil ist eine bewegliche Platte, auf die das zweite geprüfte Material gelegt wird. Die Parameter, die eingestellt werden können, sind:

Tab. 5.1 Konfigurationen, die für den Reibungstest getestet wurden

Konfiguration ID	Material 1	Orientation 1	Material 2	Orientation 2
1	Preform	0/90	Preform	0/90
2	Preform	0/90	Preform	45/−45
3	Preform	45/−45	Preform	45/−45
4	Aluminum	–	Preform	45/−45
5	Aluminum	–	Preform	0/90

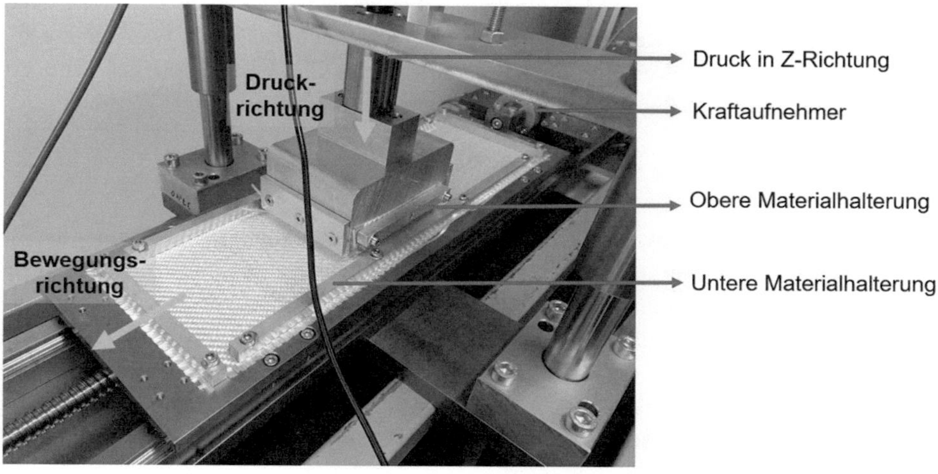

Abb. 5.2 Reibungsprüfstand

- Geschwindigkeit der bewegten Platte
- Länge der Bewegung (Messlänge)
- Auf den Stempel ausgeübter Druck
- Ausrichtung Preform und Material

Die Kombination aus seitlichem Verschieben und Drücken des Stempels gegen die Unterseite des Rigs erzeugt die Reibung zwischen den geprüften Materialien, während die zum Bewegen des unteren Rigs erforderliche Kraft mit einem Kraftmesser gemessen wird. Auf diese Weise kann der Reibungskoeffizient berechnet werden als:

$$\mu = \frac{F}{N} \tag{5.1}$$

Der Test wird durchgeführt, indem eine konstante Geschwindigkeit von 5 mm/s auf den unteren beweglichen Teil angewandt wird, was einer Gesamtverschiebung von 220 mm entspricht. Der auf den Stempel ausgeübte Druck beträgt 170 N. Zwischen den einzelnen Versuchen wurden die Sonden des geprüften Materials ausgetauscht, um zu vermeiden, dass die Ergebnisse durch Beschädigungen beeinflusst werden. Außerdem wurde das Kraftmessgerät vor dem Versuch kalibriert, indem ein Versuch ohne Material durchgeführt und die vom Elektromotor selbst erzeugte Kraft gemessen wurde. Dieser Wert wurde von dem gemessenen Gesamtwert subtrahiert.

Der dynamische Reibungskoeffizient wurde zwischen 30 mm und 100 mm Verschiebung berechnet. In Abb. 5.3 sind die Rohergebnisse für Konfiguration 4 dargestellt.

In Tab. 5.2 sind die Ergebnisse für den dynamischen und den Haftreibungskoeffizienten für jede getestete Konfiguration zusammengefasst.

Aus Tab. 5.2 ist ersichtlich, dass nicht nur das Material eine wichtige Rolle bei der Erzeugung von Reibung spielt, sondern auch die Ausrichtung des Aufbaus. Reibungstests zeigen, dass Schichten, die in die gleiche Richtung ausgerichtet sind, anfälliger

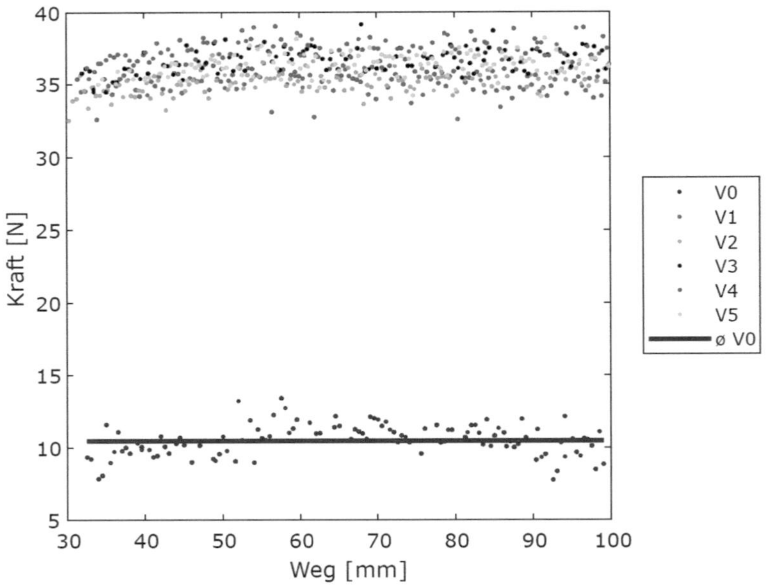

Abb. 5.3 Rohergebnisse für Konfiguration 4

Tab. 5.2 Ergebnisse des Reibungstests

Konfiguration ID	μ_s	μ_d
1	0,343	0,257
2	0,204	0,165
3	0,295	0,219
4	0,171	0,149
5	0,176	0,154

für Verschachtelungseffekte und somit für eine größere Kontaktfläche sind, was zu höheren statischen und dynamischen Messkoeffizienten im Vergleich zu Schichten mit unterschiedlicher Ausrichtung führt.

5.1.1.2 Biegeversuche

Es wurden auch Biegeversuche durchgeführt, um die Biegesteifigkeit der Bewehrung zu bestimmen. Die hierfür verwendete Vorrichtung folgt dem Catilever-Prinzip, bei dem ein Probekörper aus einer Preform geschnitten und auf eine glatte, reibungsarme horizontale Ebene gelegt wird. Die Probe wird in Richtung parallel zur horizontalen Ebene bewegt, bis sie die Bezugsebene berührt, die mit einem bestimmten Winkel $\theta = 41°30'$ geneigt ist [2]. Die Länge der Preform wird gemessen und für den Fall, dass die Preform in Kett- oder Schussrichtung ausgerichtet ist, verglichen.

Insgesamt wurden 10 Probekörper auf diese Weise geprüft, und die Ergebnisse sind in Tab. 5.3 zusammengefasst.

Die Berechnung wurde nach DIN 53362 durchgeführt [3]:

Tab. 5.3 Biegeversuchsergebnisse

	In Schussfaden-Richtung [cm]	Quer zur Schussfaden-Richtung [cm]
1	11,5	11,1
2	11,2	11
3	11,5	10,9
4	11,4	11,1
5	11,6	11
6	11,3	10,9
7	11,6	10,8
8	11,8	11
9	10,9	10,9
10	12,1	10,8
Ø	11,49	10,95

$$G = m_F\left(\frac{l_{\text{ü}}}{2}\right)10^{-4}g_n \tag{5.2}$$

Dabei ist m_F die Flächenmasse der Probe, $l_{\text{ü}}$ die Üverhanglänge des Probekörpers und g_n die Erdbeschleunigung. Die Berechnung mit den Werten aus Tab. 5.3 ergab eine Biegesteifigkeit von 294,5 mN * cm^2 in Kettrichtung und 254,9 mN * cm^2 in Schussrichtung.

5.1.1.3 Permeabilitätsversuche

Die Permeabilität von Textilien ist eine Materialeigenschaft, die angibt, wie schnell die eingespritzte Flüssigkeit in die Poren der Textilstruktur eindringt. Das Konzept der Permeabilität wurde mit dem Darcy's Gesetz eingeführt [4] (4.1).

Die Permeabilität ist ein Tensor und muss durch die drei Hauptkomponenten charakterisiert werden, die in die Permeabilität in der Ebene (X und Y) und durch die Dicke (Z) unterteilt werden können. Eine Ausnahme wird gemacht, wenn das Verbundteil dünn ist und die Dicke im Vergleich zur Länge und Breite der Preform vernachlässigbar ist. Da der Hohlraum der RTM-Anlage viel kleiner ist als die Länge und Breite, werden die Werte für die Permeabilität in der Ebene als ausreichend angesehen.

Die in diesem Projekt gewählte Methode zur Prüfung der Permeabilität ist die radiale Methode. Diese Methode wurde in mehreren Benchmarks verwendet, darunter auch im Radialpermeabilitäts-Benchmark 2019 [5], an dem das IFB teilnahm. Die in diesem Projekt verwendete Ausrüstung ist dieselbe wie in der Benchmark-Übung und besteht aus einer flachen Plattenvorrichtung mit zentraler Einspritzung, wie in Abb. 5.4 dargestellt. Der Hohlraum ist 300 mm x 300 mm groß und kann in Richtung der Dicke verstellt werden [6].

Die Preform wird in der Mitte der Kavität platziert und die Injektion erfolgt radial unter konstantem Druck an der Einlassöffnung, sodass innerhalb eines Versuchs beide Permeabilitätsmessungen in der Ebene möglich sind. Die Messung erfolgt optisch mit einer hochauflösenden Kamera, die oben auf dem Prüfstand angebracht ist. Die Berechnung der Permeabilität erfolgt nach der Methode von Adams et al. [7].

Die Permeabilitätswerte, die in dieser Versuchsreihe für die in diesem Projekt untersuchte Preform erzielt wurden, sind in Tab. 5.4 aufgeführt:

5.1.2 Quasistatische Materialversuche

Um die Bauteile während ihrer Lebensdauer zu simulieren und zu verstehen, ist es notwendig, das Verhalten des infundierten Verbundwerkstoffs unter Zug und Druck zu charakterisieren.

Abb. 5.4 Permeabilitätsversuch

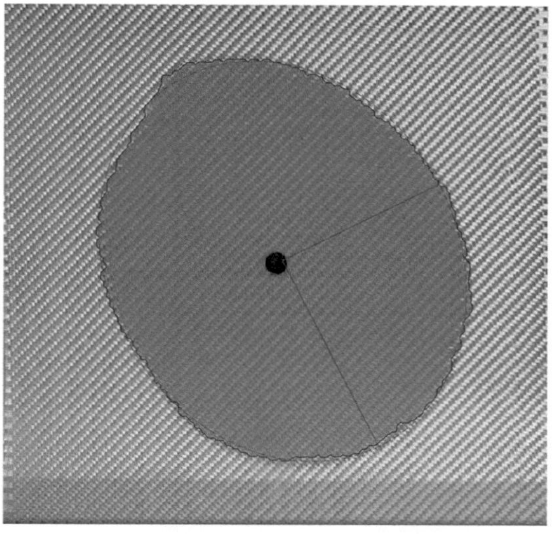

Tab. 5.4 Permeabilitätswerte

Kxx	7.35195E-11 [m^2]
Kxy	7.43426E-12 [m^2]
Kyy	3.83735E-12 [m^2]

5.1.2.1 Zugversuche

Zu diesem Zweck wurden Prüfbleche mit den gleichen Eigenschaften wie die des endgültigen Demonstrators infiltriert und in 250 mm x 25 mm x 2 mm große Probekörper geschnitten, wie in DIN EN ISO 527-4/Typ 3 beschrieben [8]. Die Prüfkörper wurden mit einer Prüfgeschwindigkeit von 2 mm/s und das Bruchkriterium wurde mit einem Kraftabfall von 50 % definiert. Es wurden jeweils 6 Zugproben aus zwei verschiedenen Platten hergestellt. In Platte 1 wurde das Gewebe in Schussfadenrichtung getestet und in Platte 2 quer zur Schussfadenrichtung.

In Abb. 5.5 ist zu erkennen, dass ab einer Dehnung von ungefähr 1,5 % ein Kraftabfall stattfindet, was auf das Entstehen von Mikrorissen in der Matrix der Prüfkörper zurückzuführen ist. Da dadurch die Oberfläche der Prüfkörper kleine Risse bekommt, welche sich auf die Dehnungsmessstreifen auswirken, ist die Dehnung ab diesen Zeitpunkt nichtmehr aussagekräftig.

Die Berechnung des E-Modul der Zugproben erfolgt bei 0,05–0,25 % der Dehnung. In Tab. 5.5 ist schließlich die statistische Auswertung aller Ergebnisse aufgeführt. Der Faktor a beschreibt die Probendicke, b die Probenbreite, F_{max} die Maximalkraft, welche die Proben standgehalten haben, σ_{max} die Zugfestigkeit, E das E-Modul und ν die Querkontraktionszahl.

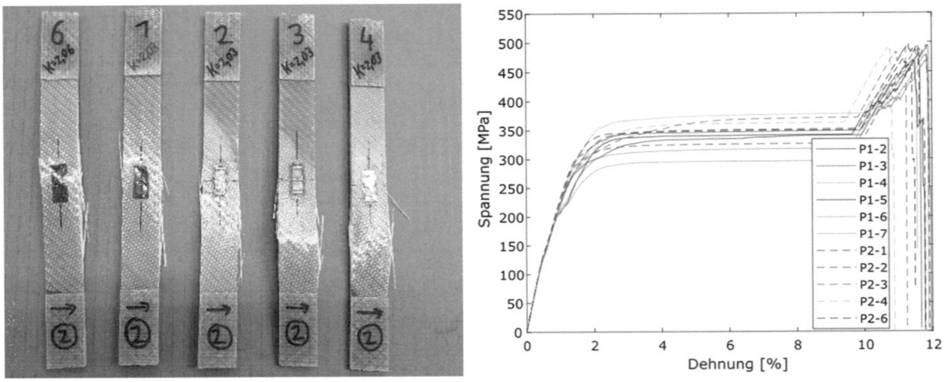

Abb. 5.5 Bruchbild aus Probeplatte 2 und Spannungs-Dehnungsdiagramm aller Zugproben

Tab. 5.5 Ergebnisse der Zugversuche

Name	a [mm]	b [mm]	F_{max} [kN]	σ_{max} [MPa]	E [GPa]	ν
Mittelwert	2,058	25,06	24,85	481,8	27,61	0,128
Minimalwert	2,05	24,7	24,07	465,7	27,1	0,12
Maximalwert	2,06	25,22	25,76	495,9	28	0,14
Standardabweichung	0,004	0,12	0,655	11,4	0,278	0,008
Variationskoeffizient	0,002	0,005	0,026	0,024	0,01	0,065

5.1.2.2 Druckversuche

Zusätzlich zu den Zugversuchen wurden auch Druckversuche durchgeführt. Die Proben wurden in Anlehnung an DIN EN ISO 14126/ Verfahren 1 [9]. in denselben Platten hergestellt, die auch für die Zugversuchsproben verwendet wurden. Die Probekörper waren 110 mm × 10 mm x 2 mm groß und wurden mit der Celanese-Vorrichtung mit einer Geschwindigkeit von 1 mm/min geprüft. In Abb. 5.6 ist das Spannungs-Dehnungs-Verhalten der Probekörper dargestellt und in Tab. 5.6 die statistische Auswertung aller Druckversuche. Die Bezeichnungen entsprechen den Bezeichnungen aus Tab. 5.5.

5.1.2.3 Quasistatische Versuche an Reinharzproben

In multiskaligen Simulationsketten wird eine hohe Vorhersagegüte durch die detaillierte Abbildung der Geometrie des Faserverbundmaterials auf den unterschiedlichen Skalen erreicht. Der Simulationsaufwand findet einerseits in der genauen Modellierung der Geometrie statt, anderseits in der Charakterisierung der Grundmaterialien, aus denen das FVK besteht. Während einzelne Fasern oder Rovings nur mit hohem experimentellem Aufwand experimentell charakterisiert werden können, lassen sich Epoxidharze mithilfe von verschiedenen Probentypen leicht untersuchen. Zur Stützung der einzelnen Fasern ist

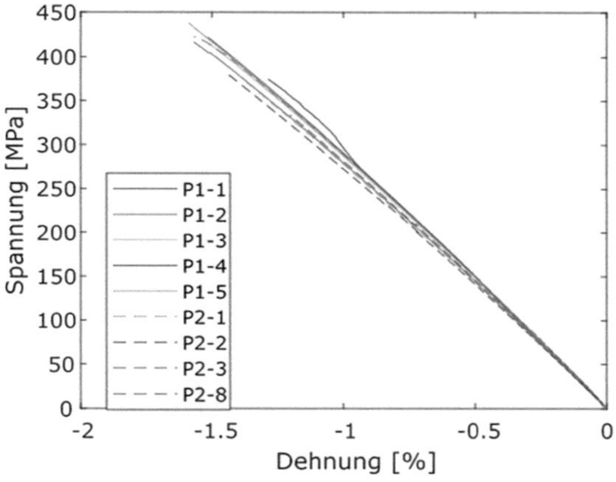

Abb. 5.6 Spannungs-Dehnungsdiagramm aller Druckproben

Tab. 5.6 Ergebnisse der Druckversuche

Name	a [mm]	b [mm]	$F_{\max}$[kN]	$\sigma_{\max}$ [MPa]	E [GPa]
Mittelwert	2,05	10,27	8,47	401,2	29,48
Minimalwert	2,04	10,16	7,84	369,2	28,27
Maximalwert	2,07	10,36	9,19	438,1	30,58
Standardabweichung	0,01	0,064	0,5	25,3	0,746
Variationskoeffizient	0,006	0,006	0,06	0,06	0,025

das Harz eine wichtige Komponente des FVK-Materials und besitzt eine dominierende Rolle unter transversalen Zug-, Schub- und Druckbelastungen. In dieser Arbeit wurde eine ausführliche Charakterisierung des Epoxidmaterials unter Zug- und Druckbelastung zur Bedatung eines semi-analytischen Materialmodells durchgeführt. Die ausgewählte Probengeometrien wurden jeweils nach Norm DIN-EN-ISO-527 und DIN-EN-ISO-604 ausgewählt und sind in Abb. 5.7 dargestellt.

Die quasistatischen Untersuchungen fanden bei einer Geschwindigkeit von 0,5 mm/min in einer Universalprüfmaschine von Zwick statt. Die Versuche wurden mit einer Kamera aufgenommen und dienten zur Dehnfeldbestimmung durch Digitale Bildkorrelation (auf English „Digital Image Correlation" DIC). Zur Bestimmung des Porositätsgrad und der Porenverteilung wurden die Proben vor dem Versuch fotografiert und die Bilder mit Grauwertanalyse ausgewertet [10]]. Abb. 5.8, 5.9 und 5.10 stellen die Ergebnisse der Prüfkampagne an Reinharzproben dar. Das Epoxidharz ist elastisch-plastisch und zeigt eine ausgeprägte Zug-Druck-Asymmetrie. Die Elastizität unter Zug- bzw. unter Druckbelastung liegt bei 3,0 GPa bzw. 2,2 GPa. Die Druckfestigkeit liegt mit 260 MPa bei ca. dem Vierfachen der Zugfestigkeit von 60 MPa. Aufgrund von fertigungsinduzierten Defekten wie Poren streuen die Elastizitätswerte und die Zugfestigkeitswerte jeweils um 5 % und

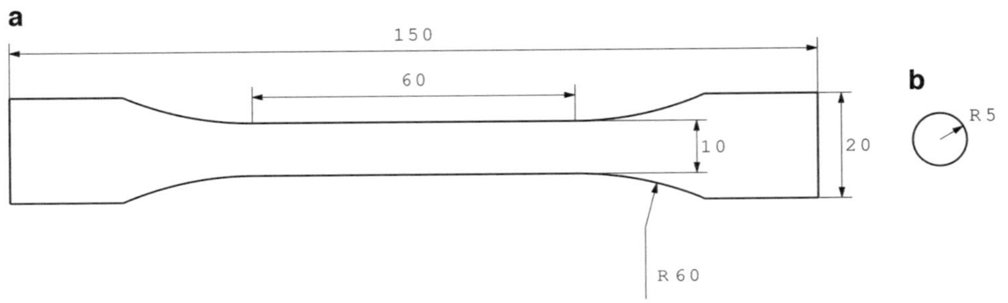

Abb. 5.7 Reinharzproben für Untersuchungen unter Zug- (a) und Druckbelastung (b) nach DIN-EN-ISO-527 und DIN-EN-ISO-604

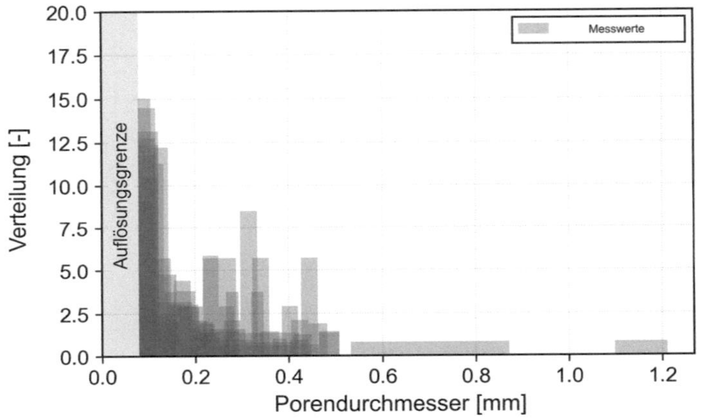

Abb. 5.8 Verteilung der Porengröße in den getesteten Zugproben aus [10]

um 20 %. Die Elastizität und Festigkeit unter Druckbelastung sind weniger empfindlich bezogen auf Fertigungsdefekte und streuen jeweils um 2 % und 4 %.

5.1.3 Optische Untersuchungen der Gewebe-Architektur

Die Simulation auf mikroskopischer Ebene erfordert Kenntnisse über die Variation des Faserdurchmessers und über die Verteilung der Abstände zwischen den einzelnen Fasern. Dieser Abstand, die sogenannte Nearest Neighbour Distance (NNA), ist ein wichtiger Faktor, der den gesamten Faservolumengehalt beschreiben kann. Je kleiner der Abstand zwischen den Fasern, desto geringer die Reinharzbereiche und desto höher der Faservolumengehalt. Zur Bestimmung der zwei Verteilungsfunktionen werden Schliffproben mit

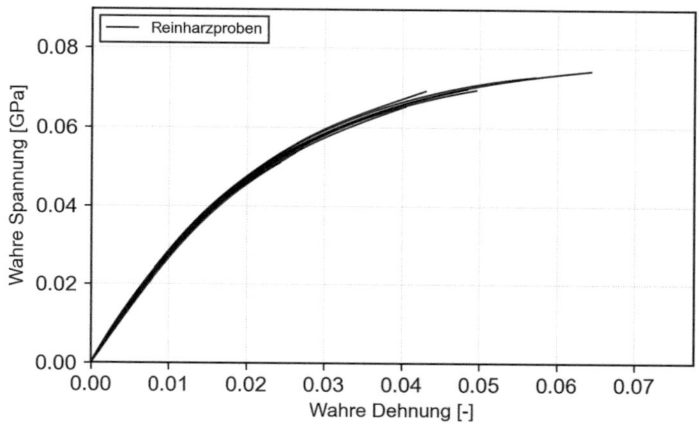

Abb. 5.9 Spannungs-Dehnungskurven des Reinharzmaterials unter quasistatischer Zugbelastung aus [10]

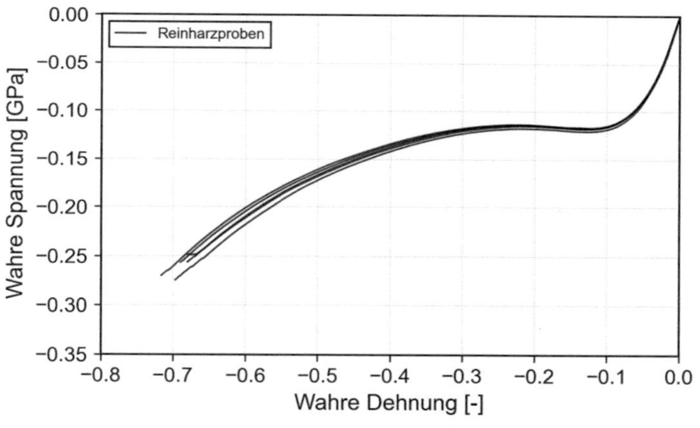

Abb. 5.10 Spannungs-Dehnungskurven des Reinharzmaterials unter quasistatischer Druckbelastung

einem Lichtmikroskop untersucht und die Bilder mit der Bildkorrelationssoftware ImageJ automatisch mithilfe einer Hough Circle Transformation ausgewertet [11]. Abb. 5.11 bildet die zwei Verteilungsfunktionen für den Faserdurchmesser und den NNA ab [10]. Der mittlere Faserdurchmesser und der mittlere Abstand zwischen zwei Fasern liegen jeweils bei 16 μm und bei 0,2 μm. Diese Informationen dienen als Inputgrößen für die Generierung der mikroskopischen Modelle im Abschn. 5.2.3.

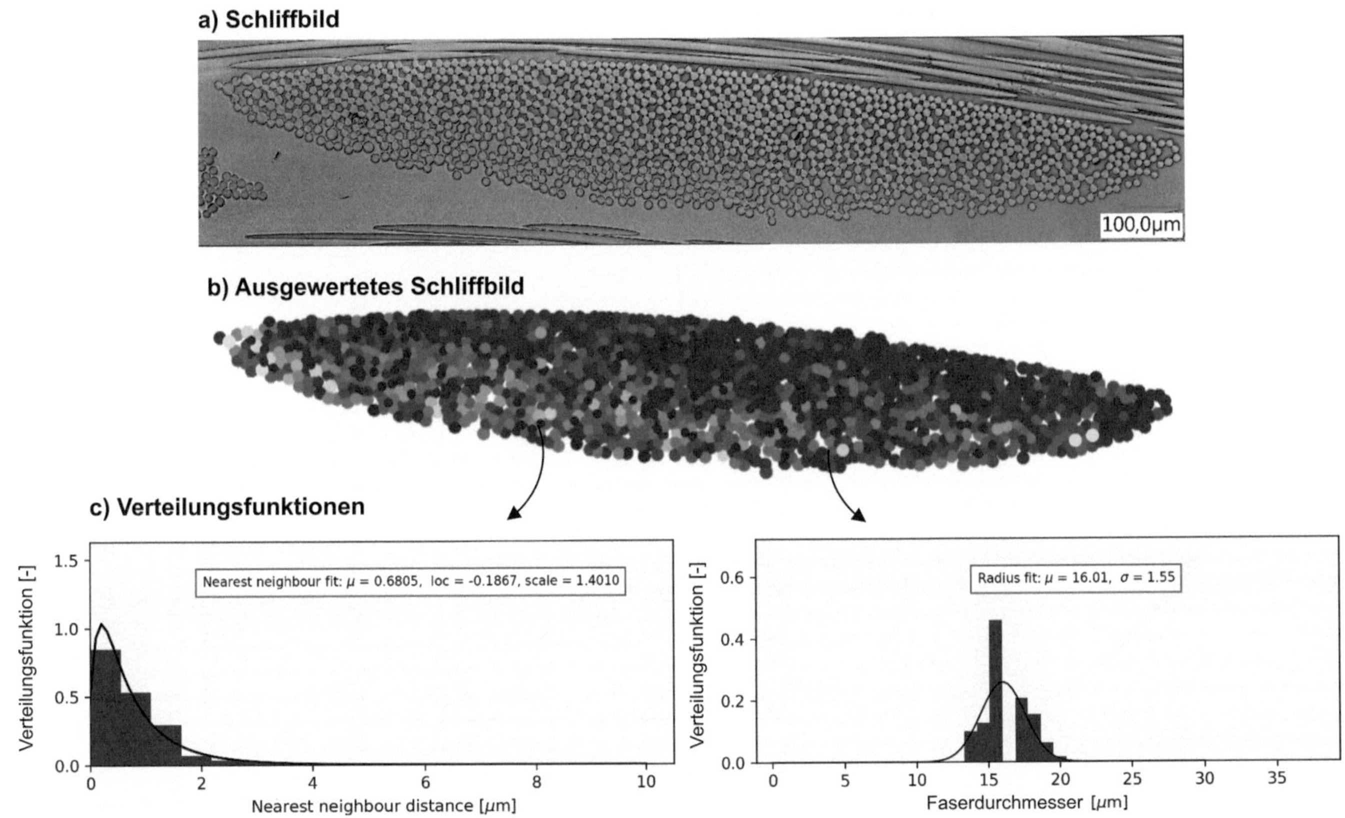

Abb. 5.11 Schliffbild des Gewebematerials (a), Auswertung des Schliffbilds nach automatischer Fasererkennung (b) und Verteilungsfunktionen für den Faserabstand und den Faserdurchmesser (c)

5.1.4 Ermüdungsversuche mit/ohne Sensor

Unter Ermüdung bezeichnet man die werkstoffschädigende Folgeerscheinung unter zyklischen Belastungen in Form von Rissbildung und langsamem, stabilen Risswachstum [12]. Um diese fortschreitenden Schädigungen für Bauteile, im DFA die Inverterdeckel, abschätzen zu können, wurden Modellversuche anhand von Materialproben durchgeführt. Die im DFA durchgeführten Ermüdungsversuche unterteilen sich in quasi-statische Zugversuche, das heißt bei stetig zunehmend und stoß frei (quasi-statisch) aufgebrachter Beanspruchung [13], zyklische Zugversuche, einer Wöhlerversuch [14] genannten Beanspruchung mit einer sich periodisch ändernden (zyklischen) Last [15], sowie Temperaturwechselversuche, welche thermomechanische Ermüdung durch thermisch induzierte Beanspruchung [16] erzeugen sollen. Materialproben für die Prüfungen wurden entsprechend dem Probentyp 3 der DIN EN ISO 527-4 [17] gefertigt.

Die Ergebnisse für die quasi-statischen Zugversuche, Temperaturwechselversuche und die ersten beiden Probensätze der zyklischen Zugversuche wurden im Rahmen der Masterarbeit [18] erarbeitet.

Quasi-statische Zugversuche

Die quasi-statischen Zugversuche wurden zur Ermittlung der Zugfestigkeit, des E-Moduls, der Bruchdehnung sowie des Spannungs-Dehnungsverlaufs nach DIN EN ISO 527-4 [17] durchgeführt. Ebenfalls wurden bei einem Teil sensorintegrierter Proben die Beschleunigungsdaten der MEMS-Sensoren aufgezeichnet. Es wurden eine Zugprüfmaschine des Typs Z250 [19] mit einer 250 kN Kraftmessdose des Typs Xforce K [20] und einem 100 kN Keil-Probenhalter der Firma ZwickRoell verwendet. Zur Dehnungsmessung diente ein Extensometer vom Typ makroXtens II der Firma ZwickRoell [21]. Die Prüfgeschwindigkeit betrug 2 mm/min und der E-Modul wurde zwischen $\epsilon = 0{,}05$ % und $\epsilon = 0{,}25$ % ermittelt. Insgesamt wurden drei Probensätze getestet:

- Sechs reine GFK-Proben mit Temperprogramm 150 (T150)
- Fünf reine GFK-Proben mit Temperprogramm 170 (T170)
- Sechs sensorintegrierte Proben mit Temperprogramm 150

Innerhalb der Gruppe der sensorintegrierten Proben waren vier Proben mit nicht funktionsfähigen Sensorbändern bestückt, das heißt lediglich die Sensoren waren nicht funktionsfähig. Bei den sensorintegrierten Proben wurden das Sensorband aus der unteren Einspannung herausgeführt, siehe Abb. 5.12. Die Messfühler des Extensometers wurden im Abstand von 50 mm, zentriert auf die Mitte des Prüfbereichs der Proben, positioniert. Zusätzlich wurde die Dehnungsmessung bei 50 N zurückgesetzt, um mechanische Einflüsse der Einspannung zu eliminieren. Zur statistischen Bewertung wurde eine Normalverteilung der Versuchsergebnisse angenommen, wodurch 95 %-Konfidenzintervalle zur Bewertung statistischer Signifikanz berechnet werden konnten.

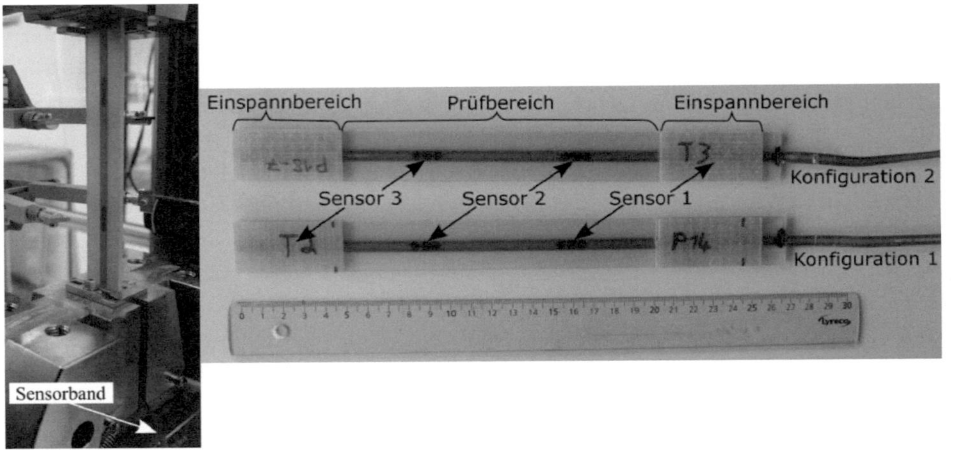

Abb. 5.12 Einspannung einer sensorintegrierten Probe in eine Zugprüfmaschine und Probenkonfigurationen (1 & 2) im Vergleich

Die Zugfestigkeiten und E-Moduln der Proben, inklusive der Standardabweichungen zur Berechnung der 95 %-Konfidenzintervalle sind in Abb. 5.13 gezeigt. Für reine GFK-Proben unterscheidet sich die Zugfestigkeit T170-Proben und T150-Proben nicht signifikant bzgl. der 95 %-Konfidenzintervalle. Die sensorintegrierten Proben weisen dazu eine signifikante Abweichung auf. Im Vergleich zu den T150-Proben, welche mit dem gleichen Temperprogramm behandelt wurden, haben diese eine 4,3 % geringere Zugfestigkeit. Hier unterscheiden sich die T170-Proben und die T150-Proben ebenfalls nicht signifikant. Das E-Modul der sensorintegrierten Proben weicht ebenfalls signifikant ab und entspricht einem 2,8 % niedrigeren E-Modul im Vergleich zu den T150-Proben. Dieses Verhalten ist analog zur Literatur, zum Beispiel [22] oder [23], in welcher für ähnliche Versuche an Faserverbundkunststoff-Proben ebenfalls von reduzierter Festigkeit berichtet wird.

Die Bruchdehnungen der Probensätze sind in Abb. 5.14 aufgeführt. Hier weisen die Probensätze keine signifikanten Unterschiede, bezüglich der 95 %-Konfidenzintervalle, zueinander auf.

Die Abweichungen zwischen den Probensätzen wurde auf die taktilen Dehnungsmessfühler der Prüfmaschine zurückgeführt, da diese durch erste Faserbrüche im Bereich der Bruchdehnung verrutschen können und es somit zu Abweichungen kommen kann. Dieses Verhalten ist in Abb. 5.15 ab ca. 450 MPa zu sehen. Bis zu diesem Wert verlaufen die gemittelten Spannungs-Dehnungskurven der Probensätze sehr ähnlich. Hierbei tritt der für Gewebe charakteristische Knie-Punkt im Bereich von 150 MPa, bzw. 0,6 % Dehnung, auf. An diesem Punkt entstehen die ersten Matrixrisse senkrecht zur Belastungsrichtung, wodurch die Steifigkeit abfällt [24]. Nach diesem Punkt verlaufen die Kurven nahezu linear, da die Matrixrisse, senkrecht zur Belastungsrichtung, noch nicht die lasttragenden Fasern

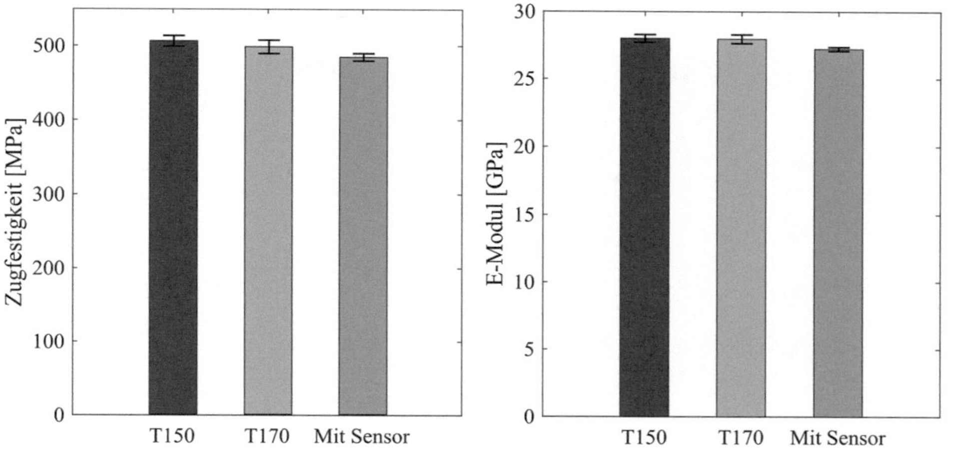

Abb. 5.13 Zugfestigkeiten und E-Moduln der Probensätze im quasi-statischen Zugversuch

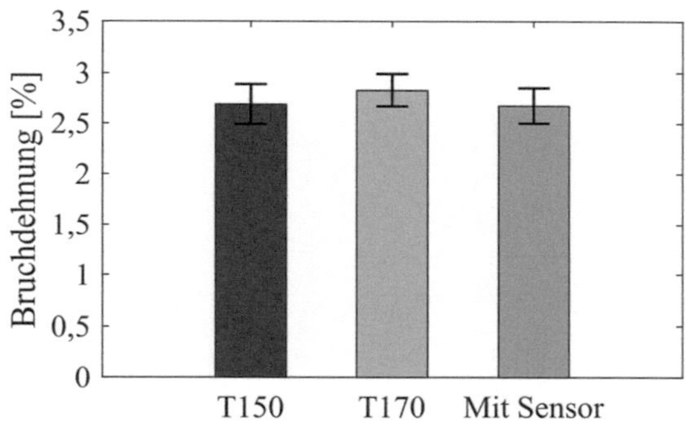

Abb. 5.14 Bruchdehnung der Probensätze im quasi-statischen Zugversuch

beeinflussen. Der E-Modul der sensorintegrierten Proben ist im Bereich nahe des Knie-Punkts etwas geringer im Vergleich zu den T150-Proben, was durch die größere Dehnung an den Stellen der integrierten Sensoren erklärt werden kann.

Während der quasi-statischen Zugversuche der sensorintegrierten Proben wurden die Sensordaten aufgezeichnet. Abb. 5.16 zeigt die Messdaten der drei integrierten Sensoren einer Probe in Belastungsrichtung. Aufgrund der senkrecht en Einspannung entspricht diese der Y-Achse der Sensoren, welche zunächst die Erdbeschleunigung anzeigen. Bei den Proben für diesen Versuch befand sich Sensor 3 jeweils im Einspannbereich der Proben. Innerhalb der ersten 180 s, entsprechend 360 MPa Zugspannung und 1,77 % Probendehnung, verblieben die Beschleunigungen bei -1 g. Daraufhin weist der präsentierte Sensor 3 Abweichungen auf. Diese sind auf die verwendeten Keileinspannfutter zurückführbar, denn die Futter erhöhen bei steigender Zugkraft automatisch die Einspannkraft. Diese wirken sich dann auf den Sensor aus. Es wurde angenommen, dass sich der Sensor durch die steigende

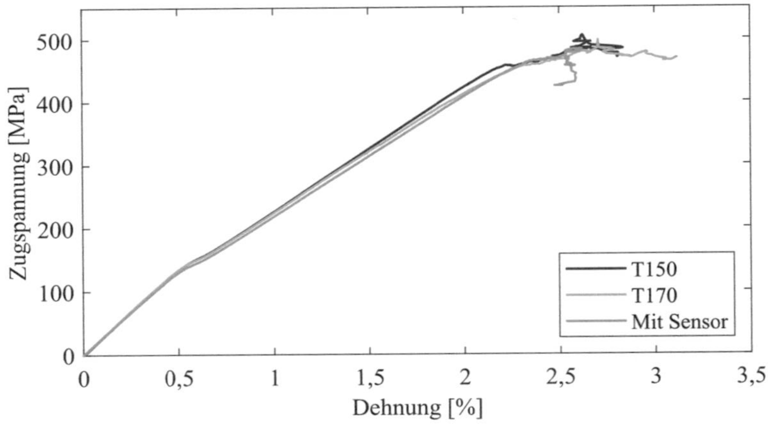

Abb. 5.15 Gemittelte Spannungs-Dehnungskurven der Probensätze

Kraft verformt hat, was bei einem kapazitiven Sensor wie den BMA456 zu Messabweichungen führen kann, vgl. Abschn. 4.6. Bei 275 s wurde das Sensorband durch den Bruch der Probe durchtrennt, wodurch die Messdatenübermittlung von Sensor 3 endete.

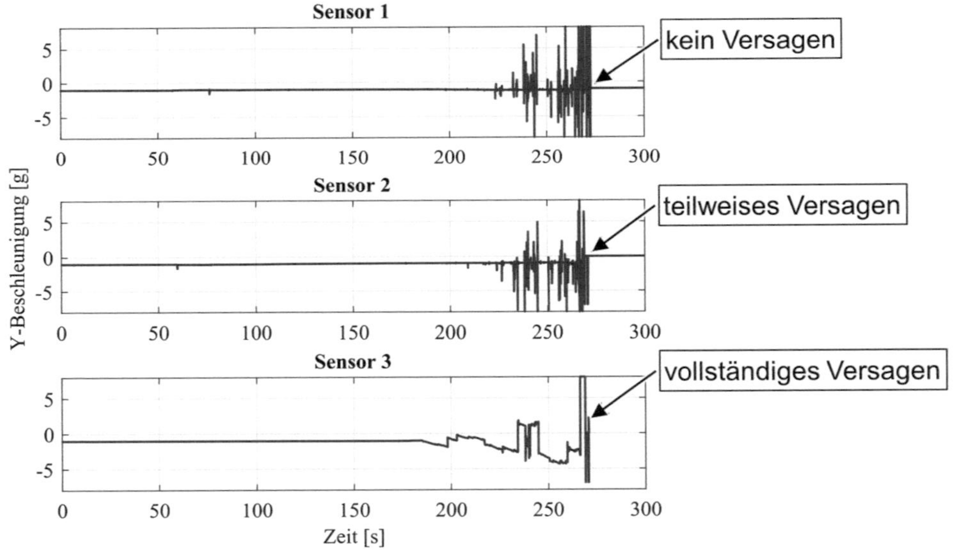

Abb. 5.16 Zeitverlauf der Y-Beschleunigungen im quasi-statischen Zugversuch und Messverhalten der Sensoren

Die anderen beiden Sensoren waren danach noch kontaktiert. Sensor 1 und 2 zeichneten ab ca. 225 s nichtperiodische Beschleunigungsausschläge auf, welche durch sprungartige Delaminationen und Faserrisse erklärbar sind, da die Ausschläge ebenfalls abrupt zum Zeitpunkt 275 s endeten. Sensor 1 maß daraufhin wieder konstant -1 g, Sensor 2 hingegen zeigte eine Beschleunigung von 0 g und hatte daher einen messtechnischen Ausfall. Eine erneute Initialisierung der Sensoren bestätigte den permanenten Schaden an Sensor 2. Somit ist neben dem eigentlichen Versagen der Proben auch der messtechnische Ausfall einzelner Sensoren eine Schadensart für sensorintegrierte Proben.

Temperaturwechselversuche

Mittels thermischer Wechsellastversuche sollte überprüft werden, inwieweit die Sensoren den Temperaturanforderungen im Betrieb standhalten und ob Temperaturwechsel zu Materialveränderungen im GFK führen. Zudem wurde überprüft ob Materialveränderungen durch die Sensordaten detektierbar sind. Zunächst wurden reine Sensorbänder untersucht, um Einflüsse der Temperaturwechsel auf die Sensoren zu ermitteln. Danach wurden sensorintegrierte Proben Temperaturwechselversuchen unterzogen und mittels Modalanalyse auf veränderte mechanische Eigenschaften untersucht.

Die Temperaturwechsel wurden nach Din EN 60068-2-14 [25] in einem Klimaprüfschrank des Typs WKS3-270/70/15 der Firma Weiss Umwelttechnik GmbH [26] durchgeführt. Das Temperaturprofil wurde entsprechend der maximal betrieblichen Temperaturgrenzen und -gradienten des für den Digitalen Fingerabdruck zugrunde liegenden Lastenhefts der Inverterdeckel erstellt. Die Parameter und ein entsprechender Temperaturzyklus sind in Abb. 5.17 gezeigt. Dabei ist T_{max} die obere Temperaturgrenze, t_{max} die Haltedauer bei T_{max} und Δt_{auf} die Aufheizrate, bzw. entsprechend für T_{min}, t_{min} und Δt_{ab}.

Zunächst wurde der Einfluss von Temperaturwechsel auf das Messverhalten der Sensoren getestet. Hierfür wurden drei Sensorbänder vor Beginn der Temperaturwechsel, nach 20, 50 und 100 Zyklen mittels eines LDS® V406 Shakers der Firma Hottinger Brüel & Kjaer [27], zur Schwingung angeregt und die Sensorsignale der Z-Achse zu Messungen mit einem

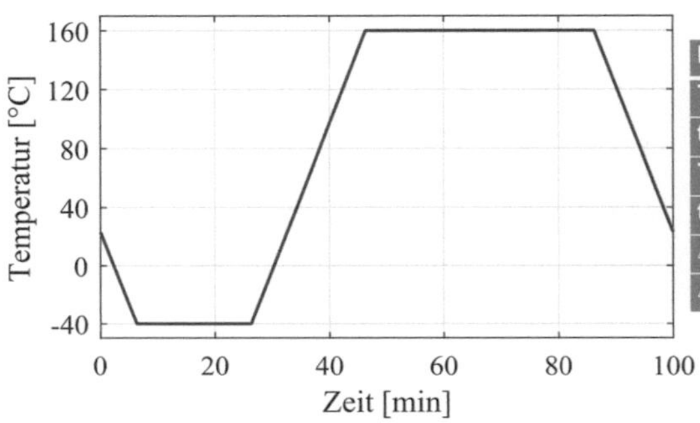

Parameter	Wert
T_{max} [C°]	160
t_{max} [min]	40
T_{min} [C°]	-40
t_{min} [min]	20
Δt_{auf} [K/min]	10
Δt_{ab} [K/min]	-10

Abb. 5.17 Zyklus der Temperaturwechselversuche

Laser-Doppler-Vibrometer (LDV), des Typs PSV-300 mit Auswertungssoftware PSV 8.4 der Firma Polytec [28], verglichen.

Die Sensorbänder wurden auf eine Adapterplatte aufgeklebt, welche mit dem Shaker verschraubt wurde (Abb. 5.18). Damit die Bänder nach jedem Shakerversuch gelöst werden konnten, wurden Polyimid-Klebebänder als Zwischenschicht zur Adapterplatte verwendet. Es wurde jeweils ein Streifen Klebeband auf die Unterseite der Sensorbänder und auf die Adapterplatte geklebt und die entsprechenden Polyimid-Klebebänder dann mit Epoxidkleber verklebt. Die Sensorbänder wurden anhand Markierungen auf der Adapterplatte verklebt, wobei diese auf entsprechende Sensoren 2 und 3 ausgerichtet waren. Das LDV wurde senkrecht über der Adapterplatte positioniert und maß die Beschleunigungen an den Messpunkten, welche in Abb. 5.18 gekennzeichnet sind. Die Beschleunigungssensoren der Sensorbänder wurden auf einen Messbereich von ±4 g und einer Abtastrate von 1600 Hz eingestellt. Die Schwingungsanregung erfolge mit einer Frequenz f und einer Amplitude von 2 g.

Der Messablauf auf dem Shaker wurde wie folgt gegliedert:

- Sensorbänder anschließen, Funktionalität testen und Self-test durchführen
- Shaker und Verstärker einschalten und auf f = 700 Hz einstellen
- LDV auf Markierungen ausrichten und Beschleunigungsamplituden mittels Live-FFT überprüfen
- Shaker mittels Verstärker auf Beschleunigungsamplituden von 2 g einstellen
- Für 15 s Daten der Sensorbänder und Beschleunigungsamplituden $\hat{a}_{LDV}$ des LDV aufnehmen und notieren
- Obige Schritte bei 500 Hz, 200 Hz, 50 Hz und 20 Hz wiederholen

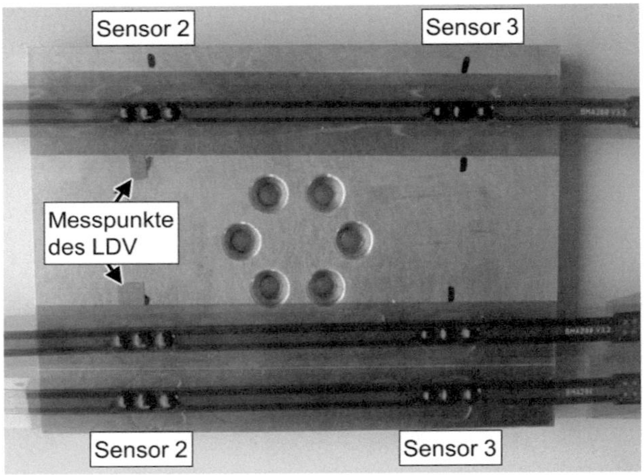

Abb. 5.18 Sensorbandpositionierung auf der Shakeradapterplatte

Zur Vermeidung von Abweichungen infolge zu geringer Frequenzauflösung und Amplitudenschwankungen des Shakers wurden nicht die Maximalwerte aus der FFT ermittelt, sondern die Amplitudenmittelwerte der fünfzehnsekündigen Messungen verglichen. Da reine Sinus-Schwingungen verwendet wurden gilt für die Beschleunigungsamplitude $\hat{a}$:

$$\hat{a} = \sqrt{2} \cdot \overline{\hat{a}} \tag{5.3}$$

Hierbei kann die gemittelte Amplitude $\overline{\hat{a}}$ aus einer Zahl n diskreter Beschleunigungswerte $\{\hat{a}_1, \ldots, \hat{a}_n\}$ mittels

$$\overline{\hat{a}} = \sqrt{\frac{1}{n} \sum\nolimits_{i=1}^{n} |a_i|^2} \tag{5.4}$$

berechnet werden [29, 30]. Die Auswertungssoftware des LDVs berechnet die Beschleunigungsamplitude mittels fünf gemittelter Messungen je Frequenz. Somit konnten die gemessenen Amplituden, entsprechend obigen Formeln, in gemittelte Amplituden umgerechnet und mit den gemittelten Amplituden der Beschleunigungssensoren auf den Sensorbändern verglichen werden. Würden das LDV und ein Beschleunigungssensor die gleichen Beschleunigungen messen, so folgt für das Verhältnis der gemittelten Beschleunigungsamplituden:

$$\frac{\overline{\hat{a}}_{\mathrm{BMA}}}{\overline{\hat{a}}_{\mathrm{LDV}}} = \overline{\hat{a}}_{\mathrm{norm}} = 1 \tag{5.5}$$

Das entsprechende Verhältnis $\overline{\hat{a}}_{\mathrm{norm}}$ wurde für jeden gemessenen Sensor pro Frequenz bestimmt.

Mit den Messungen vor Beginn der Temperaturwechsel ergibt sich aus den normierten Beschleunigungen eine gemittelte Referenzkurve (Abb. 5.19). Im Bereich von 20 Hz und 50 Hz verläuft die normierte Beschleunigung $\overline{\hat{a}}_{\mathrm{norm}}$ nahezu konstant. Ab 200 Hz fällt die Referenzkurve ab, da die Sensoren hier geringere Amplituden als das LDV maßen. Bei 700 Hz beträgt $\overline{\hat{a}}_{\mathrm{norm}} = 0{,}7$. Dieser Effekt lässt sich durch den einprogrammierten 3 dB Cut-Off-Filter der BMA456-Sensoren erklären. Der Filter filtert hochfrequente Störsignale, welche zu verfälschten Messignalen führen würden. Hierbei werden Frequenzen oberhalb der Cut-Off-Frequenz, $f_{\mathrm{3dB\text{-}xy}} = 684$ Hz in x-/y-Richtung sowie $f_{\mathrm{3dB\text{-}z}} = 353$ Hz in z-Richtung unterdrückt. Der Filter ist nur auf Kosten einer reduzierten Abtastrate entfernbar [31]. Dies würde jedoch zu einer maximalen Auflösung von 400 Hz in der Fourier-Transformation bei einer Abtastrate von 800 Hz führen, weshalb die Abtastrate mit Filter bei 1600 Hz beibehalten wurde. Hingegen dieser Abweichungen lassen sich die Streuung und leicht über 1 liegenden Werte bei 20 Hz und 50 Hz auf Messungenauigkeiten des LDVs zurückführen, denn je niedriger die Frequenz des Shakers, desto höhere Auslenkungen sind nötig, um eine Beschleunigung von ± 2 g zu erzeugen. Dabei kann jedoch ein LDV den Fokus verlieren, wodurch es zu Schwankungen im Messsignal kommt [32].

Bei den gleichen Frequenzen wurden danach im Vergleich zu Abb. 5.19 die entsprechenden Kurven nach 20, 50 und 100 Temperaturzyklen ermittelt. Diese sind in Abb. 5.20

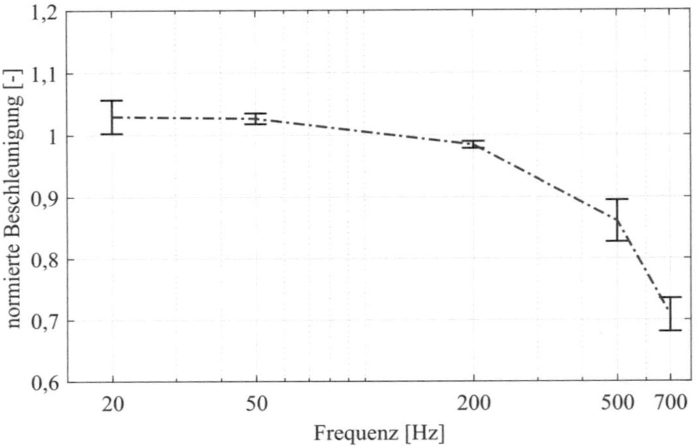

Abb. 5.19 Referenzkurve der normierten Beschleunigung vor Beginn einer Temperaturwechselbelastung

dargestellt. Basierend auf den 95 %-Konfidenzintervallen für die Referenzkurve lässt sich keine signifikante Abweichung erkennen. Daher ist die Funktionalität der Sensoren ohne messtechnische Veränderung auch nach 100 Temperaturzyklen gewährleistet.

Nach der Ermittlung der normierten Beschleunigungen $\overline{\hat{a}}_{norm}$ wurden die drei hierzu verwendeten Sensorbänder und zwei weitere neue Bänder weiteren Temperaturzyklen ausgesetzt. Nach 180 Zyklen pro Band wurden dann diese fünf Sensorbänder auf ihre Funktionalität überprüft. Jedoch wurden keine weiteren Shaker-Versuche durchgeführt. Es

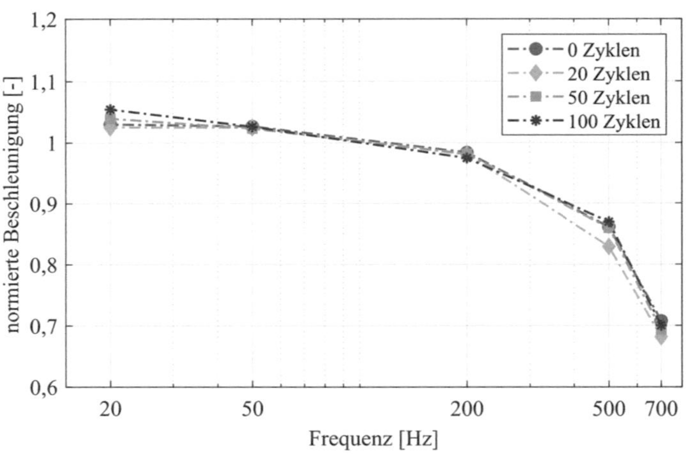

Abb. 5.20 Verlauf der normierten Beschleunigung nach 0, 20, 50 und 100 Temperaturzyklen

zeigten sich alle fünf Sensorbänder funktionsfähig, weshalb angenommen wurde, dass die Sensoren im Temperaturbereich von −40 °C bis 160 °C mindestens 180 Temperaturzyklen standhalten.

Da sich Temperaturwechsel als veränderte Materialeigenschaften auswirken können, wurden sensorintegrierte Proben auf veränderte Eigenfrequenzen, Dämpfungsmaße sowie E-Modul und Zugfestigkeit untersucht. Die Proben entsprechen den Proben für quasi-statische Materialprüfung nach DIN EN ISO 527-4 [17]. Zur Durchführung einer Modalanalyse wurden drei Proben auf zwei locker gespannte nylonschnüre gelegt und mit einem Impulshammer zu Eigenschwingungen angeregt (Abb. 5.21).

Durch diese Lagerungsart wurde eine freie Schwingung der Proben, ohne Einfluss von Randbedingungen durch Einspannungen angeregt. Die hier verwendete Lagerungsart wird verbreitet in ähnlicher Art und Weise angewandt [33]. Der Aufbau besteht aus Aluminiumprofilen, welche rechtwinklig und starr miteinander verbunden sind. Die Nylonschnüre sind jeweils zwischen zwei vertikalen Aluminiumprofilen im Abstand von 190 mm zueinander gespannt. An jeder Probe wurden zur Positionierung auf den Schnüren Markierungen gesetzt. Die Anregung mittels Impulshammer erfolgte mittig auf dem Prüfbereich der Proben. Der Impulshammer ist eine Eigenkonstruktion der Firma Bosch. Es wird ein Aluminiumstab durch eine Magnetspule ausgeschlagen. Dabei regelt eine Kontrollbox die Dauer und Wiederholungsfrequenz des Ausschlags. Um Mehrfachanregungen bei der Analyse zu vermeiden, wurden solche Messungen verworfen und wiederholt. Ähnlich zu den Sensorbändern wurden Messungen sensorintegrierte Proben vor Beginn der Temperaturwechselbelastung, nach 20, 50, 100 und 180 Temperaturzyklen durchgeführt.

Für jede Probe wurden die Beschleunigungsdaten der integrierten Sensoren für fünf Impulse mit einem Messbereich von ±8 g und einer maximalen Abtastrate von 1600 Hz aufgezeichnet. Aufgrund der Anregung senkrecht zur Probenoberfläche wurden die Beschleunigungen normal zur Probenoberfläche, d. h. die Z-Achse, ausgewertet. Zunächst wurde überprüft, ob bei den Messignalen Clipping, d. h. Überschreiten der Intervallgrenzen von

Abb. 5.21 Versuchsaufbau zur experimentellen Modalanalyse sensorintegrierter Proben und Lagerung im Aufbau

±8 g der real auftretenden Schwingungen, auftrat. Solche Messungen wurden ebenfalls verworfen und wiederholt. Mittels FFT wurden die Sensordaten in den Frequenzbereich transformiert, wodurch die erste Eigenfrequenz, der zugehörige modale Dämpfungsgrad und nach Möglichkeit weitere höhere Eigenfrequenzen für jeden Impuls aus der Amplitudenantwort berechnet werden konnten. Diese Ergebnisse wurden dann für jede Probe gemittelt.

Mit diesem Vorgehen wurden die drei Proben zur Schwingung angeregt. Die Amplitudenantwort ist in Abb. 5.22 dargestellt, wobei drei markante Bereiche erkennbar sind. Bei ca. 20 Hz, Markierung (a), zeigt sich ein Maximum der Amplitudenantwort aller Proben. Dieses Maximum scheint eine Eigenfrequenz der Starrkörper-Mode zu sein, zum Beispiel [34], welche durch die Lagerung auf den Nylonschnüren hervorgerufen wird. Dieses Maximum ist daher nicht interessant. Bei ca. 160 Hz, Markierung (b), ist ein globales Maximum erkennbar. Dieses Maximum wird im Folgenden als erste Eigenfrequenz betrachtet. Mittels der Half-Power-Methode wurde das Dämpfungsmaß dieses Maximums bestimmt, Abb. 5.23. Bei dieser Methode werden für eine Eigenfrequenz f_e jeweils eine Frequenz links und rechts, f_1 und f_2, ermittelt, bei denen die Amplitude um 3 dB im Vergleich zum Maximum abgefallen ist. Für Ein-Freiheitsgradsysteme und entkoppelte Mehrfreiheitsgradsysteme lässt sich dann das Dämpfungsmaßdurch D bestimmen.

$$D = \frac{f_2 - f_1}{2f_e} \tag{5.6}$$

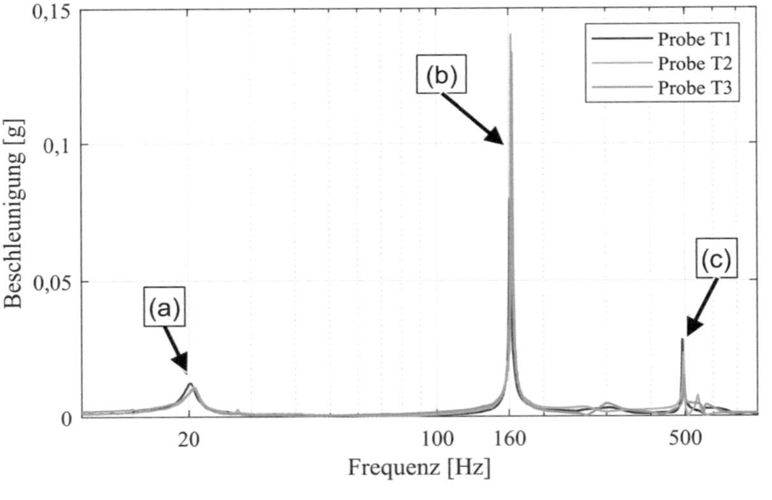

Abb. 5.22 Amplitudenantwort von drei Proben bei Impulsanregung (a) Starrkörper-Mode (b) erste Eigenfrequenz (c) zweite Eigenfrequenz

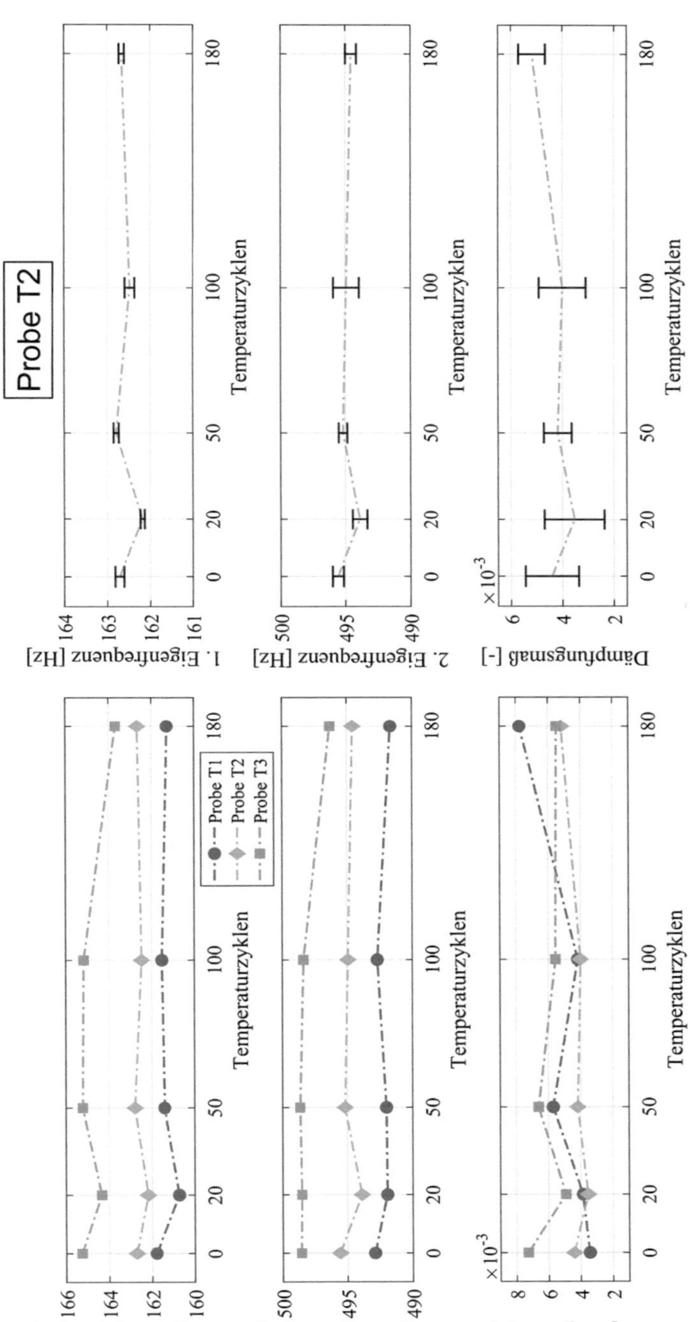

Abb. 5.23 Verlauf der Eigenfrequenzen und Dämpfungsmaße unter Temperaturwechselbelastung

Diese Methode ist aber nur für schwach gedämpfte Systeme mit $D \leq 0{,}05$ geeignet [33]. Im Bereich von 500 Hz, Markierung (c), zeigen sich pro Probe ein oder zwei weitere lokale Maxima (Abb. 5.22). Das jeweils markantere erste Maximum wird im Folgenden als zweite Eigenfrequenz bezeichnet. Eine Analyse der modalen Dämpfung ließ sich hier jedoch wegen des geringen Abstands zum nächsten Maximum und der geringen Amplitude nicht durchführen.

Abb. 5.23 zeigt auch die Verläufe der Eigenfrequenzen und Dämpfungsmaße der ersten Eigenfrequenz. Es ist für beide Eigenfrequenz auch nach 180 Temperaturzyklen keine eindeutige Veränderung erkennbar. Die erste Eigenfrequenz ist für alle Proben bei 20 Temperaturzyklen etwas geringer als bei 0 und 50 Zyklen. Für die zweite Eigenfrequenz ist diese Tendenz nach 20 Temperaturzyklen jedoch nicht eindeutig erkennbar. Alle Proben zeigen bei 180 Temperaturzyklen einen leichten Trend zu niedrigeren zweiten Eigenfrequenzen. Der Verlauf der Dämpfungsmaße weist hingegen keine eindeutige Tendenz auf. Außerdem ist die Streuung bei der Ermittlung der Dämpfungsmaße größer als bei den Eigenfrequenzen. Hierzu ist eine Darstellung des Verlaufs für Probe T2 mit Fehlerbalken exemplarisch dargestellt.

Für jede, den Temperaturwechseln ausgesetzte, Probe wurden schließlich der Zahl der Temperaturzyklen entsprechende E-Modul nach Din EN ISO 527-4 [17] im quasistatischen Zugversuch ermittelt. Die Versuche hierfür wurden auf einer Zugprüfmaschine Typ Z050 [35] mit einer 50 kN Kraftmessdose [20] der Firma ZwickRoell und einem makroXtens II Extensometer [21] durchgeführt. Zur Vermeidung von Schäden infolge der E-Modulermittlung wurden die Proben mit einer Prüfgeschwindigkeit von 1 mm/min bis $\epsilon = 0{,}3$ % getestet und der E-Modul zwischen $\epsilon = 0{,}05$ % und $\epsilon = 0{,}25$ % ermittelt. Nach 180 Temperaturzyklen wurden die Proben zusätzlich zur Modalanalyse und E-Modulermittlung im quasi-statischen Zugversuch nach DIN EN ISO 527-4 [17] mit 2 mm/min bis zum Bruch getestet und somit die Restzugfestigkeit ermittelt.

Die Ergebnisse der Restzugfestigkeit und E-Modulermittlungen sind in Abb. 5.24 dargestellt. Über alle Temperaturzyklen lässt sich keine signifikante Änderung der E-Moduln erkennen. Hierbei liegt der E-Modul bei 20 Zyklen zwar höher als bei 0 und 50, jedoch überschneiden sich die entsprechenden 95 %-Konfidenzintervalle. Der Anstieg kann an Vernetzungsreaktionen der Matrix liegen, denn die Proben waren während der Temperaturwechsel einer höheren Temperatur als bei der Aushärtung ausgesetzt. Aufgrund der ähnlichen E-Moduln bei 50, 100 und 180 Zyklen wird vermutet, dass die Abweichung bei 20 Zyklen durch Umgebungseinflüsse und prüftechnikbedingte Abweichungen entstanden ist. Ebenfalls plausibilisieren die E-Moduln über die Zyklen hinweg, passend zur Analyse der Eigenfrequenzen und des Dämpfungsmaßes der ersten Eigenfrequenz, dass über die 180 Temperaturzyklen keine signifikanten Änderungen im Probenmaterial stattgefunden haben.

Zur Ermittlung der Restzugfestigkeit im quasi-statischen Zugversuch nach 180 Temperaturzyklen wurden zur Referenz drei weitere unbelastete, sensorintegrierte Proben getestet. Deren Zugfestigkeit ist in Abb. 5.24 als 0 Temperaturzyklen aufgetragen. Im Vergleich zur Messung der E-Moduln lässt sich eine signifikant niedrigere Zugfestigkeit nach 180 Zyklen

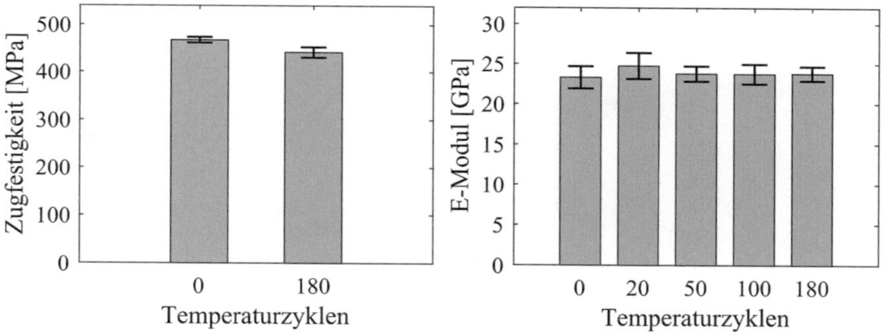

Abb. 5.24 Zugfestigkeiten und E-Moduln der Proben vor und nach einer Temperaturwechselbelastung

feststellen. Die Restzugfestigkeit der durch Temperaturwechsel belasteten Proben beträgt 441,65 MPa, was 94,5 % der unbelasteten Referenzproben entspricht.

Zyklische Zugversuche

Mittels der durchgeführten Wöhlerversuche wurden das Ermüdungsverhalten und Schädigungsmechanismen untersucht. Insbesondere für sensorintegrierte Proben entstehen durch die Sensoren lokal neue Grenzflächen, welche zu einer Veränderung in der Probenstruktur führen, und somit das Belastungsverhalten ändern. Dieser Zusammenhang wird Fremdkörpereffekt genannt. Die Versuche für diesen Abschnitt wurden nach ASTM Standard D3479/D3479M [36] und ISO 13003 [37] durchgeführt. Mittels eines ersten Probensatzes wurden Materialkennwerte, zusätzlich zu den quasi-statischen Zugversuchen, des verwendeten Harz-Härter-Systems in Kombination mit dem benutzen Glasfasertextil und integrierten Sensoren ermittelt. Aufgrund der Ergebnisse aus dem ersten Probensatz wurden zunächst Änderungen an der Verkapselung der Sensoren mittels Glob-Top durchgeführt, von LOCTITE ECCOBOND EO 1072 [38] zu DELO® KATIOBOND® 45952 [39]. Aufbauend darauf wurden danach Änderungen am Textil und Sensorbanddesign umgesetzt. Um diese letztendliche Materialkonfigurationen zu testen und eine aussagekräftige Wöhlerkurve zur Lebensdauerabschätzung der sensorintegrierten Proben zu erstellen, wurde ein dritter Probensatz verwendet.

Für die ersten beiden Probensätze wurde eine servohydraulische Prüfmaschine Schenck 8400 mit einer 40 kN Kraftmessdose der Firma Schenck und ein Clip-On Extensometer des Typs EXA-10-0,5o der Firma Sandner Messtechnik [40] verwendet. Zur Einspannung der Proben wurde eine, nicht mehr am Markt erhältliche, Flachstabspannvorrichtung, der Firma Russenberger Prüfmaschinen AG [41], modifiziert. In Abb. 5.25 ist eine Seite der Einspannung als Explosionszeichnung dargestellt. Hierbei sind die Verbindungselemente lang genug ausgeführt, um die Sensorbänder eingespannter Proben herauszuführen. Die Einschnürung der Verbindungselemente ist vorgesehen, um geringe Verbiegungen zum Einspannen der

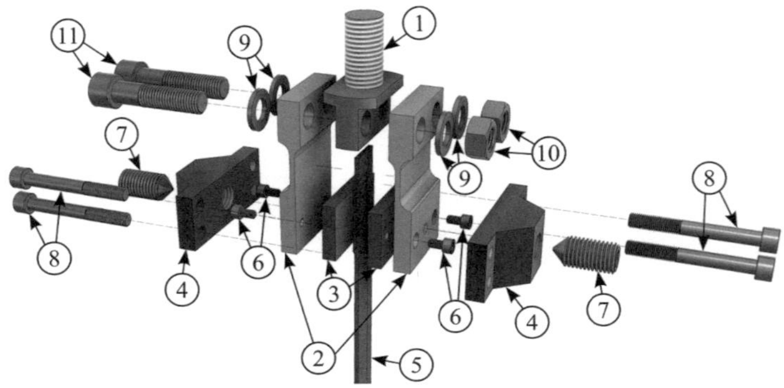

Position	Beschreibung
1	Adapterstück
2	Verbindungselement
3	Spannbacke
4	Spannklemme
5	Zugprobe
6	M6 x 12 Bolzen
7	M22x40 Madenschraube
8	M10 x 80 Bolzen
9	M6 Unterlegscheibe
10	M16 Mutter
11	M16x65 Bolzen

Abb. 5.25 Explosionsdarstellung der entwickelten Spannvorrichtung

Proben zu ermöglichen, ohne zu große Spannungen zu induzieren. Gleichzeitig müssen die Einschnürungen die auftretenden Zuglasten tragen und sind daher die am stärksten belasteten Bereiche.

Mit der Software Fusion 360 der Firma Autodesk [42] wurden die Lasten auf die Einspannung im statischen Fall simuliert. Hierbei wurde ein Versatz der Verbindungselemente von jeweils 0,04 mm und eine Zugkraft von 28 kN angenommen. Für eine angenommene Oberspannung von 350 MPa, einer Probenbreite von 25 mm und einer Probendicke von 3,2 mm ergibt sich die Zugkraft durch:

$$F_{\text{max}} = \sigma_o \cdot b \cdot d = 350 \text{ MPa} \cdot 25 \text{ mm} \cdot 3,2 \text{ mm} = 28 \text{ kN} \tag{5.7}$$

Der Simulationsfokus lag auf den Verbindungselementen, daher wurden in der Darstellung des Simulationsergebnisses die Spannklemmen nicht berücksichtigt und die Zugprobe sowie die Spannbacken zur besseren Übersicht nicht dargestellt (Abb. 5.26).

Aufgrund des hohen E-Moduls von Stahl sind die wahren Dehnungen nicht eindeutig erkennbar, weshalb die resultierenden Dehnungen zur Verdeutlichung überproportional illustriert sind. Im Bereich der größten Krümmung der Einschnürung beträgt die maximal auftretende von-Mises Spannung 121,6 MPa. Durch die Streckgrenze $R_e = 235$ MPa von S235JR Stahl ergibt sich somit ein Sicherheitsfaktor von 1,93. Nach dieser simulativen Einschätzung der Spannungsverhältnisse, mit der Annahme, dass die Dauerfestigkeit von S235JR Stahl nicht weit unterhalb der Streckgrenze liegt, wurde die Einspannvorrichtung als geeignet zur Durchführung der zyklischen Zugversuche bewertet. Die beiden Seiten der Vorrichtung wiesen nach den durchgeführten Materialversuchen keine äußeren Schäden auf.

Gesteuert wurde die Prüfeinrichtung durch eine Steuerungseinheit RetroLine testControl II der Firma ZwickRoell [43]. Die Messdaten wurden mit der Software TestXpert R V1 der Firma ZwickRoell [44] aufgezeichnet. Wie bei den quasi-statischen Versuchen wurde das Sensorband aus der unteren Einspannung herausgeführt. Die untere Einspannung war an der Kraftmessdose montiert, wohingegen die obere Einspannung drehend, zur torsionsfreien Einspannung, gelagert war. Das Extensometer wurde auf Polyimid-Klebebandstreifen, welche mittig auf den Proben aufgeklebt wurden, befestigt, um ein

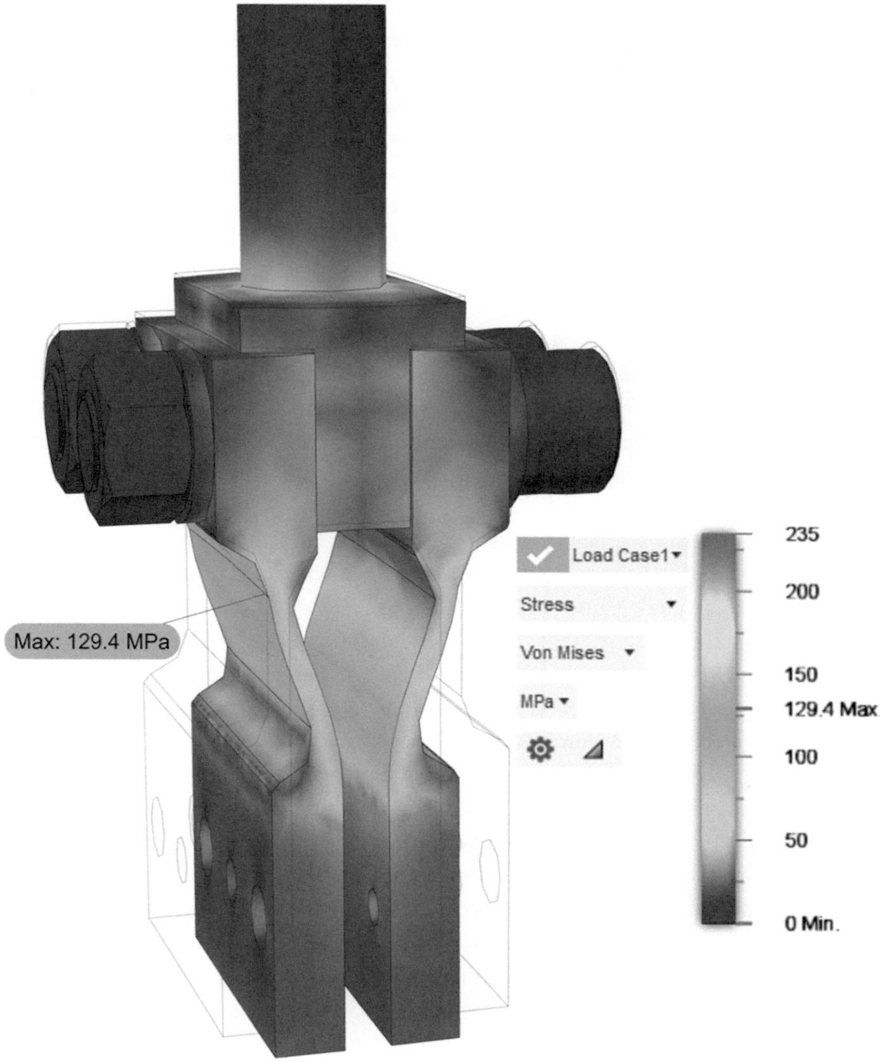

Abb. 5.26 Simulation zur Validierung der entwickelten Spannvorrichtung

Verrutschen des Extensometers und Kerben in der Probenoberfläche zu vermeiden. Das Spannungsverhältnis wurde auf $R = 0{,}1$ und die Prüffrequenz auf $f = 5$ Hz festgelegt. Zu Versuchsbeginn wurde eine Vorkraft von 50 N angefahren und gehalten. Währenddessen wurde die Messung der MEMS-Sensoren mit einem Messbereich von ± 2 g und einer Messfrequenz von 1600 Hz gestartet. Nach 10 s und 20 s wurde ein Impuls auf die Proben gegeben, um eine Synchronisierungsreferenz für die Sensordaten zu erhalten. 30 s nach dem zweiten Synchronisierungsimpuls wurde die entsprechenden Mittelspannungen mit einer Rampe von 5 MPa/s angefahren und beim Erreichen die zyklische Belastung begonnen. Das Extensometer wurde jeweils vor Versagen der Proben entfernt, um Beschädigungen zu vermeiden. Proben mit mehr als 10^6 Belastungszyklen ohne weitere signifikante Dehnungsänderungen wurden als dauerfest, bzw. als Dauerläufer, eingestuft. Aus den gemessenen Maschinendaten wurde nach ASTM Standard E739 [45] und DIN 50100 [46] eine Wöhlerlinie mittels linearer Regression und Perlenschnurverfahren nach DIN 50100 ermittelt.

Der dritte Probensatz wurde mit einer HC25 der Firma ZwickRoell [35] und der Software TestXpert von ZwickRoell [44] sowie einer 25 kN-Kraftmessdose geprüft. Abweichend zu den vorherigen Versuchen wurden im Zustand keiner Zugbelastung eine Sensoraufnahme von 30 s durchgeführt, um die Datenübertragung zu testen. Danach wurde eine Vorkraft von 50 N angefahren. Nach Erreichen dieser Kraft wurden nach 10 s und 25 s Synchronisierungsimpulse auf die Proben gegeben. Weitere 25 s nach dem zweiten Impuls wurde die erforderliche Mittelspannung mit einer Rampe angefahren, sodass diese nach 25 s erreicht wurde.

Im ersten Probensatz wurden zunächst 18 reine GFK-Proben getestet, um eine Referenzwöhlerlinie für das Material zu erhalten. Dabei waren 12 Proben mit dem T150-Temperprogramm behandelt und sechs mit dem T170-Programm. Die Wöhlerlinien sind in Abb. 5.27 in schwarz dargestellt. N_{50} bezeichnet hierbei die Zyklenzahl bei der 50 % der Proben zu entsprechender Oberspannung brechen. Die gestrichelten Linien bilden die Grenzen in welcher 95 % der Proben zur gegebenen Oberspannung brechen. Die mit einem Pfeil markierten Proben sind Durchläufer.

Acht sensorintegrierten Proben und drei Durchläufer wurden in orange dargestellt. Der Fremdkörpereffekt durch die integrierten Sensoren ist anders als bei den quasi-statischen Versuchen klar erkennbar. Die getesteten Sensorproben brachen zu einer signifikant niedrigeren Zyklenzahl, mit Bezug auf das 95 %-Konfidenzintervall der reinen Proben, wodurch deren Wöhlerlinie links von der Referenzwöhlerlinie liegt. Ebenfalls ist zu sehen, dass beide Wöhlerlinien nicht parallel verlaufen, sondern diese bei niedrigeren Belastungen weiter auseinander liegen. Bei einer Oberspannung von 250 MPa entspricht dies einer 25,84 % kürzeren Probenlebensdauer, aber nur 10,5 % bei 150 MPa. Für die reinen GFK-Proben wurde die Dauerfestigkeit ab etwa 125 MPa beobachtet. Die Dauerfestigkeit für die sensorintegrierten Proben wurde erst ab Oberspannungen von weniger als 90 MPa festgestellt und liegt etwa im Bereich von 70 MPa bis 90 MPa.

Mit den Proben wurden auch die integrierten Sensoren und Sensorbänder während der Wöhlerprüfung mechanischen Belastungen ausgesetzt, wodurch Schäden entstanden, die zum Versagen der Sensoren und Sensorbänder führten. In Abb. 5.28 ist das Beschleunigungssignal in Y-Richtung an einer Probe mit Sensor im Prüfbereich bei einer Oberspannung von 175 MPa dargestellt.

Vier markante Ereignisse sind erkennbar. (a) entspricht den manuellen Kontrollimpulsen bei 10 s und 20 s. Nach ca. 50 s, bei (b), begann die zyklische Belastung, wodurch das

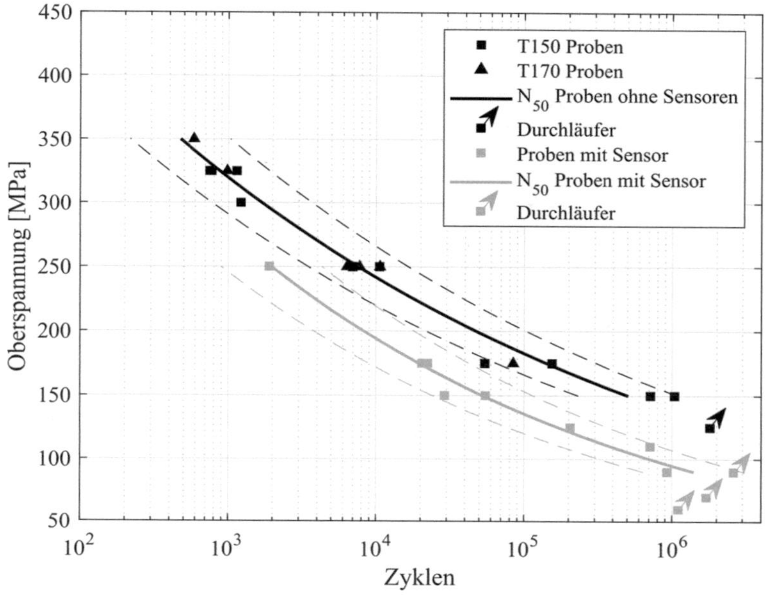

Abb. 5.27 Wöhlerkurven der Proben mit und ohne integrierte Sensoren

aufgezeichnete Sensorsignal mit 5 Hz um −1 g schwingt. Dieses Verhalten endet abrupt bei ca. 67 s, (c), da ein messtechnisches Versagen des Sensors stattfand, wonach fortlaufende Messwerte bei 0 g aufgezeichnet wurden. (d) zeigt auf sporadisch auftretende Messignale, welche die bestehende Kontaktierung zum Sensor verifizieren. Der Bereich zwischen Beginn der zyklischen Belastung und messtechnischem Ausfall, das heißt zwischen (b) und (c) wird nun als Sensorlebensdauer bezeichnet. Damit ist aus den einzelnen Sensoren eine eigene „Sensorlebensdauerkurve" berechenbar.

Diese ist in Abb. 5.29 dargestellt. Da die Proben der Konfiguration 1 entsprachen, lieferte Sensor 3 im Einspannbereich plausible Messwerte bis zum Probenversagen, wohingegen Sensoren 1 und 2 früher ausfielen. Jedoch ist, da die Leiterbahn für Sensor 3 durch den gesamten Prüfbereich verläuft, die Wahrscheinlichkeit für einen Ausfall der Leiterbahn des Sensors 3 höher als für die anderen beiden Sensoren. Bei den Versuchen kam es jedoch bei keiner Probe zu einem Ausfall des Sensors 3 im Einspannbereich. Daher wird vermutet, dass der Ausfall der Sensoren im Prüfbereich durch lokale Schäden um den Sensor und das Sensorband verursacht wird.

In Abb. 5.30 ist ein Ausschnitt von drei Sensoren innerhalb der Sensorlebensdauern einer Probe, für eine Oberspannung von 110 MPa, gezeigt. Die elastische Schwingung der Probe ist im Messignal erkennbar, die einzelnen Sensoren messen dabei, je nach Position, unterschiedliche Amplituden. Da sich Sensor 3 im oberen Einspannbereich befindet, wird hier

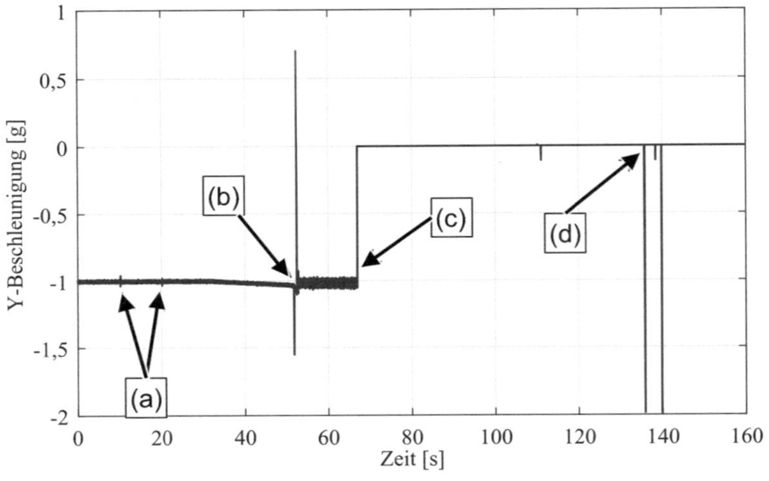

Abb. 5.28 Typischer Sensorsignalverlauf eines Sensors im Prüfbereich der Probe während des Wöhlerversuchs. (a) Kontrollimpulse, (b) Beginn der Lastwechsel, (c) Messtechnischer Ausfall, (d) Fortlaufende Datenübermittlung

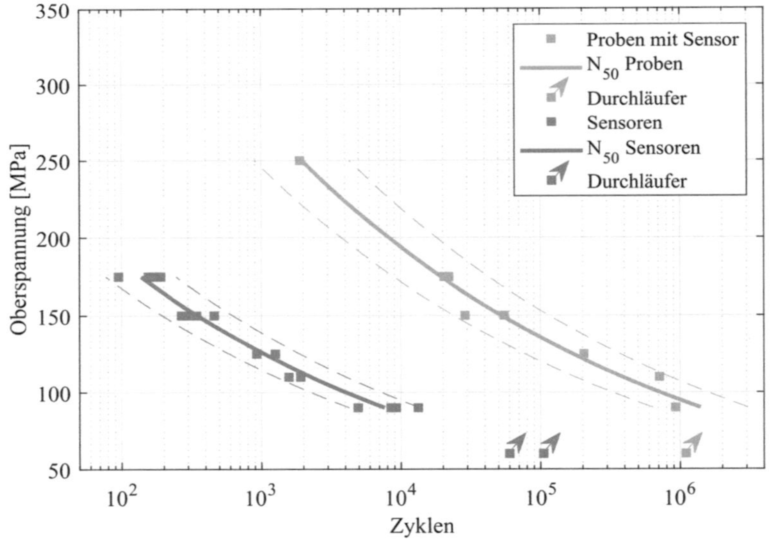

Abb. 5.29 Wöhlerkurve der sensorintegrierten Proben und der Sensoren selbst. Die gestrichelten Linien repräsentieren das 95 %-Konfidenzintervall der Lebensdauer der Proben bzw. Sensoren

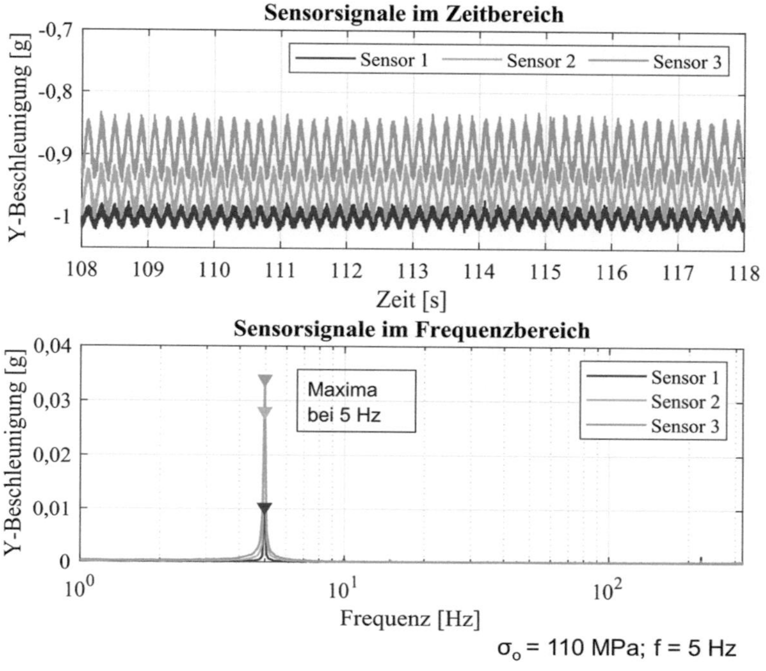

Abb. 5.30 Beschleunigung und Amplitudenantwort im Frequenzbereich der Sensorsignale einer Probe in Konfiguration 2

die größte Amplitude beobachtet. Sensor 1, am nächsten zur festen Einspannung der Prüfvorrichtung, wird entsprechend am geringsten ausgelenkt. Es zeigt sich, dass die geringen Beschleunigungen in der Probe durch die Sensoren aufgelöst werden können.

Im Vergleich zur Wöhlerlinie der sensorintegrierten Proben (Abb. 5.29) lässt ebenfalls auf einen oberspannungsabhängigen Verlauf der Sensorlebensdauerkurve schließen. Zur Erstellung der Grafik wurde die Zyklenzahl der Sensorlebensdauern aus Umrechnung der Sensoraufzeichnungen in Sekunden durch die 5 Hz Prüffrequenz erzielt. Insbesondere ist bei hohen Belastungen die Sensorlebensdauer gering. Bei 175 MPa beträgt die Sensorlebensdauer nur 0,71 % der Probenlebensdauer und nur 0,55 % bei 90 MPa. Die beiden Sensoren bei 60 MPa entsprechen einer Probe im Dauerfestigkeitsbereich. Die maximale Dehnung der Probe entspricht bei dieser Spannung 0,26 % und nur wenige kleine Risse senkrecht zur Belastungsrichtung waren sichtbar. Die Sensoren fielen bei 6×10^4, bzw. $1{,}05 \times 10^5$, Zyklen aus. Nach Entspannen der Probe und Neuinitialisierung der Sensoren funktionierten diese wieder. Daher wurde die Probe wieder eingespannt und weiter getestet. Dabei fielen die Sensoren innerhalb von 10 s erneut aus, waren jedoch nach erneutem Entspannen und Neuinitialisieren wieder funktionsfähig. Daher wird für diese Sensoren eine temporäre Unterbrechung der Kontaktierung durch die zyklische Belastung vermutet. Aufgrund

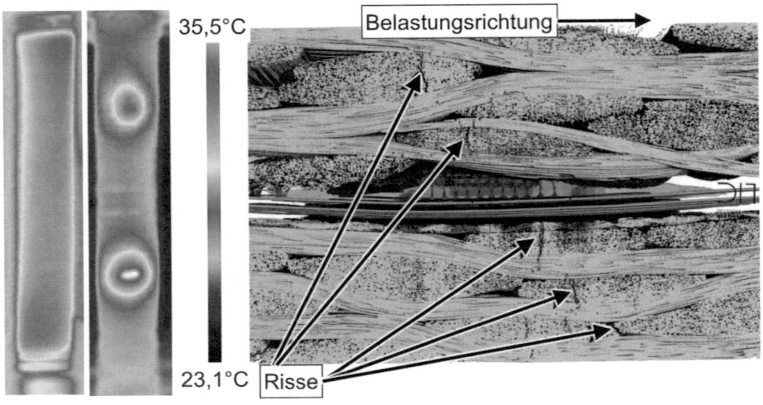

Abb. 5.31 Wärmebildanalyse zweier Proben im Wöhlerversuch (Links mit Sensoren, Rechts ohne Sensoren) und CT-Aufnahme einer Probe in Seitenansicht

der geringen Sensorlebensdauern im Vergleich zu den Probenlebensdauern wurde hier vorerst auf eine weitere Analyse der Sensormessdaten verzichtet. Diese wurde aber anhand ausgewählter Proben im dritten Satz nachgeholt.

Im Weiteren wurde eine Bruchanalyse an sensorintegrierten Proben, welche eine signifikant geringere Lebensdauer als die reinen GFK-Proben aufweisen, durchgeführt. Zunächst deutet dies auf eine beschleunigte Schadensentwicklung durch die Einbettung der Sensoren hin. Ebenfalls brachen die Proben im Bereich der Sensoren, wo schon während der Lebensdauer Delaminationen entstanden. Im Vergleich dazu entwickelten die reinen GFK-Proben großflächige Delaminationen und brachen schließlich an der Stelle des kleinsten Probenquerschnitts.

Die Wärmebilder in Abb. 5.31 zeigen beispielhaft eine reine GFK-Probe, links, und eine sensorintegrierte Probe, rechts, zu jeweils ca. 90 % der Lebensdauer.

Während bei der reinen GFK-Probe eine gleichmäßige Temperaturverteilung über den Prüfbereich zu sehen ist, sind bei der sensorintegrierten Probe im Bereich der Sensoren erhöhte Temperaturen und im Zwischenbereich kaum erhöhte Temperaturen zu erkennen. Die Bereiche höherer Temperatur um die Sensoren lässt sich auf Delaminationen und Risse zurückführen, wie sie in Abb. 5.32 zu sehen sind. An den Bruchstellen sind die Delaminationen besonders ausgeprägt, jedoch befinden sich im Bereich des Sensors 2 ebenfalls Delaminationen. Der CT-Scan in Abb. 5.31 zeigt diesbezüglich Rissbildung im Sensorbereich der Probe P18-3 zum Zustand aus Abb. 5.32. Die Risse sind hauptsächlich senkrecht zur Belastungsrichtung in den Faserlagen dort zu sehen, wo der Sensor am höchsten ist. Diese Art von Rissen ist charakteristisch beim Einsatz von Fasergewebe als Verstärkungsmaterial und weist auf einen fortgeschrittenen Schädigungszustand hin.

Durch Mikroskopie-Aufnahmen lässt sich feststellen, dass die Bruchfläche bei allen sensorintegrierten Proben, des ersten Probensatzes, in Sensornähe oder durch den Sensor

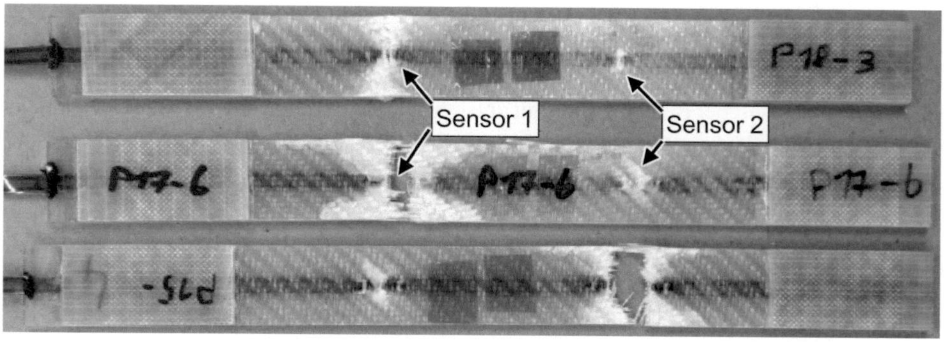

Abb. 5.32 Bruchbilder sensorintegrierter Probe mit sichtbaren Bruchstellen sowie Delaminationen an den Stellen der integrierten Sensoren im Prüfbereich

verläuft. Abb. 5.33 zeigt für (a) eine Bruchfläche durch einen Sensor mit Delaminationen der Glasfaserlagen vom Sensorband und der Oberfläche des Glob-Tops. Diese Delaminationen sind wahrscheinlich die Delaminationen, welche auch in Abb. 5.32 zu sehen sind. Da das Glob-Top nach dem Bruch noch fest mit dem Sensorband und dem Sensor verbunden ist, (b) und (c), ist die Adhäsion der plasmaaktivierten Oberflächen stark genug, um den zyklischen Belastungen Stand zu halten. Die rot gestrichelten Linien (c), verdeutlichen hierbei die Grenzschichten zwischen Glob-Top und Sensor. Außerdem sind bei (d) aufgrund des Bruchs durch den Sensor dessen innere Kavität mit den Siliziumstrukturen erkennbar.

Aus den analysierten Bildern und der Beobachtung der Wöhlerversuche des ersten Probensatzes wurde folgende Schlussfolgerung abgeleitet. Durch die Höhe der Sensoren von 0,65 mm plus der Höhe von 0,19 mm der Sensorbänder werden lokal Faserondulationen im GFK-Material erzeugt, da die Fasern um die Sensoren und die Sensorbänder laufen müssen. Daher werden bei der durch das RTM-Werkzeug bedingten, konstanten Probendicke von

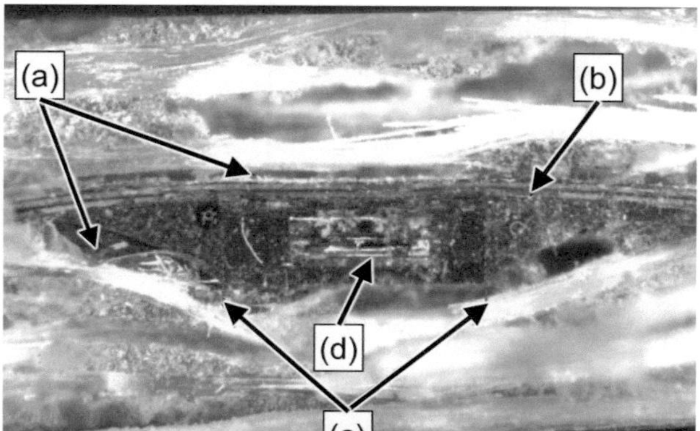

Abb. 5.33 Bruchfläche einer sensorintegrierten Probe. (a) Delaminationen zwischen GFK und Sensorband bzw. Glob-Top, (b) feste Verklebung des Glob-Tops am Sensorband, (c) feste Verklebung des Glob-Tops am Sensor, (d) Siliziumstrukturen im Inneren der Sensorkavität

3,2 mm die Fasern ober- und unterhalb der Sensoren komprimiert, was einen lokal erhöhten Faservolumenanteil erzeugt. Dazu kommt eine Verringerung des Lasttragenden Probenquerschnitts und folglich zu einer lokal höheren lokalen Spannung im Vergleich zu einer reinen GFK-Probe bei gleicher Belastung. Somit entstehen erste Schäden in Form von Delaminationen an den Grenzflächen des Glob-Tops zum umschließenden GFK sowie Rissen senkrecht zur Belastungsrichtung. Diese breiten sich von dort in Richtung der Probenränder aus und führen schließlich zum Probenversagen.

Während obige Untersuchungen eine Erklärung für die kürzeren Lebensdauern der sensorintegrierten Proben ergeben, wird das messtechnische Versagen der Sensoren im Folgenden mittels CT-Aufnahmen untersucht. Die dabei betrachtete Probe ist ebenfalls P18-3. Abb. 5.34 zeigt die Bruchstelle an Sensor 1 in der Unteransicht.

Dabei sind die Leiterbahnen und Lötstellen in orange dargestellt, die gestrichelte Linie (a) zeigt die Bruchstelle der Probe, wo das Sensorband und die Leiterbahnen durchtrennt wurden. Mit der Durchtrennung der Leiterbahnen wurden ebenfalls die Sensoren 2 und 3 vom Arduino getrennt. Sensor 1 haftet am unteren Teil des Sensorband und ist noch mit acht der zwölf Lötstellen verbunden. In (b) ist erkennbar, dass die oberen vier Lötstellen, Lötzinn ist grün dargestellt, abgetrennt wurden. Weitere kleine Risse sind oberhalb dieser vier Lötstellen an den Übergängen der Lötstellen zu den Leiterbahnen zu sehen. Abb. 5.35 zeigt diese Risse in einer detaillierteren Aufnahme.

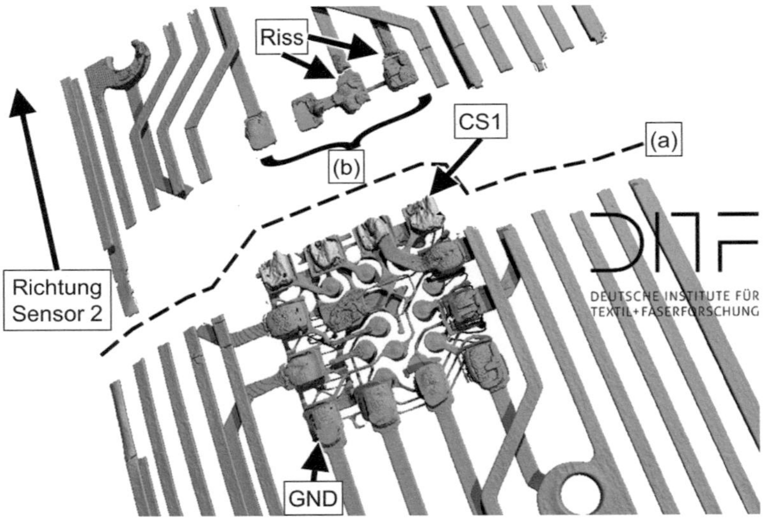

Abb. 5.34 CT-Bild des Sensors und Sensorbands an der Bruchstelle, mit Blick von unten auf das Sensorband. (a) Bruchstelle der Probe, (b) abgetrennte Lötstellen

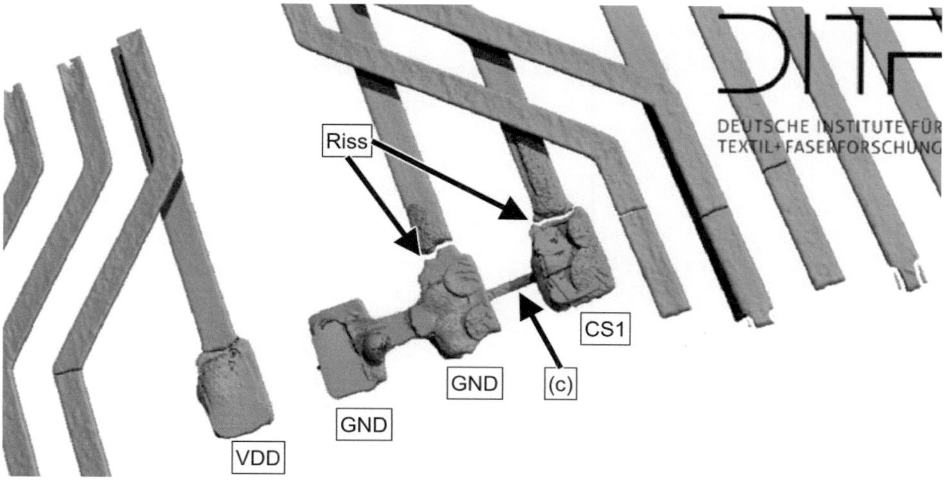

Abb. 5.35 CT-Bild Nahaufnahme der abgetrennten Lötstellen und Leiterbahnen, mit Blick von unten auf das Sensorband. (c): Abgetrennter Draht

Abb. 5.36 zeigt das Leiterbahnlayout der Sensoren 1. Hieraus ergeben sich die in Abb. 5.35 gezeigten vier Lötstellen der 3,3 V Versorgungsspannung (VDD), zwei miteinander verbundene Masseanschlüsse (GND) sowie der Chip-Select-Pin für Sensor 1 (CS1). Letzterer aktiviert und deaktiviert die messtechnische Datenübertragung für Sensor 1.Der in Abb. 5.35 mit (c) markierte Draht verläuft hinter CS1 und GND und verbindet diese nicht. Die Risse an den beiden rechten Pins CS1 und GND liegen am Übergang der Lötstellen zu den Leiterbahnen, wo sich der Querschnitt verringert. In Abb. 5.35 ist nicht zu sehen, dass oberhalb der Risse die Grenzfläche zwischen Sensor und Glob-Top liegt. Es ist möglich, dass die Risse bereits vor dem Versagen der Probe entstanden. Insbesondere ist CS1 durch die Randlage, umgeben von drei verbundenen und somit lokal versteiften Massepins, potenziell hohen Spannungskonzentrationen und komplexen Dehnungszuständen ausgesetzt, welche sich mit Rissentstehung und Rissfortpflanzung während der zyklischen Belastung immer wieder verändern können.

Ein Abtrennen der Leiterbahnen an Pin CS1 würde sich auch mit den Erkenntnissen und Beobachtung der Sensorlebensdauern im Wöhlerversuch decken. Ebenfalls passt dies dazu, dass sich ein Abtrennen des jeweiligen CS-Pins nur auf den betreffenden Sensor auswirkt und nicht auf die anderen Sensoren. Im Gegensatz zu den Chip-Selects sind die GND-Pins redundant ausgelegt, wodurch ein Sensor auch nach Ausfall eines dieser Pins seine Funktionalität nicht verlieren würde. Hierbei ist ein vierter Masseanschluss unten links in Abb. 5.34 zu sehen. Weitere kleine Risse sind in Abb. 5.34 und 5.35 erkennbar, jedoch nicht in der Ausprägung wie an den markierten Stellen. Es ist nicht ersichtlich, ob die Leiterbahnen dort komplett abgetrennt oder nur geschädigt wurden.

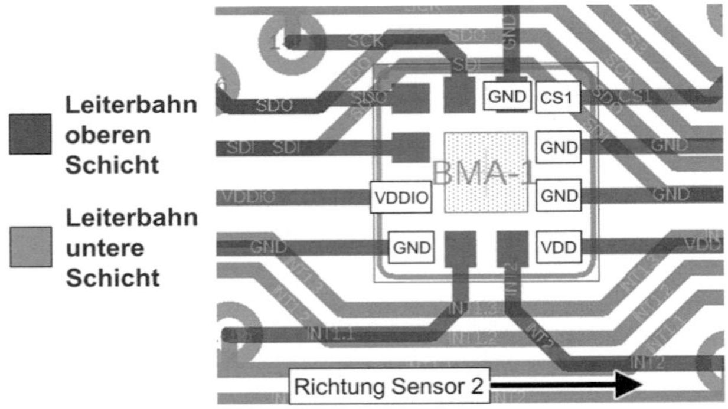

Abb. 5.36 Darstellung der Leiterbahnen, Lötstellen und Pinbelegungen an Sensor 1 im PCB-Entwurfsprogramm

Abb. 5.37 zeigt Sensor 2 in der Seitenansicht und Aufsicht, wobei der Sensor bzw. auch der Glob-Top leicht transparent dargestellt sind.

Dieser Sensor war noch fest mit den Lötstellen verbunden und es sind keine offensichtlichen Schäden im Inneren des Sensors erkennbar. Wie bei Sensor 1 befinden sich die Risse in den Leiterbahnen zu Sensor 2 am Übergang zu den Lötstellen. Des Weiteren sind Risse im Glob-Top nahe am Sensor, oberhalb der Risse in den Leiterbahnen zu erkennen. Dies bekräftigt die Vermutung, dass das Versagen der Leiterbahnen zum Sensorausfall führt und legt nahe, dass Risse im Glob-Top für Spannungskonzentrationen, welche zum Versagen der Leiterbahnen und zum Bruch der Probe führen, mitverantwortlich sein können.

Bei Untersuchungen zum Ermüdungsverhalten von Kupferleiterbahnen wurde herausgefunden, dass diese durch zyklische Belastungen schon bei geringen Dehnungen versagen [48]. Außerdem haben die Leiterbahnbreite und der Herstellungsprozess einen signifikanten

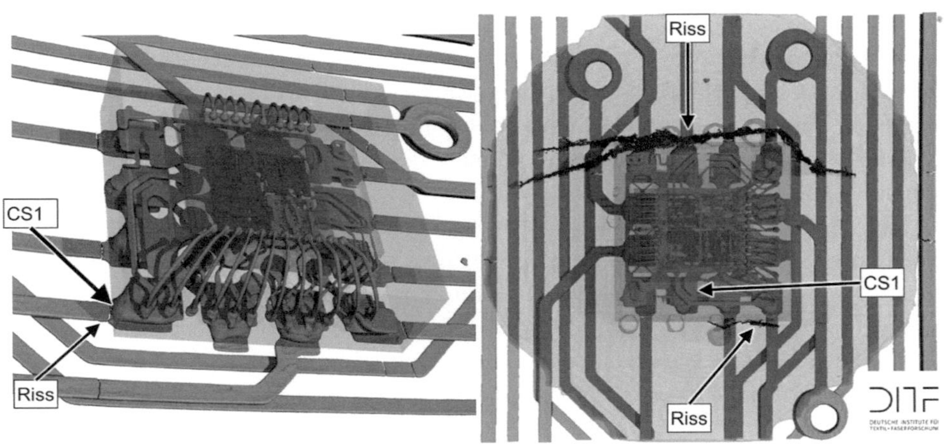

Abb. 5.37 CT-Aufnahmen von Sensor 2 der Probe P18-3 mit sichtbaren Rissen in den Leiterbahnen

Tab. 5.7 Ausgewählte Materialkennwerte der Glob-Tops im Vergleich

Glob-Top	Eccobond	Katiobond
Zugfestigkeit [MPa]	60,0	30,0
E-Modul [GPa]	6,7	1,1
Bruchdehnung [%]	0,9	85,0
Glasübergangstemperatur [°C]	135,0	39
Zersetzungstemperatur [°C]	–	220,0

Einfluss auf die Ermüdungseigenschaften [49]. Daher könnte, für die hier betrachteten Proben, die zyklische Belastung der Sensorbänder zur Ermüdung der Leiterbahnen geführt und zur Rissbildung beigetragen haben. Da jedoch die Risse in der Nähe der Sensoren auftraten, ist anzunehmen, dass Steifigkeitssprünge und Spannungskonzentrationen die Hauptursache der Rissentstehung in den Leiterbahnen sind.

Anhand der oben beschriebenen und analysierten Wöhlerversuche legt ein Vergleich mit den Untersuchungen und Designrichtlinien zu eingebetteten Sensoren in Faserverbundkunststoffen von [50] nahe, dass der verwendete Glob-Top einen signifikanten Einfluss auf die Proben- und Sensorlebensdauern hat. Deswegen wurden die Sensoren weiterer fünf Sensorbänder mit DELO® KATIOBOND® 45952 [39], einem elastischen Glob-Top, verkapselt und zyklische Zugversuche mit resultierenden sensorintegrierten Proben durchgeführt, um den Einfluss des Glob-Top-Materials auf die Lebensdauern zu untersuchen. Tab. 5.7 zeigt die Materialkennwerte der beiden Glob-Tops im Vergleich.

Die größten Unterschiede liegen in der Zugfestigkeit, dem E-Modul und der Bruchdehnung mit Faktoren 2, 6, beziehungsweise 94. Beide Glob-Tops sind modifizierte Epoxidharze, jedoch hat der Katiobond eine geringere Glasübergangstemperatur T_g, zersetzt sich aber erst bei einer Zersetzungstemperatur $T_z = 220$ °C und kann daher auch oberhalb seiner Glasübergangstemperatur eingesetzt werden.

Die Katiobond-Proben, der zweite Probensatz, wurden nach demselben Vorgehen gefertigt und es wurde jeweils eine Probe bei Oberspannungen von 90 MPa, 110 MPa, 125 MPa, 150 MPa sowie 175 MPa geprüft. Die resultierende Lebensdauerkurven der Proben und Sensoren sind in Abb. 5.38 zu sehen. Die Katiobond-Proben weisen zwar eine geringere Probenlebensdauer im Vergleich zu den Eccobond-Proben auf, jedoch sind die Sensoren länger funktionsfähig. Die Lebensdauer der Katiobond-Proben beträgt bei 90 MPa 30 % und bei 175 MPa 41,5 % der Lebensdauer für Eccobond-Proben. Die Sensorlebensdauer vergrößert sich dabei um durchschnittlich 122,5 % gegenüber der Verkapselung mit Eccobond. Daraus ergibt sich eine größere Lebensdauer der Sensoren im Verhältnis zu den Proben. Die Sensorlebensdauer wuchs von 0,55 % auf 3,2 % bei einer Oberspannung von 90 MPa und von 0,71 % auf 4,6 % bei 175 MPa. Im Durchschnitt beträgt die Lebensdauer mit dem Katiobond-Glob-Top 3,9 % der entsprechenden Probenlebensdauern. Somit führte der Wechsel des Glob-Tops zu einer signifikanten Verbesserung der Sensorlebensdauer.

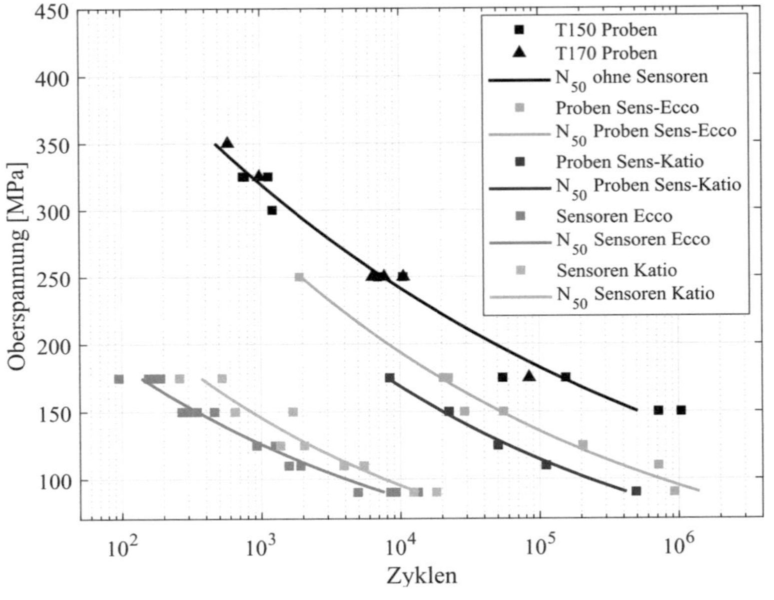

Abb. 5.38 Wöhlerkurven der Proben und Sensoren aus den ersten zwei Probensätzen

Zur Bruchstellenanalyse wurden erneut Mikroskopie-Aufnahmen der Bruchflächen angefertigt. Abb. 5.39 zeigt beide Seiten einer Bruchfläche einer Katiobond-Probe am Sensor.

Auf dem oberen Bild ist zu erkennen, dass der Sensor sich vom umgebenden Katiobond herausgelöst hat und aus der Bruchfläche herausragt, aber noch fest mit dem Sensorband verbundenen ist. Das untere Bild ist die Aufnahme der Gegenseite, wo eine rechteckige Tasche erkennbar ist, aus welcher der Sensor herausgelöst wurde. Für diesen Probensatz versagten, im Gegensatz zu den Eccobond-Proben, die Grenzflächen zwischen Glob-Top und Sensor. Analog zu den Eccobond-Proben traten auch für diese Proben Delaminationen in Sensornähe auf.

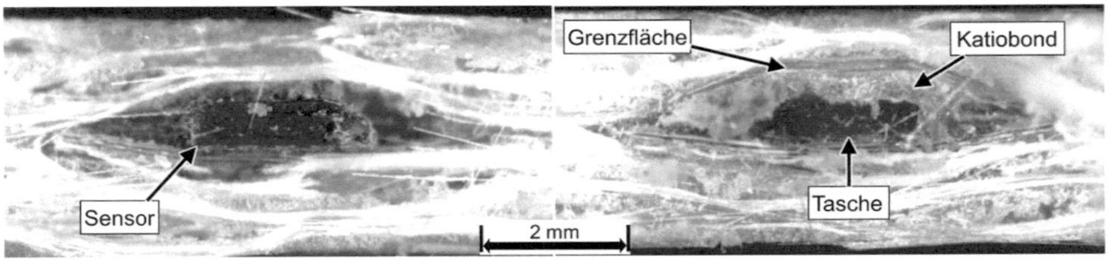

Abb. 5.39 Bruchstellen einer sensorintegrierten Katiobond-Probe

Für die reduzierte Lebensdauer der Katiobond-Proben wurden zwei mögliche Erklärungen gefunden. Zum einen muss das GFK, aufgrund des geringeren E-Moduls des Katiobond Glob-Tops, einen größeren Anteil der Last tragen. Dies ist insbesondere abhängig vom Volumenanteil des Sensors und Glob-Tops am Gesamtvolumen der Probe. Dies ist vergleichbar mit der Berechnung der Verbundeigenschaften von Faserverbundkunststoffen in Faserrichtung, zum Beispiel [51]. Zum anderen kann es durch Delaminationen um den Sensor zu einer Schwächung des Glob-Tops und zum Risswachstum in das umgebende GFK-Material kommen.

Der dritte Probensatz bestand aus 18 Proben, welche basierend auf den Änderungen im Textil und im Sensorbanddesign gefertigt wurden. Sensor 1 befand sich somit stets im unteren Einspannbereich der Prüfvorrichtung. Der verwendete Glob-Top für diesen Probensatz war, basierend auf den Erkenntnissen aus den Katiobond-Versuchen, das Eccobond Glob-Top, um den Einfluss der Änderungen ohne Glob-Top-Änderung zu untersuchen und dabei eine längere Probenlebensdauer anzustreben. Es wurden jeweils fünf Proben bei 175 MPa und 125 MPa sowie vier Proben bei 150 MPa und 90 MPa geprüft. Bei einer Probe mit 175 MPa fand aufgrund einer unbeobachteten Schädigung des Sensorbands zwischen der Kontrollmessung und dem Anfahren der 50 N Vorkraft keine Übertragung der Sensordaten statt. Die Probe wurde trotzdem zur Ermittlung der Wöhlerlinie der angepassten Proben verwendet. Bei jeweils einer Probe für 175 MPa, 150 MPa und 125 MPa wurde zudem ein weiteres Sensorband mittels doppelseitigen Klebebandes und zusätzlichem Polyimid-Klebeband aufgeklebt, wobei die Sensoren 2 und 3 dieses Sensorbands über den entsprechenden Sensoren 2 und 3 der Probe positioniert wurden.

Die Wöhlerkurven aller Proben und Sensoren sind in Abb. 5.40 dargestellt. Es ist erkennbar, dass sowohl die Proben als auch die Sensoren mit den schließlich durchgeführten Änderungen eine geringere Lebensdauer haben als die vorherigen beiden Probensätze.

Die entsprechenden Verhältnisse der Sensorlebensdauer zur Probenlebensdauer sind in Tab. 5.8 zusammengefasst.

Als Grund für die geringere Probenlebensdauer im letzten Satz wurden zwei Haupteinflussgrößen gefunden. Zum einen wurden mittels ORW-Technik Glasfaserfäden in Belastungsrichtung um die Sensoren herumgeleitet, was zu einer Schwächung des reinen GFK-Material in Belastungsrichtung führt. Zum anderen wurde die Glob-Top-Menge reduziert, um weniger Flächenpressung auf die Sensoren auszuüben. Durch die Reduzierung der Glob-Top-Menge, stehen die Kanten der Sensoren und Kondensatoren bei einer plasmabehandelten Oberfläche aufgrund des hohen Benetzungswinkels stärker hervor als bei einer höheren Menge an Glob-Top ohne vorherige Plasmabehandlung (Abb. 5.41).

Diese hervorstehenden Kanten stellen Ansatzpunkte für hohe Spannungen im Material während der Wöhlerversuche darstellen und somit den Fremdkörpereffekt verstärken. Insbesondere sind sieben Proben an einem Kondensator gebrochen, zehn an der Position eines Sensors und eine Probe zwischen einem Sensor und einem Kondensator.

Im Vergleich zu den Eccobond-Proben aus dem ersten Probensatz erreichen die Sensoren im dritten Probensatz für 175 MPa und 150 MPa eine längere Lebensdauer im Verhältnis zu

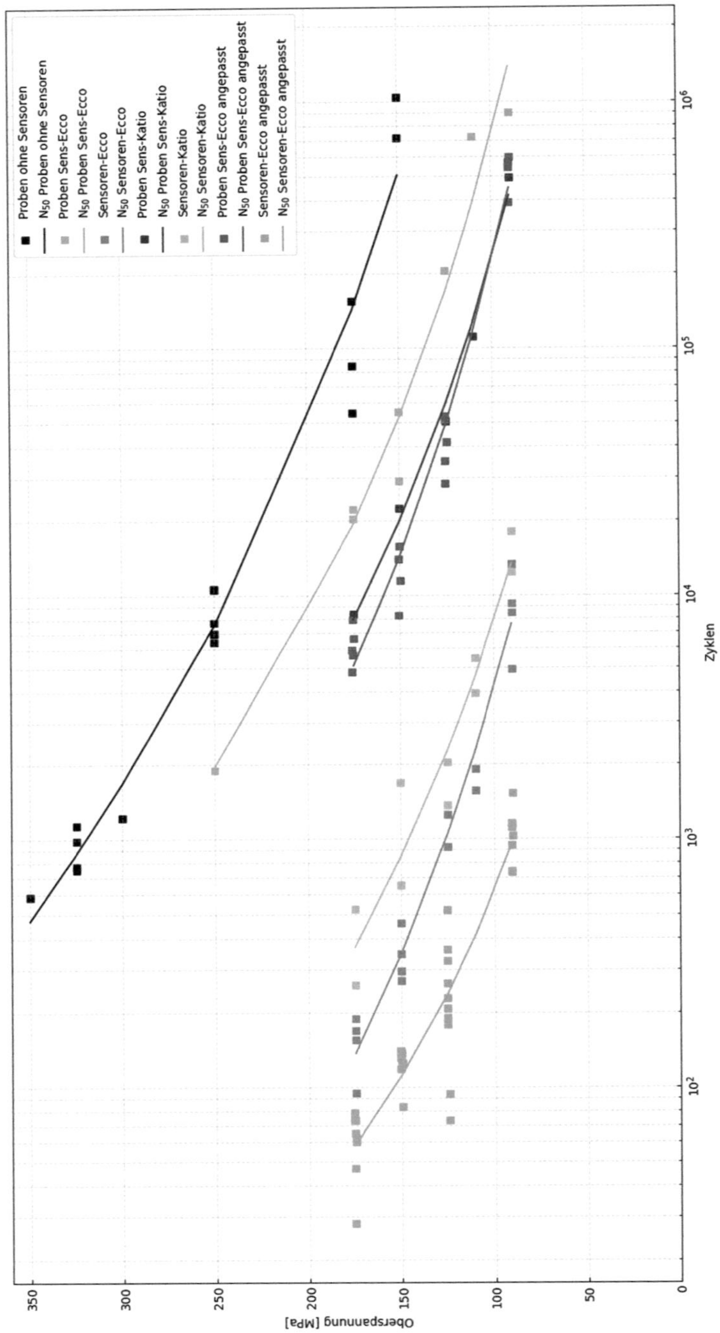

Abb. 5.40 Wöhlerkurven aller Probensätze

Tab. 5.8 Anteil der Sensor- an der Probenlebensdauer der drei getesteten Probensätze

Oberspannung	Eccobond	Katiobond	Eccobond angepasst
175 MPa	0,71 %	4,6 %	1,15 %
150 MPa	0,67 %	4,24 %	0,78 %
125 MPa	0,62 %	3,84 %	0,49 %
110 MPa	0,59 %	3,58 %	0,36 %
90 MPa	0,55 %	3,27 %	0,22 %

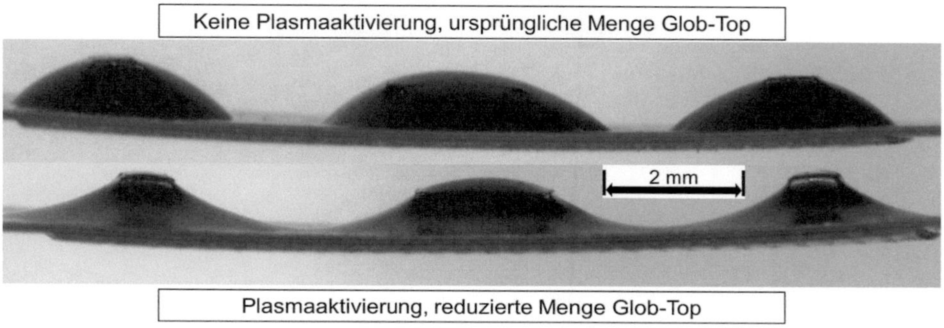

Abb. 5.41 Einfluss von Plasmaaktivierung und Glob-Top-Menge auf die Einbettung elektrischer Bauteile

den Probenlebensdauern und eine kürzere relative Sensorlebensdauer für 125 MPa, 110 MPa und 90 MPa. Dabei ist aber die geringe Probenzahl im ersten Versuch zu berücksichtigen. Es wurde nur eine Probe bei 250 MPa, zwei bei 175 MPa und 150 MPa, jeweils eine Probe für 125 MPa, 110 MPa und 90 MPa sowie ein Durchläufer bei 90 MPa geprüft. Hierdurch werden Effekte der statistischen Streuung nicht berücksichtigt. Insbesondere ab der geprüften Spannung von 125 MPa treten beim ersten Probensatz Zyklenzahlen im Bereich 10^5 bis 10^6 auf. Kleine Materialabweichungen können somit Auswirkungen in Größenordnungen von 10^4 bis 10^5 haben. Die hier geprüften Proben des ersten Probensatzes könnten also besonders gute Qualität gehabt haben, wodurch die relative Sensorlebensdauer länger im Vergleich zum dritten Probensatz ausfällt.

Zur Einbettung der BMA456-Sensoren in Faserverbundkunststoffe durch RTM-Verfahren, welches eine Materialstärke vorgibt, ist somit eine reduzierte Glob-Top-Menge als auch ein Umleiten von Fäden hilfreich zur Reduzierung der Flächenpressung auf die Sensoren. Ebenfalls hilft Glob-Top beim Einweben gegen ein Verhaken der Fasern. Jedoch sollte darauf geachtet werden, dass das Glob-Top-Material einen geringen E-Modul und eine hohe Bruchdehnung aufweist, um die Lebensdauer der Sensoren unter zyklischen Zugbelastungen zu verbessern. Im Gegensatz dazu sind jedoch eine reduzierte Glob-Top-Menge,

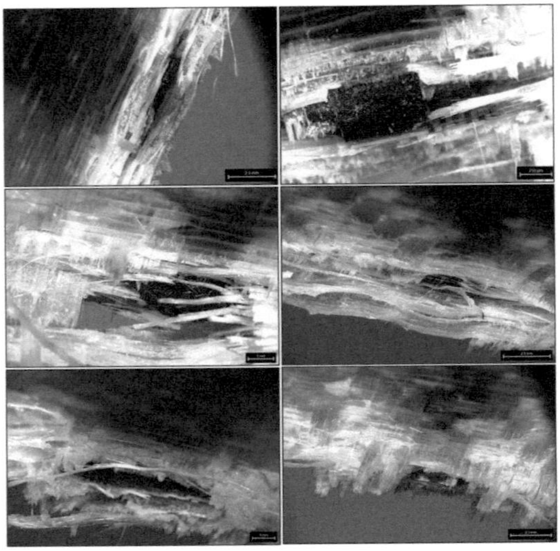

Abb. 5.42 Mikroskopieaufnahmen ausgewählter Bruchstellen

Glob-Top mit niedrigem E-Modul und eine Umleitung von Fäden durch ORW-Technologie schlecht für eine lange Probenlebensdauer.

Aus diesen Ergebnissen leitet sich ab, dass zur Integration von digitaler Sensorik in Faserverbundmaterial das, die Sensoren umgebende, Material so wenig wie möglich gestört, das heißt der Fremdkörpereffekt, soweit es geht, reduziert werden, sollte. Dafür müssen entsprechende Sensoren noch kleiner als die im Digitalen Fingerabdruck benutzen BMA456-MEMS-Sensoren werden. Auf das Umleiten von Fäden per ORW-Technologie sollte verzichtet werden. Jedoch wird eine Einbindung in die Verstärkungsstruktur, zum Beispiel per Einweben der Sensoren ins Textil, als hilfreich für verlängerte Sensor- und Probenlebensdauern angesehen. Denkbar ist, dass zukünftig Leiterbahnlitzen als Fäden direkt ins Textil eingewoben werden und Sensoren über dieses kontaktiert werden. Ebenfalls sollten die Sensoren, wie aus dem Vergleich Katiobond- gegen Eccobond-Glob-Top hervorgeht, mittels einer möglichst dünnen und weichen Schutzschicht versehen werden.

Eine Bruchstellenanalyse verschiedener Proben, mittels Mikroskops, ergab abweichend zu den vorherigen beiden Probensätzen, dass bei manchen Proben auch Grenzschichtversagen zwischen Glob-Top und Sensor, bzw. Glob-Top und Kondensator, auftritt (Abb. 5.42). Da beim ersten Probensatz, mit Eccobond-Glob-Top, nur acht Proben und beim zweiten Probensatz, mit Katiobond-Glob-Top, nur fünf Proben getestet wurden, können die jeweils anderen Schadensbilder, das heißt Grenzschichtversagen zwischen Sensor und Glob-Top beim ersten Probensatz und Grenzschichtversagen zwischen Matrix und Glob-Top beim zweiten Probensatz, nicht ausgeschlossen werden.

Die Datenaufzeichnung der Sensoren im dritten Probensatz bricht ebenfalls wie bei den vorherigen beiden Probensätzen durch messtechnisches Versagen der Leiterbahnen ab. Von

17 der 18 Proben mitaufgezeichneten Sensordaten wurde eine Spearman-Korrelation von ca. −0,07 zwischen dem zuerst ausfallenden Sensor und der Bruchstelle der Probe festgestellt. Für die Nullhypothese, dass die Korrelation gleich 0 ist, gegen die Alternativhypothese, dass die Korrelation ungleich 0 ist, wurde ein p-Wert von ca. 0,7 berechnet. Aufgrund dieses p-Werts wird auf keinen Zusammenhang zwischen dem zuerst ausfallenden Sensor und der Bruchstelle der Probe geschlossen.

Zur weiteren Schädigungsanalyse des Materials wurden die Sensordaten im Vergleich zu Videoaufnahmen sowie im Vergleich zu einem aufgeklebten Referenzsensorband analysiert. In Abb. 5.43 sind die Sensordaten von drei Proben während zyklischer Belastung, beziehungsweise ab 2 s vor Beginn der Belastung, bis zum Sensorversagen gezeigt.

Man erkennt deutlich die hohen Amplituden zu Beginn der zyklischen Last in der Z-Achse, welche senkrecht zur Probenoberfläche steht. Vereinzelt treten später einzelne Impulse mit verschieden großen Beschleunigungsamplituden in der Z-Achse auf. Das Verhalten sichtbarer Beschleunigungsimpulse in der Z-Achse aber keine Impulse in der X-Achse, entlang der Probenbreite, und Y-Achse, längs der Proben, ist zu erwarten, da Delaminationen zwischen Faserlagen entstehen und deren Trennung senkrecht zur Probenoberfläche stattfinden. Ebenfalls werden entsprechend sinkender Lasten auch die Beschleunigungspeaks kleiner. Für Sensor 2 der 175 MPa-Probe übersteigt der erste Peak

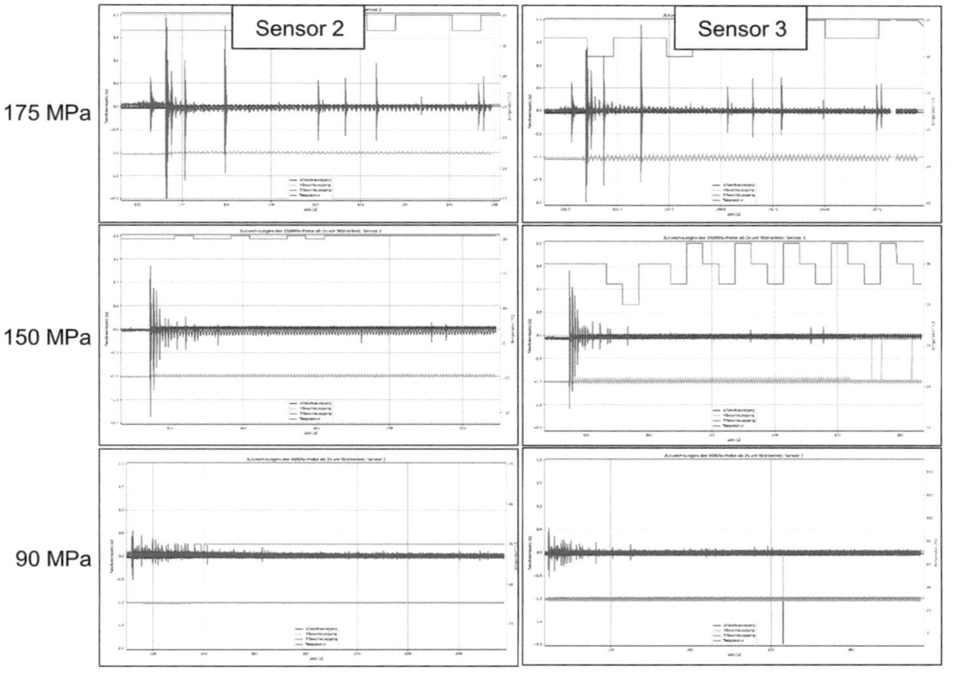

Abb. 5.43 Sensordaten ausgewählter Proben während der Wöhlerversuche

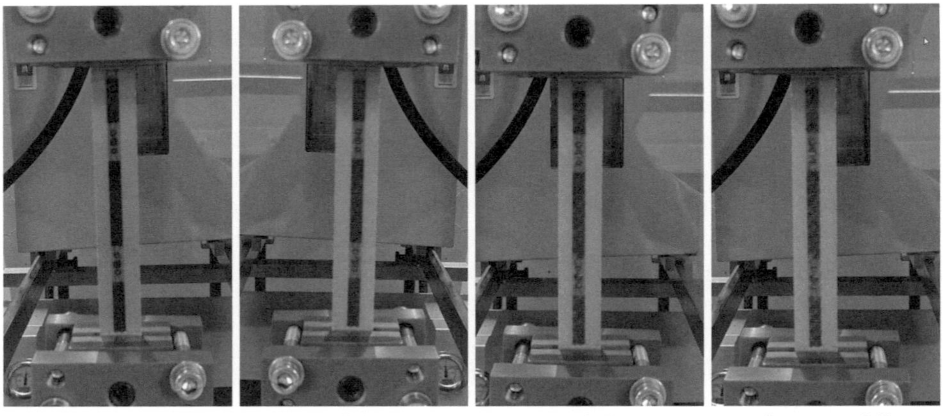

Abb. 5.44 Bilderserie der Schädigung einer Probe bei 175 MPa Oberspannung

der Wöhlerprüfung sogar die eingestellte 2 g-Messamplitude des Sensors. Des Weiteren ist sind vor dem Prüfungsbeginn der 175 MPa-Probe Beschleunigungsausschläge zu erkennen, welche beim Anfahren der Mittelspannung entstehen und schon vor Beginn der Wöhlerprüfung das Material schädigen. Vereinzelt kam es bei den Wöhlerversuchen zu Übertragungsausfällen.

Abb. 5.44 zeigt Bilder der Probe 175 MPa-Probe kurz vor Beginn der Wöhlerprüfung, nach dem ersten Zyklus, 5 s nach Beginn der Wöhlerprüfung und zum Zeitpunkt des Ausfalls von Sensor 2.

Die initiale Schädigung ist in an den helleren Verfärbungen quer zur Belastungsrichtung in der Nähe der Sensoren, entsprechend erkennbar. Diese Risse lassen auch zu Beginn der Wöhlerprüfung die Farbe der Probe milchig werden. Nach 5 s erkennt man ebenfalls erste Delaminationen über den Sensoren und den Kondensatoren, welche wesentlich ausgeprägter sind. Bis zum Zeitpunkt des Ausfalls der Sensoren sind diese Delaminationen weiter angewachsen. Weitere Vergleiche der hier gezeigten Daten mit den entsprechenden Videoaufnahmen der Schadensausbreitung führten im Rahmen des Forschungsvorhabens zu keiner eindeutig abzuleitenden Korrelation zwischen Amplituden von Beschleunigungsimpulsen und Schädigungsmechanismen, Schadensfortschritt oder neue Delamination, in den Proben. Dies ist ein offener Punkt für weitere Sensorsignalauswertungen, beispielsweise in Wöhlerversuchen unter Zuhilfenahme von High-Speed-Aufnahmen. Ein Zusammenhang zwischen Schädigungen und den in Abb. 5.43 erkennbaren Beschleunigungsimpulsen durch sich ausbreitende Biegewellen, welche sich schnell in Bruchstücken ausbreiten und durch starke lokale Dehnungen in mehr als zwei Bruchstücken resultieren [52], wird vermutet.

Aus den Sensordaten in Z-Achse wurden des Weiteren die entsprechenden spektralen Leistungsdichten (PSD) berechnet. Es zeigen sich neben markanten Amplitudenpeaks bei etwa 5 Hz, der gewählten Anregungsfrequenz, und Regionen mit größeren Amplituden

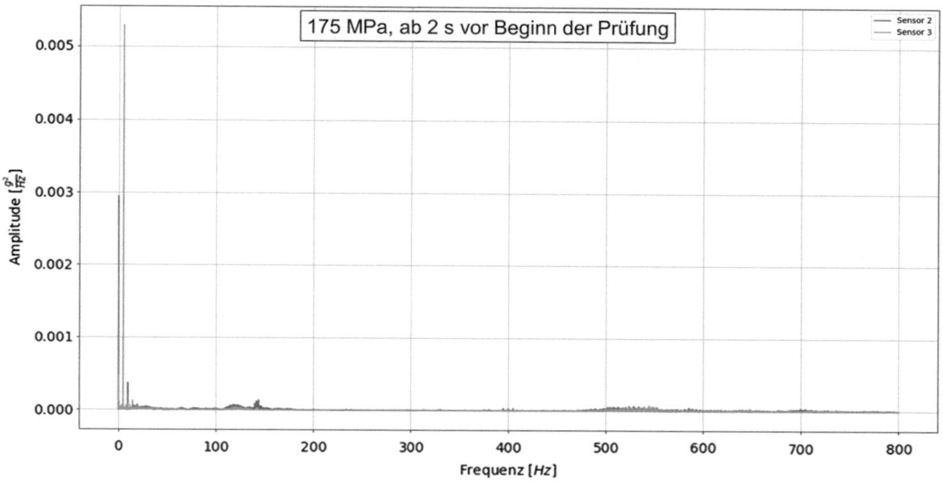

Abb. 5.45 Spektrale Leistungsdichten der Sensoren 2 und 3

zwischen ca. 100 Hz bis 200 Hz, von etwa 450 Hz bis 800 Hz sowie Peaks bei etwa 314 Hz und 400 Hz. Exemplarisch wird dieses Verhalten in Abb. 5.45 anhand der PSD der auch schon zuvor betrachteten 175 MPa-Probe gezeigt.

Abb. 5.46 zeigt die entsprechenden Frequenzbereiche für den jeweiligen Sensoren 2 und 3 der oben betrachteten Proben bei 175 MPa, 150 MPa und 90 MPa.

Anhand der Sensoraufzeichnungen ist erkennbar, dass bei den 175 MPa- und 90 MPa-Proben zuerst Sensor 2 und bei der 150 MPa-Probe zuerst Sensor 3 versagten. Die Bruchstellen sind hingegen, in Reihenfolge sinkender Last, im Bereich der Sensoren 2, 3 und 3. Trotz der unterschiedlichen Bruchstellen und Versagen der Sensoren ist erkennbar, dass in den betrachteten Frequenzbereichen, von 100 Hz bis 200 Hz sowie 450 Hz bis 800 Hz, für abnehmende Last auch niedrigere Amplituden auftreten und somit weniger Energie umgesetzt wird. Ein umgekehrtes Verhalten lässt sich für die Amplitudenpeaks bei 314 Hz und 400 Hz beobachten. Das Verhalten in den Frequenzbereichen passt dazu, dass Proben und Sensoren bei höherer Last geringere Lebensdauern aufweisen, somit also mehr Energie in kürzerer Zeit zum Versagen der Proben und Sensoren führt. Hingegen entsprechen die Peaks einem im Rahmen des Digitalen Fingerabdrucks unbekannten Verhalten, welches sich bei niedrigerer Last ausprägt. Ebenfalls ist aus Abb. 5.45 und 5.46 erkennbar, dass die Amplitudenwerten zwischen Sensor 2 und 3 je Probe in der gleichen Größenordnung von 10^{-4} bis 10^{-5} liegen. Dies spricht dafür, dass die Schädigungsmechanismen an beiden Sensoren die gleichen sind.

Zusätzlich wurden für einzelne Proben verschiedene Peaks aus den Beschleunigungssignalen mittels PSDs untersucht. Abb. 5.47 zeigt, exemplarisch für die wie zuvor betrachtete 175 MPa-Probe am Sensor 2, die PSDs um ausgewählte Beschleunigungspeaks für eine

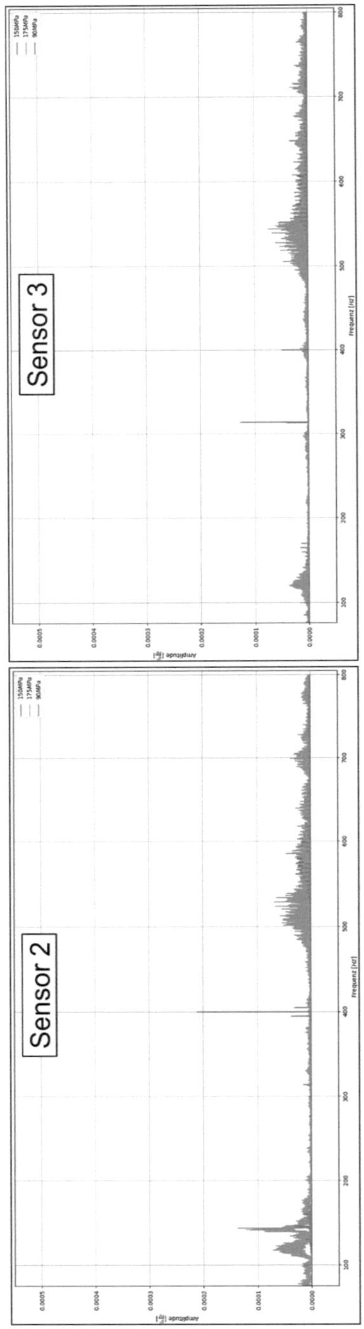

Abb. 5.46 Detailansicht der PSD-Bereiche mit hoher Last für Proben bei 175 MPa, 150 MPa und 90 MPa

Dauer von 1,5 s. Die PSD bezüglich des stärkeren Beschleunigungspeaks ist in orange dargestellt. Es ist ersichtlich, dass für stärkere Beschleunigungspeaks auch die PSD größere Werte erzielt. Dies passt dazu, dass bei einer größeren Schädigung mehr Energie frei wird.

Weitere Untersuchungen sollten also darauf gerichtet sein, welche Beschleunigungsausschläge einer neuen Delamination oder dem Fortschritt einer bestehenden Delamination entsprechen. Aus den PSD-Daten wäre somit die Schädigungsart erkennbar und mittels einer automatischen Detektion von Beschleunigungspeaks aus Live-Daten, zum Beispiel mittels Erkennung von Änderungspunkten der statistischen Verteilung oder Anomalieerkennung, ein Lebensdauerzähler implementierbar.

Zur Beantwortung der Frage nach der Notwendigkeit einer Sensorintegration wurden Wöhlerversuche mit drei Proben (175 MPa, 150 MPa und 125 MPa Oberspannung) mit integriertem Sensorband (blau) und mittels doppelseitigen Klebebands aufgeklebten Sensorband (orange) durchgeführt. Dabei wurde darauf geachtet, dass die entsprechenden Sensoren 2 und 3 übereinander positioniert wurden. Die zusammengehörigen Sensordaten, in Z-Richtung, wurden auf eine gemeinsame Zeitachse, mit einer Teilung von 1/1600 s (= 0,625 ms), interpoliert und mittels Kreuzkorrelation synchronisiert. Die daraus resultierenden Graphen sind in Abb. 5.48 zu sehen.

Das Bild zeigt, dass die integrierten Sensoren in der Probe größere Beschleunigungen messen und auch die Prüffrequenz von 5 Hz deutlicher erkennbar ist. Ebenfalls ist ein Offset der Probendaten weg von einem 0 g-Mittelwert erkennbar. Mögliche Begründung hierfür sind eine Rotation der integrierten Sensoren durch den Einbettungsprozess, wodurch die Z-Achse nicht genau ausgerichtet ist, aber auch, eine Beeinflussung der Sensordaten durch eine Verschiebung der internen Kondensatorplatten wegen der Einbettung in das umgebende GFK. Die Synchronisierung zeigt, dass alle Sensoren auftretende Beschleunigungspeaks fast zeitgleich aufzeichnen.

Abb. 5.49 zeigt die spektralen Leistungsdichten der Sensordaten in Z-Richtung, ab 2 s vor Beginn der Wöhlerprüfungen, bis zum Ausfall der Sensoren in den Proben.

Für diese Abbildung wurden die Y-Achsen der Plots bei 0,0011 g^2/Hz beschränkt, um eine leichtere optische Vergleichbarkeit zu ermöglichen. Zunächst ist zu bemerken, dass sowohl die Sensordaten der integrierten als auch der aufgeklebten Sensoren dem oben beschriebenen Verhalten folgen. Ebenfalls weisen die PSDs eine hohe Ähnlichkeit auf. Dabei messen die integrierten Sensoren aber eine höhere Amplitude für die Prüffrequenz von 5 Hz, in den Regionen zwischen ca. 100 Hz bis 200 Hz, zwischen ca. 450 Hz bis 800 Hz sowie bei den Peaks von etwa 314 Hz und 400 Hz.

Die aufgeklebten Sensoren messen, wie aus Abb. 5.48 und 5.49 hervorgeht, ähnliche Daten wie die integrierten Sensoren. Sie reagieren somit auch auf Schädigungen der Proben. Jedoch weist die abweichende Sensitivität und damit die Abweichungen in den PSDs darauf hin, dass das Verhalten an der Probenoberfläche nicht dem Verhalten im Material gleichsetzbar ist. Dies entspricht der Erwartung, dass äußere Lasten nicht notwendigerweise den inneren Lasten entsprechen. Ebenfalls spricht dies für eine Integration von Sensoren in

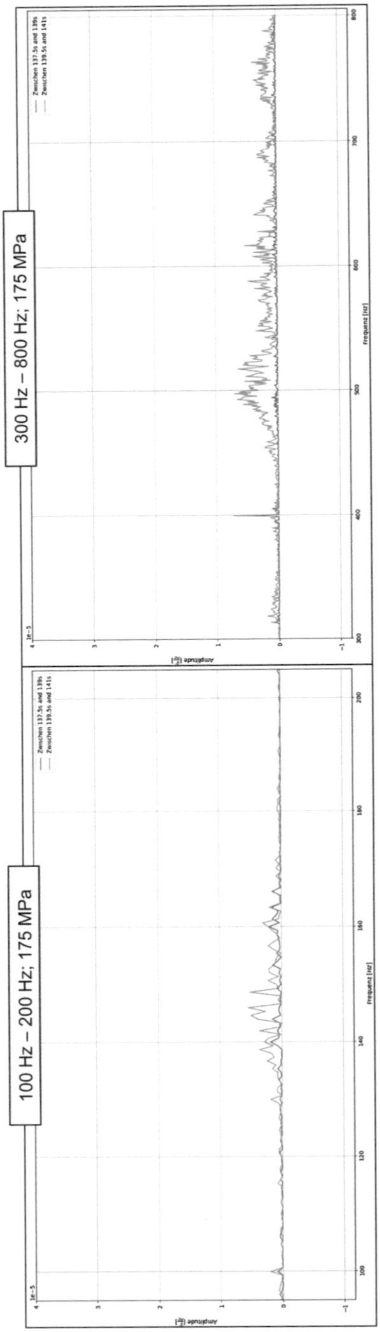

Abb. 5.47 PSDs über 1,5 s für verschiedene Beschleunigungspeaks

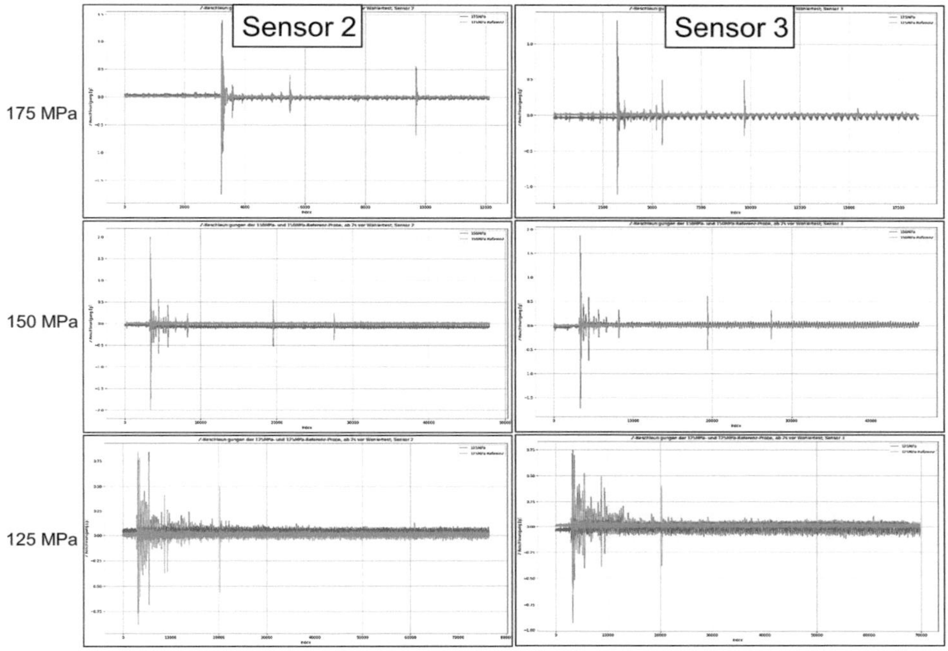

Abb. 5.48 Sensordaten der Wöhlerprüfungen ab 2 s vor Beginn

Bauteilkomponenten trotz des entstehenden Fremdkörpereffekts, da aufgrund der geringeren Sensitivität der aufgeklebten Sensoren bei geringeren Lasten ein Verlust an Information und damit zu einer Fehleinschätzung der kumulierten Bauteilbelastung zu erwarten ist.

Zusammenfassung

Zusammenfassend lässt sich aus den Untersuchungen zur Probenermüdung mit und ohne Sensorbänder schließen, dass die Sensoren einen Fremdkörpereffekt bei quasi-statischer und zyklischer Zugbelastung hervorrufen, welcher zu einem frühzeitigen Probenversagen führt. Hinsichtlich thermischer Belastungen führen die Temperaturwechsel zu keiner Veränderung des Materials bezüglich E-Moduln und einer leicht aber signifikant reduzierten Zugfestigkeit. Es treten weiterhin keine signifikanten Veränderungen für Eigenfrequenzen und Dämpfungsmaße auf. Die Sensoren und das GFK-Material halten somit 180 Temperaturzyklen, entsprechend dem Lastenheft für Inverterdeckel, stand. Aus den zyklischen Zugversuchen ist ableitbar, dass verschiedene Faktoren Einfluss auf die Proben- und Sensorlebensdauern haben. Ein Faktor hierfür ist zunächst die Art des Glob-Tops, wie aus dem Vergleich von Eccobond- und Katiobond-Glob-Top in den ersten beiden Probensätzen hervorgeht. Während eine höhere Zugfestigkeit und ein höherer E-Modul zu einer längeren Probenlebensdauer verhelfen, schwächen diese die Sensorlebensdauer. Des Weiteren

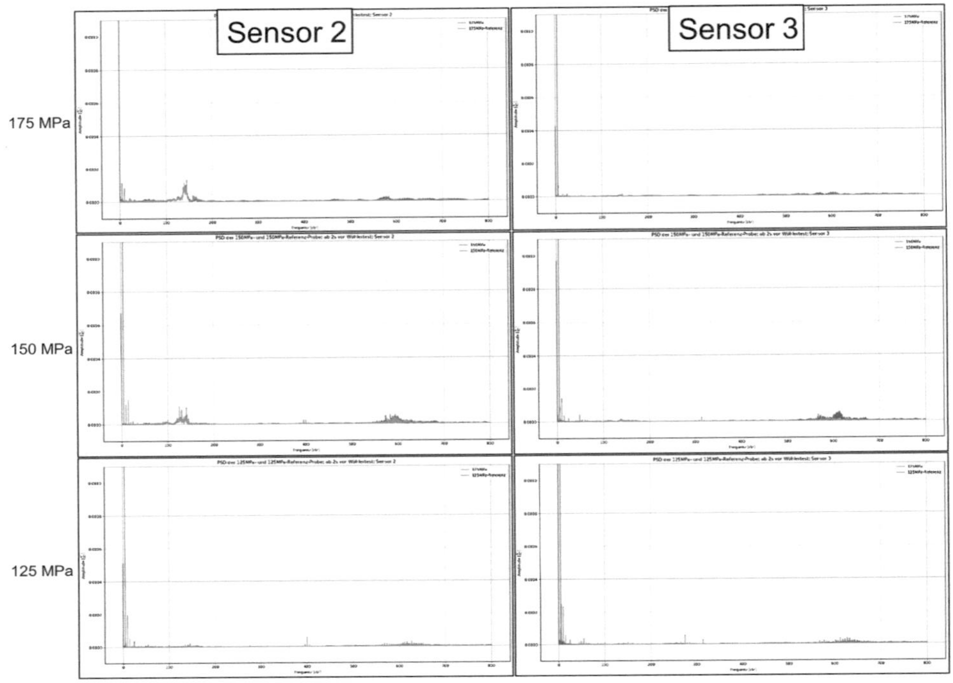

Abb. 5.49 PSDs der Wöhlerprüfungen ab 2 s vor Beginn

verhilft die eingesetzte ORW-Technologie und eine Reduzierung der Glob-Top-Menge zu einer niedrigeren Ausfallwahrscheinlichkeit durch den RTM-Prozess. Jedoch führen auch diese Schritte zu einer weiteren Reduzierung der Proben- und Sensorlebensdauern. Damit lässt sich für digitale Sensorik folgern, dass zu integrierende Sensoren noch kleiner werden müssen und idealerweise faserbasiert sind.

Aus den Analysen der Sensordaten im Wöhlerversuch des dritten Probensatzes lässt sich ableiten, dass aufgeklebte BMA456-Sensoren ähnliche Schwingungen messen wie die integrierten Sensoren. Jedoch messen integrierte Sensoren in den analysierten Daten größere Beschleunigungspeaks, wie in den Vergleichen der Zeitreihendaten zu sehen, und weisen höhere Amplituden in den PSDs auf. Hierbei wurden zwei Bereiche von höheren Amplituden in den PSDs festgestellt, welche mit steigender Last höhere Amplituden aufweisen. Ebenfalls sind die Amplituden in diesen Bereichen für stärkere Beschleunigungspeaks der Zeitreihen größer. Durch weitere Untersuchungen der Schädigungsmechanismen, insbesondere neu entstehende Delaminationen und Delaminationsfortschritt, und deren Auswirkungen auf lokale PSDs kann somit eine Art Lebensdauerüberwachung im Sinne von SHM umgesetzt werden.

5.1.5 Untersuchung des Ermüdungsverhalten der Grundmaterialien

Das Ermüdungsverhalten eines Materials wird mit sogenannten Wöhler-Linien dargestellt, welche die Anzahl der Zyklen bis zum Materialversagen bei einem bestimmten Lastniveau und einem bestimmten Lastverhältnis R beschreiben, welches das Verhältnis der minimalen Last zur maximalen Last bezeichnet. Zur Bestimmung der Kurven werden Proben bei einem Lastniveau (z. B. maximale Kraftamplitude) mit einer Wechselbelastung getestet und die Zyklenzahl beim Versagen in das Wöhlerdiagramm übertragen. Die Reinharz- und Aluminiumproben werden in ihrem mittleren Bereich tailliert, um ein reproduzierbares Versagen zu erreichen [53]. Für die Ermüdungsuntersuchung am Gewebematerial werden die untaillierten Proben der quasistatischen Untersuchung verwendet. Die Proben werden in einer servo-hydraulischen Prüfmaschine von Schenk eingespannt und mit einer Frequenz von 1 Hz (für die Reinharzproben) bzw. 5 Hz (für die Aluminium- und Gewebeproben) zyklisch getestet. Die Belastung ist mit einer Kraftregelung konstant gehalten. Aufgrund der Versuchsdauer wurden Versuche über 10^6 Zyklen abgebrochen. Zur Auswertung der Versuche wird die Methode von Sendeckyj verwendet, welche eine Interpolation der Messpunkte im Bereich der Kurzzeitfestigkeit als auch der Langzeitfestigkeit zur Ableitung der Wöhler-Linien ermöglicht [54]. Die Wöhler-Linie wird im Modell von Sendeckyj durch fünf Parameter R, C, S, α und β beschrieben. Die Parameter R, C und S beschreiben die Form der Wöhler-Kurve und die Steigung in der Kurzzeit- und Langzeitfestigkeit, während die Parameter α und β die Weibull-Verteilung der experimentellen Daten abbilden. Abb. 5.50, 5.51 und 5.52 stellen die Ergebnisse der Ermüdungsversuche der drei Materialien dar.

Das Reinharzmaterial zeigt ein anderes Ermüdungsverhalten als bei den anderen getesteten Materialien, bei dem die Wöhler-Linie kein Plateau im Bereich der Kurzzeitfestigkeit besitzt. Bei 50 % der Festigkeit liegt die Lebensdauer bei ca. 2000 Zyklen. Diese niedrige Lebensdauer kann aus Fertigungsdefekten wie z. B. Poren resultieren. Die Dauerfestigkeit wird bei ca. 10^6 Zyklen und ca. 30 % der Festigkeit erreicht.

Der Bereich der Kurzzeitfestigkeit des GFK-Materials liegt oberhalb von 80 % seiner Festigkeit und unterhalb von 100 Zyklen. Aufgrund der Testdauer, konnte die Dauerfestigkeit nicht ermittelt werden.

Die Wöhler-Linien des Aluminiummaterials zeigen eine eindeutige Abhängigkeit zum Lastverhältnis und die Lebensdauer der Proben unter Wechselbelastung ($R = -1$) sinkt im Bereich der Kurz- und Langzeitfestigkeit im Vergleich zur Zugschwellbelastung ($R = 0{,}1$). Der Bereich der Kurzzeitfestigkeit unter Zugschwellbelastung liegt oberhalb von 75 % der Festigkeit und unterhalb von 20.000 Zyklen. Die Dauerfestigkeit liegt unterhalb von 25 % der Festigkeit bei ca. 10^6 Zyklen.

Die abgeleiteten Parameter des Sendeckyj-Modells sind in Tab. 5.9 zusammengefasst und werden zur Generierung der Wöhler-Linien in den Simulationsmodellen verwendet.

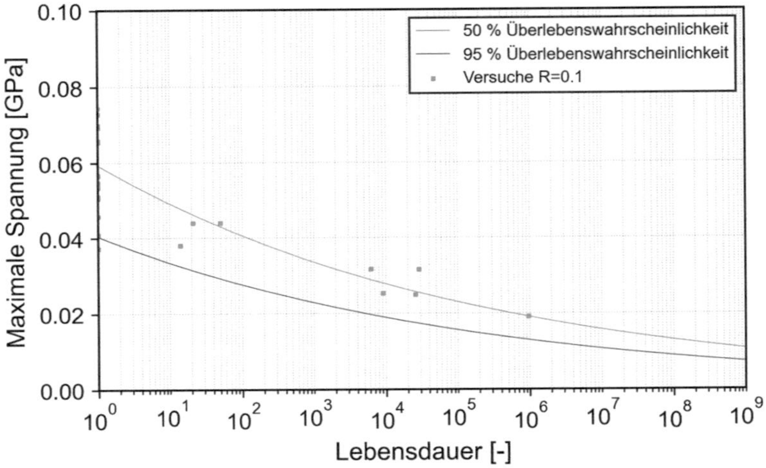

Abb. 5.50 Wöhlerlinien für das Reinharzmaterial bei Überlebenswahrscheinlichkeiten von 50 % und 95 % und für $R = 0{,}1$

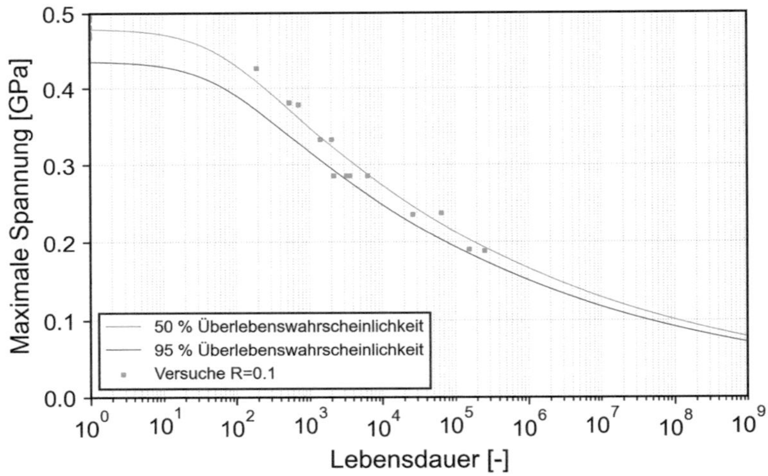

Abb. 5.51 Wöhlerlinien für das GFK-Gewebematerial bei Überlebenswahrscheinlichkeiten von 50 % und 95 % und für $R = 0{,}1$

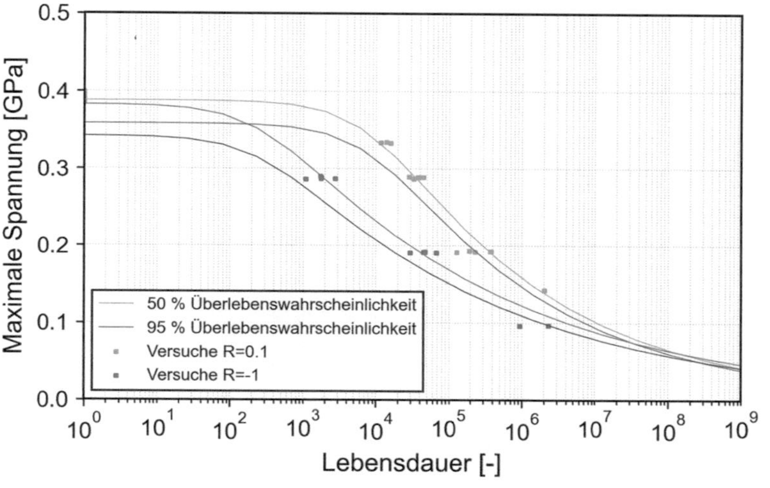

Abb. 5.52 Wöhlerlinien für das Aluminiummaterial bei Überlebenswahrscheinlichkeiten von 50 % und 95 % und für $R = 0{,}1$ und $R = -1$

Tab. 5.9 Parameter des Ermüdungsmodells von Sendeckyj für die untersuchte Materialien

	R	C	S	α	β
Reinharz	0,1	1	0,082	6,76	0,063
GFK	0,1	0,01733	0,108	27,13	0,485
Aluminium	0,1	0,000104	0,193	33,14	0,392
Aluminium	−1	0,003646	0,139	23,36	0,389

5.2 Materialmodellierung und virtuelles Testen

Die ausführliche Charakterisierung der mechanischen und thermischen Eigenschaften von Faserverbundkunststoffen (FVK) erfordert einen erheblichen experimentellen Aufwand. Insbesondere zeichnen sich textilbasierte FVK durch eine komplexere Faserarchitektur gegenüber unidirektionalen Werkstoffen aus, welche eine Auswirkung auf die Testmethoden hat (stärkere Randeffekte, größere Probengeometrien usw.). Mit der Entwicklung von numerischen Berechnungsmethoden und der rapiden Verbesserung der Berechnungskapazitäten hat das Potenzial von virtuellem Testen (in English „*virtual testing*“) als Ersatz zu experimentellen Versuchen zugenommen. Diese ermöglichen eine Berechnung der Materialeigenschaften auf unterschiedlichen Detaillierungsebenen, sogenannten Materialskalen. Multiskalenansätze finden für FVK Materialien auf mikroskopischer Ebene (Skalen einer einzelnen Faser), auf mesoskopischer Ebene (Skalen eines Faserbündels) und auf makroskopischer Ebene (Skalen des gesamten Laminats) statt. Auf jeder Ebene werden die korrespondierenden Materialeigenschaften bestimmt und für eine Berechnung auf weiteren Ebenen übertragen. Multiskalenmethoden basieren im allgemeinen Fall auf besonders detaillierten Modellen, welche einen hohen Rechenaufwand haben. Zur Reduzierung des Aufwandes, wird das Prinzip des repräsentativen Volumenelements (rVE) verwendet, welches die Berechnung auf die kleinste geometrische Einheit begrenzt, die das Verhalten des Ganzen darstellt. Die externe Belastung wird mithilfe von periodischen Randbedingungen ins rVE eingeleitet [55]. Im Fall eines Gewebes ist ein rVE durch eine Bindung repräsentiert. In diesem Kapitel wird eine Multiskalenmethode zur Berechnung der Eigenschaften von Gewebematerialien präsentiert. Die virtuelle Materialcharakterisierung ist ein wichtiger Bestandteil des Digitalen Fingerabdrucks und erlaubt eine schnelle Abschätzung des eingesetzten Materials in der Bauteilvorentwicklung.

5.2.1 Modellierung der Aluminiumstruktur

Wie in Abschn. 4.1 erläutert wird das Gehäuse der Leistungeelektronik in Profilbauweise substituiert. Die Herausforderung dabei liegt in den geforderten Crash-Lastfällen, welche zur Dimensionierung herangezogen werden müssen. Der kritische Lastfall ist dabei eine Beschleunigung mit 50 g, die auf das Gehäuse wirken. Durch die Extrusionsbauweise sind Fügestellen zwischen den Profilen notwendig, die der Beanspruchung standhalten müssen, ohne die Funktionsweise wie Dichtheit und Integrität zu gefährden. Die Fügung selbst ist wie beschrieben mithilfe von Strukturklebstoff verwirklicht, welcher in der Simulation durch Solid-Elemente abgebildet wird. Die Modellierung der Aluminiumstruktur wird mithilfe von Schalenlementen vorgenommen.

Zur Abbildung vom Verhalten des Aluminiummaterials wird das isotrope Materialmodell *MAT_024 (*MAT_PIECEWISE_LINEAR_PLASTICITY) mit einem Versagenskriterium nach von-Mises ausgewählt. Das Materialverhalten in der Simulation wird mit den experimentellen Versuchsergebnissen aus Abschn. 5.1.2 verglichen (siehe Vergleich in Abb. 5.53). Das simulierte Verhalten der Zugproben ist in guter Übereinstimmung mit dem experimentell ermittelten mechanischen Verhalten des Aluminiummaterials.

Mir Hilfe der Simulationsergebnisse (siehe Abb. 5.54) kann eine Optimierung der Struktur hinsichtlich Maximierung des Leichtbaus vorgenommen werden. Durch Anpassungen einzelner Wandstärken der Extrusionsprofile ist eine optimale Ausnutzung des Materials möglich. Somit ist eine Gewichtsreduktion von ca. 30 % gegenüber des initialen Extrusions-Designs und sogar ca. 40 % bezüglich der ursprünglichen Guss-Variante zu erreichen.

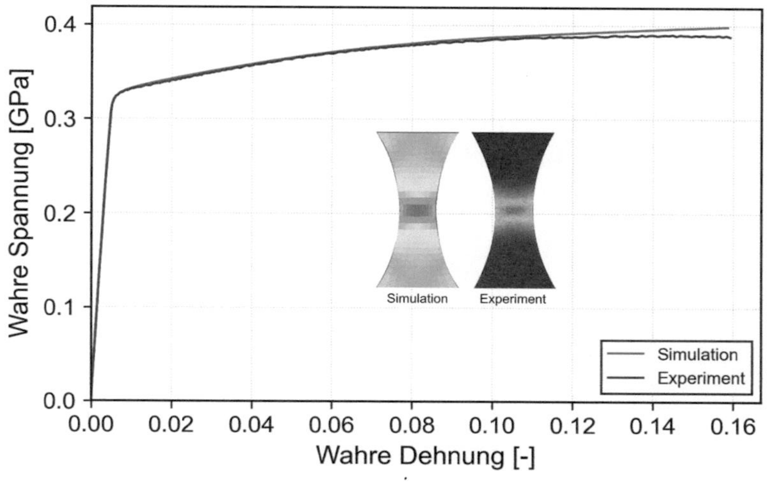

Abb. 5.53 Experimentelles und numerisches Verhalten einer Zugprobe aus Aluminium

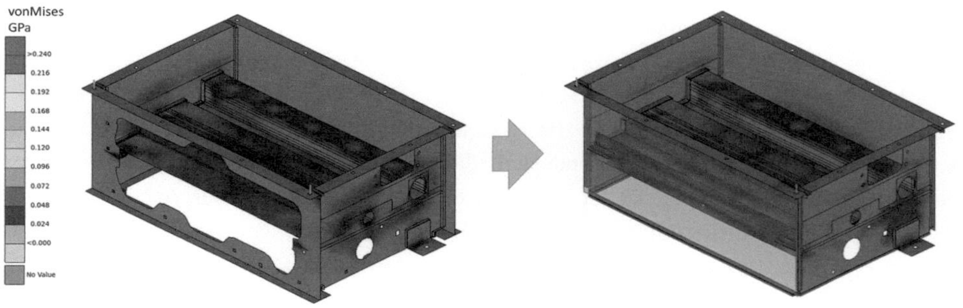

Abb. 5.54 Simulationsergebnisse und Optimierung des Aluminium-Gehäuses

5.2.2 Modellierung des trockenen Gewebematerials

Die Durchführung einer prognosefähige Drapiersimulation (Abschn. 5.4.2) erfordert die Kenntnis über das Verhalten einer trockenen Gewebelage. Die durchgeführte experimentelle Materialcharakterisierung unter Zug- und Schubbelastung aus Abschn. 5.1.1 dient als Grundlage für die Generierung einer Materialkarte zur Abbildung des Lagenverhaltens mithilfe des Materialmodels *MAT_249 (*MAT_REINFORCED_THERMOPLASTIC). Die wahren Spannungsdehnungskurven unter uniaxialer Zugbelastung und unter Schubbelastung werden aus den Versuchsdaten abgeleitet. Die Simulationsergebnisse in Abb. 5.55 stimmen mit den experimentellen Ergebnissen gut überein.

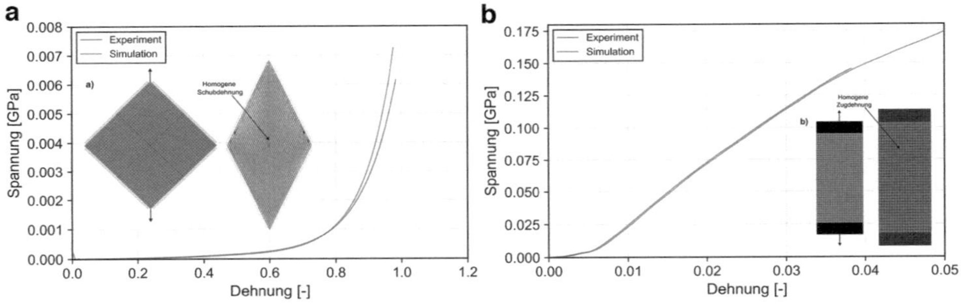

Abb. 5.55 Abgleich der makroskopischen Simulation der Textilversuche unter Schubbelastung a) und Zugbelastung b) mit den experimentellen Ergebnissen

5.2.3 Mikroskopische Materialmodellierung FVK

Auf der mikroskopischen Ebene werden die einzelnen Fasern, das Harzmaterial und die Anbindung zwischen diesen zwei Komponenten modelliert. Die Einheitszelle wird mit dem Nearest Neighbour Algorithm (NNA) erzeugt [56], indem Fasern iterativ in der Umgebung einer Referenzfaser mit einem zufälligen Abstand zueinander bis zur Erreichung eines bestimmten Faservolumengehalts generiert werden. Aufgrund der kreisförmigen Geometrie der Fasern und der Zufälligkeit des Algorithmus, hängt der erreichte Faservolumengehalt von der Größe des rVE ab (source). Vorherige Forschungsergebnisse zeigen, dass die Breite des rVE mindestens das 15-fache des Faserdurchmessers entsprechen soll, um die Konvergenz der Ergebnisse zu erreichen. In dieser Arbeit wurde der NNA-Algorithmus in Python implementiert. Das in Abb. 5.56 generierte rVE wurde mit den im Abschn. 5.1.3 berechneten Verteilungen generiert.

Anschließend werden die verschiedenen rVE mit dem expliziten Solver LS-DYNA unter Zug, Druck und Schub in den verschiedenen Hauptrichtungen belastet und die resultierenden Materialeigenschaften abgeleitet. Die für die Simulation verwendeten Materialeigenschaften des Harzes und der Fasern sind in Tab. 5.10 zusammengefasst. Zur Abbildung des isotropen Materialverhaltens des Harzes und des orthotropen Materialverhaltens der Fasern werden die Materialmodelle *MAT_187 (*MAT_SAMP-1) und *MAT_054 (*MAT_ENHANCED_COMPOSITE_DAMAGE) verwendet. Die thermischen Eigenschaften der Materialien werden mit einer zusätzlichen Materialkarte *MAT_ADD_THERMAL_EXPANSION berücksichtigt.

Die Faser/Harz-Ablösung wird mit einer Kontaktformulierung *CONTACT_AUTOMATIC_SURFACE_TO_SURFACE_TIEBREAK und einem Kohäsivzonenmodell (Option 11) abgebildet. Das kohäsive Modell basiert auf einem Traction-Separation-Gesetz und benötigt die Energiefreisetzungsrate in Mode I (Delamination unter Zug normal zur Kontaktfläche) und in Mode II (Delamination unter Schub), welche aus der Literatur entnommen werden [57]. Nach Simulation aller Belastungsfälle können alle

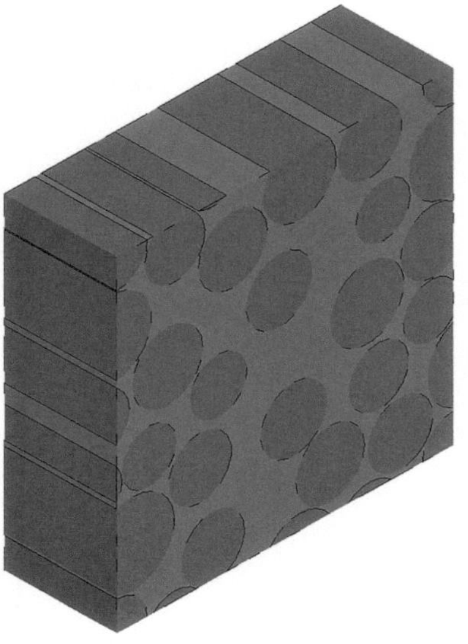

Abb. 5.56 Generiertes Modell einer unidirektionalen Schicht auf mikroskopischer Ebene

Tab. 5.10 Materialeigenschaften des Reinharzmaterials und der Fasern für die mikroskopische Simulation

Fasern	E_{11}	E_{22}	E_{33}	ν_{12}	ν_{13}	ν_{23}
	80 GPa	80 GPa	80 GPa	0,21	0,21	0,21
	G_{12}	G_{13}	G_{23}	$\alpha_{11,faser}$	$\alpha_{22,faser}$	$\alpha_{33,faser}$
	33 GPa	33 GPa	33 GPa	$5{,}3 \cdot 10^{-6}\ K^{-1}$	$5{,}3 \cdot 10^{-6}\ K^{-1}$	$5{,}3 \cdot 10^{-6}\ K^{-1}$
	S_{11t}	S_{11c}	S_{22t}	S_{22c}	S_{12}	
	3,5 GPa	3,5 GPa	∞	∞	∞	
Reinharz	E_{harz}	G_{harz}	ν_{harz}	$S_{harz,t}$	$S_{harz,c}$	α_{harz}
	3,0 GPa	1,4 GPa	0,40	87 MPa	254 MPa	$50 \cdot 10^{-6}\ K^{-1}$

Materialparameter für die Bedatung einer Materialkarte für unidirektionale Faserverbundschichten generiert werden. In Abb. 5.57 ist das Materialverhalten der mikroskopischen Modelle für neun Lastfälle abgebildet. Die daraus abgeleiteten Materialeigenschaften sind Abb. 5.58 und 5.59 zu entnehmen.

Zusätzlich zur mechanischen Belastung wird eine thermische Belastung mit einer Rampe von −20 °C bis 50 °C und von 20 °C bis −30 °C auf die rVE aufgebracht und die thermische Ausdehnung während der Aufwärmung und der Abkühlung in den drei Materialrichtungen numerisch ermittelt (Abb. 5.60). Eine Kopplung des mechanischen und des thermischen Materialverhaltens ist möglich, um eine Änderung der mechanischen Eigenschaften bei niedrigen oder hohen Temperaturen zu berücksichtigen, allerdings erfordert diese Kopplung bei diesem Detaillierungsgrad erhebliche Rechenzeiten. Die Entkopplung

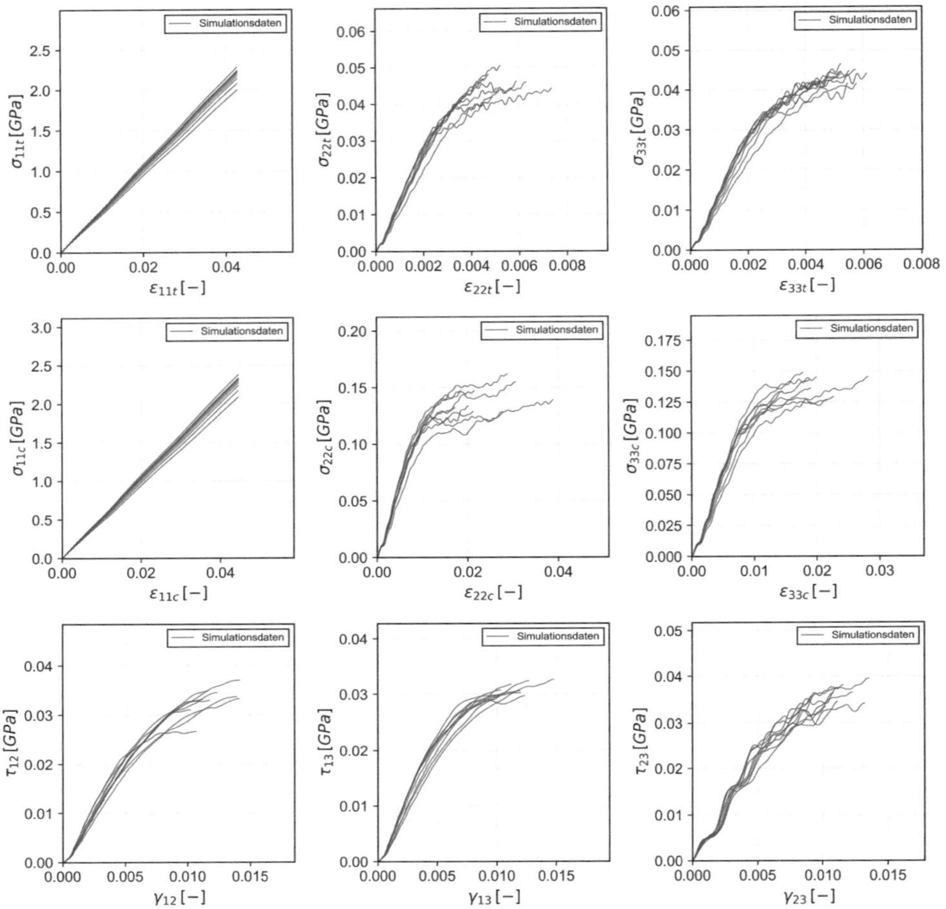

Abb. 5.57 Spannungs-Dehnungskurven der mikroskopischen Modelle für neun Belastungsfälle

der mechanischen und thermischen Effekte führt zu einem linearen Zusammenhang zwischen der thermischen Belastung und der mechanischen Ausdehnung des Materials. Bei −30 °C und 50 °C sind von-Mises Spannungen bis 20 MPa in den Reinharzbereichen zwischen den Fasern zu beobachten. Bei diesen Temperaturen sind noch keine Delaminationen im Material sichtbar. Die erzielten Simulationsergebnisse sind in Tab. 5.11 zusammengefasst.

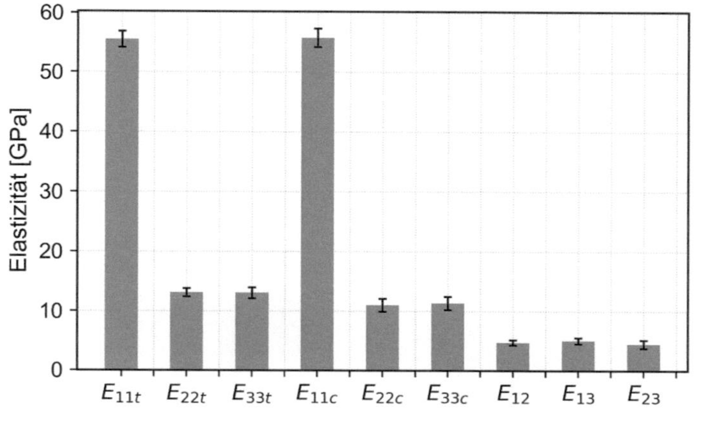

Abb. 5.58 Ermittelte Elastizitäten der mikroskopischen Modelle

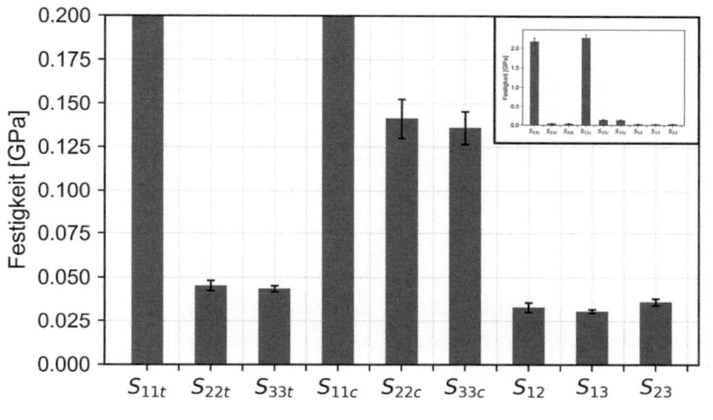

Abb. 5.59 Ermittelte Festigkeiten der mikroskopischen Modelle

5.2.4 Mesoskopische Materialmodellierung FVK

Auf der mesoskopischen Ebene werden die Faserbündel, welche aus tausenden einzelnen Fasern bestehen, das Harzmaterial und die Anbindung modelliert. Die Berechnung auf mesoskopischer Ebene basiert auf der durchgeführten Arbeit aus dem Projekt DigitPro [58, 59] für textilbasierten FVK. Zur Generierung eines 3D-Modells des gewebten Textils werden die Tex-Zahl, das Gewebemuster und die zu erreichende Laminatwandstärke benötigt. Die Geometrie der Rovings wird automatisch mit der Software TexGen generiert und mit Tetraeder-Elementen vernetzt [60]. Im Projekt DFA wird in einem zweiten Schritt die Kompaktierung des trockenen Halbzeugs mit zwei starren Platten durchgeführt,

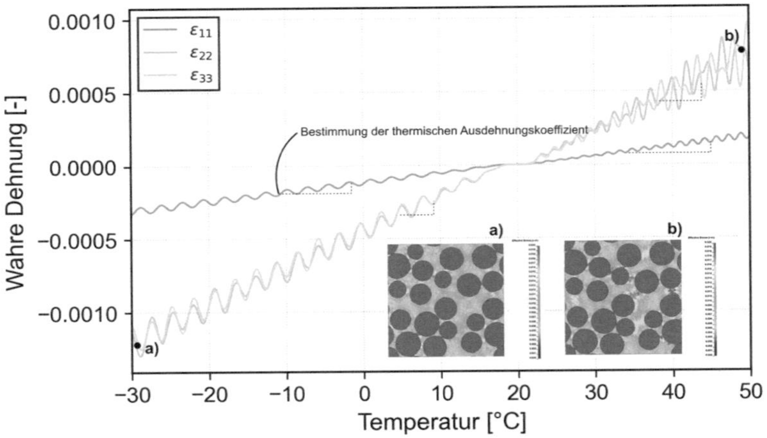

Abb. 5.60 Ausdehnung des mikroskopischen Modells einer unidirektionalen Schicht bei negativen und positiven Temperaturgradienten

Tab. 5.11 Ermittelte thermische Ausdehnungskoeffizienten der unidirektionalen Schicht durch die Simulation

α_{11}	α_{22}	α_{33}
$7{,}0 \cdot 10^{-6}\ \text{K}^{-1}$	$2{,}6 \cdot 10^{-5}\ \text{K}^{-1}$	$2{,}0 \cdot 10^{-5}\ \text{K}^{-1}$

um die Randbedingungen des RTM-Prozesses abzubilden. Während der Kompaktierung werden die Lücken zwischen den Lagen und innerhalb der Lagen geschlossen. Dadurch erhöht sich der globalen Faservolumengehalt des Textils und der lokale Faservolumengehalt in den Rovings. Für die generierten Einheitszellen wird ein Faservolumengehalt von circa 55 % erreicht. Die Kompaktierungsimulation und die Generierung der Einheitszelle sind in Abb. 5.61 dargestellt.

Zur Simulation des Harzverhaltens auf mesoskopischer Ebene wird weiterhin das Materialmodell der mikroskopischen Ebene mit *MAT_187 verwendet. Die orthotropen Faserbündel werden mit dem Materialmodell *MAT_262(*MAT_LAMINATED_FRACTURE_DAIMLER_CAMANHO) und mit den Materialeigenschaften aus den mikroskopischen Simulationen (Tab. 5.12) simuliert. Dabei werden unterschiedliche Faser- und Matrixversagenskriterien unter Zug-, Druck- und Schubbelastung für unidirektionale FVK implementiert. Die Delamination der Rovings wird mit dem gleichen Kohäsivzonenmodell und gleicher Kontaktformulierung wie im mikroskopischen Modell numerisch abgebildet. Die Simulationen der generierten Einheitszellen unter Zug und Druck in axialer und transversaler Richtung sowie unter Schub in der Ebene erlauben die Bestimmung der Materialeigenschaften des Gewebes, welche auf makroskopischer Ebene

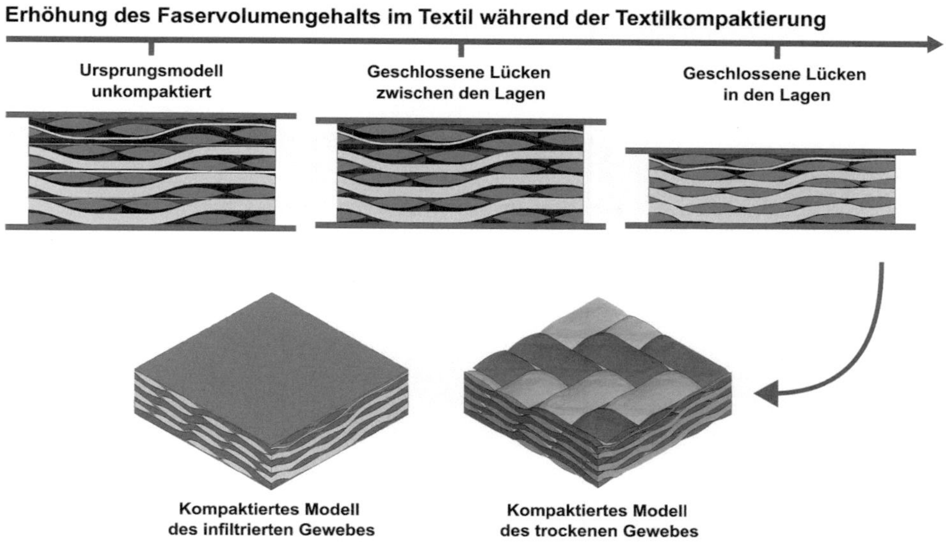

Abb. 5.61 Generierung des Modells eines Gewebes auf mesoskopischer Ebene mit Kompaktierung

für die Strukturberechnung verwendet werden können. In Abb. 5.62 ist das Materialverhalten der mikroskopischen Modelle für fünf Lastfälle abgebildet. Die daraus abgeleiteten Materialeigenschaften sind Abb. 5.63 und 5.64 zu entnehmen. Das axiale und transversale Zugverhalten des Materials wird in der Simulation relativ gut abgebildet und stimmt mit den experimentellen Daten überein. Mögliche Abweichungen können durch den Faservolumengehalt in den Rovings bzw. durch die reduzierte Kompaktierung der Rovings erklärt werden. Das Druckverhalten und die Druckfestigkeit des Gewebematerials sind gegenüber den experimentellen Kennwerten stark unterschätzt. Die Druckfestigkeit ist von mehreren Effekten wie der Geometrie und Welligkeit der Rovings abhängig sowie von Stabilitätseffekten beeinflusst. Eine Erhöhung der Vorhersagegüte würde weitere Untersuchungen zu diesen Thematiken erfordern.

Tab. 5.12 Materialeigenschaften der Rovings für die mesoskopische Simulation

Rovings	E_{11}	E_{22}	E_{33}	ν_{12}	ν_{13}	ν_{23}
	54,8 GPa	13,5 GPa	12,6 GPa	0,024	0,026	0,38
	G_{12}	G_{13}	G_{23}	$\alpha_{11,\,Roving}$	$\alpha_{22,\,Roving}$	$\alpha_{33,\,Roving}$
	4,2 GPa	4,3 GPa	4,0 GPa	$5{,}3 \cdot 10^{-6}$	$5{,}3 \cdot 10^{-6}$	$5{,}3 \cdot 10^{-6}$
	S_{11t}	S_{11c}	S_{22t}	S_{22c}	S_{12}	
	2,2 GPa	2,1 GPa	39 MPa	145 MPa	34 MPa	

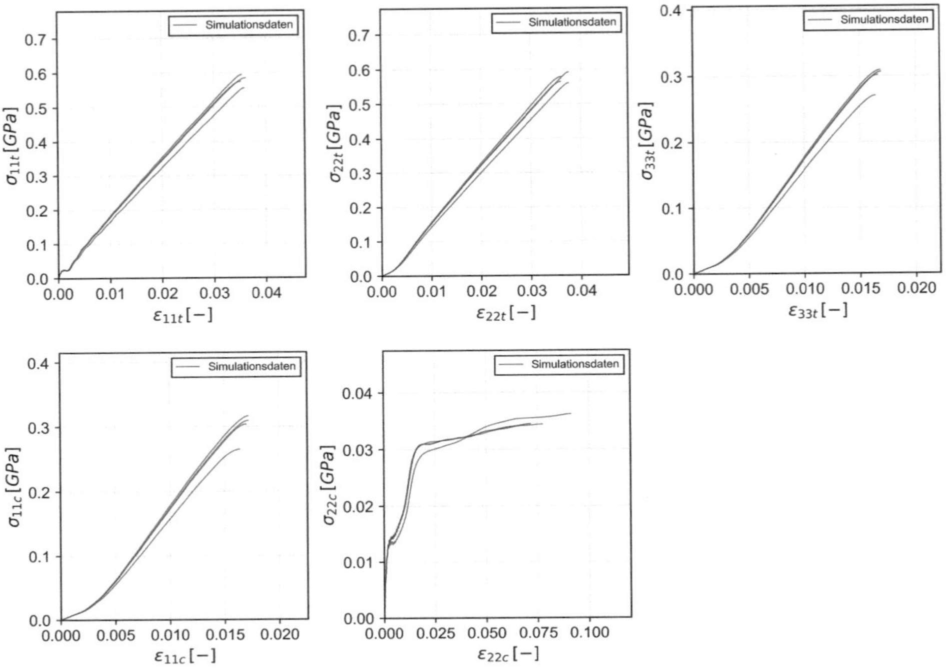

Abb. 5.62 Spannungs-Dehnungskurven der mesoskopischen Modelle für fünf Belastungsfälle

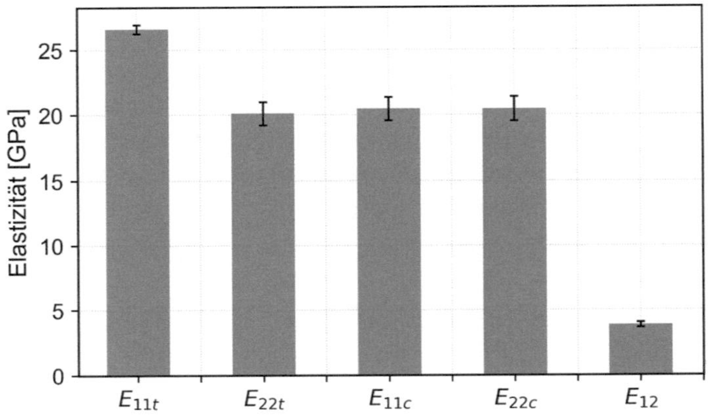

Abb. 5.63 Ermittelte Elastizitäten der mesoskopischen Modelle

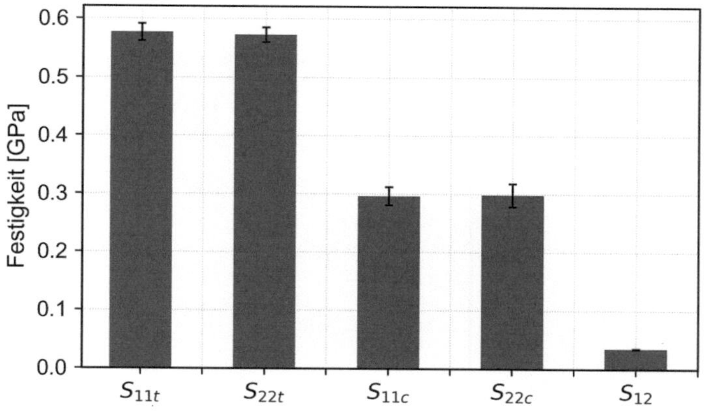

Abb. 5.64 Ermittelte Festigkeiten der mesoskopischen Modelle

Tab. 5.13 Ermittelte thermische Ausdehnungskoeffizienten der unidirektionalen Schicht in Simulation

α_{11}	α_{22}	α_{33}
$5{,}4 \cdot 10^{-6}\ \text{K}^{-1}$	$6{,}4 \cdot 10^{-5}\ \text{K}^{-1}$	$2{,}0 \cdot 10^{-5}\ \text{K}^{-1}$

Die thermische Simulation wird anschließend zur Bestimmung der thermischen Ausdehnungskoeffizienten des gewebten Textils durchgeführt. Hierfür werden die thermischen Eigenschaften aus Tab. 5.10 und aus Tab. 5.12 jeweils für das Reinharzmaterial und die Rovings verwendet. Die numerisch ermittelten Ausdehnungskoeffizienten des mesoskopischen Modells sind in (Tab. 5.13) zusammengefasst. Das Verhalten der Einheitszelle unter thermische Belastung ist in Abb. 5.65 dargestellt.

5.2.5 Makroskopische Simulation von FVK-Materialien und -Strukturen

Auf makroskopischer Ebene werden die Materialeigenschaften des Gewebes in homogenisierter Form und unabhängig von lokalen Effekten in der Simulation betrachtet (Tab. 5.14). Das gewebte FVK Material wird mit einem orthotropen Materialmodell dargestellt, wie z. B. das *MAT_157 (*MAT_ANISOTROPIC_ELASTIC_PLASTIC) oder das bereits genannte *MAT_054. Jede Gewebelage wird mit einem TSHELL Element in Dickenrichtung modelliert und mögliche Delaminationsflächen zwischen den Lagen werden mit einer kohäsiven Schicht simuliert, entsprechend der kohäsiven Kontaktformulierung aus Abschn. 5.2.3.

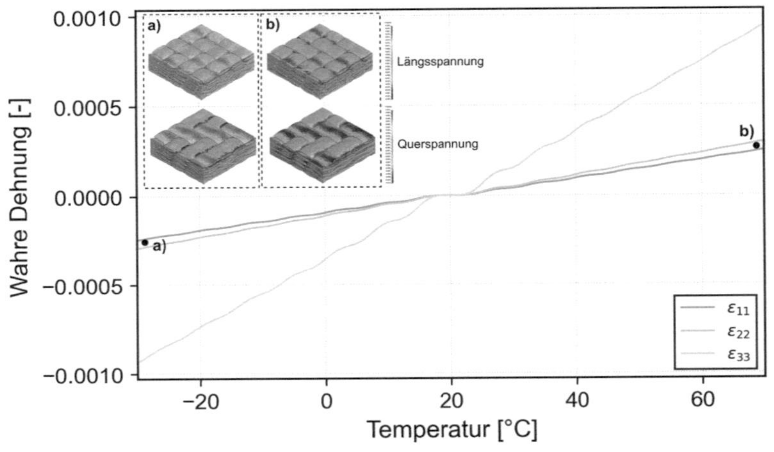

Abb. 5.65 Ausdehnung des mesoskopischen Modells des Gewebematerials bei negativen und positiven Temperaturgradienten

Tab. 5.14 Materialeigenschaften des Gewebematerials für die makroskopische Simulation (kursive Kennwerte wurden abgeschätzt)

Gewebe	E_{11}	E_{22}	E_{33}	ν_{12}	ν_{13}	ν_{23}
	26,6 GPa	20,1 GPA	5,0 GPa	0,15	0,040	0,040
	G_{12}	G_{13}	G_{23}			
	3,9 GPa	2,5 GPa	2,5 GPa			
	S_{11t}	S_{11c}	S_{22t}	S_{22c}	S_{12}	
	0,58 GPa	0,30 GPa	0,57 GPa	0,30 GPa	35 MPa	

Die Simulationen auf makroskopischer Ebene weisen ähnliche Charakteristiken und Abweichungen im Vergleich zu den experimentellen Daten auf wie auf mesoskopischer Ebene (Abb. 5.66). Während die Zugversuche das korrekte Versagen abbilden, versagen die Druckproben deutlich früher als in den experimentellen Versuchen.

Nach Validierung des makroskopischen Modells wird eine Impactsimulation an dem DFA-Bauteil durchgeführt, indem das Bauteil sukzessive von einem runden Aufprallkörper bei 1 J, 2 J und 5 J an unterschiedlichen Stellen impaktiert wird (Abb. 5.67a). Diese Simulation soll Informationen über das Auftreten von möglichen Schädigungen während eines „Tool-Drop" Ereignisses liefern. In Abb. 5.67b sind die Kraft-Verschiebungskurven für die drei Impacts dargestellt. Bei dem Impact mit 1 J werden keine Schädigungen verursacht. Ab 2 J versagt das Material lokal in der Impactzone. Die Ergebnisse dieser Pre-Test-Simulationen werden mit den Ergebnissen des experimentellen Impactversuchs in Abschn. 6.1.1 verglichen.

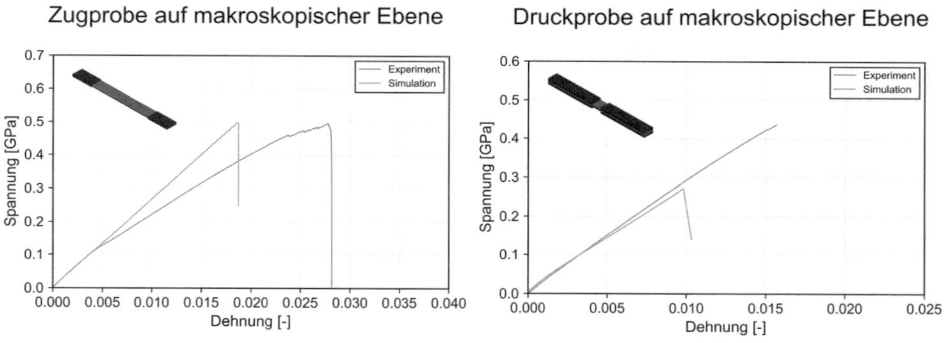

Abb. 5.66 Abbildung der Zug- und Druckproben auf makroskopischer Ebene zur Überprüfung der generierten Materialkarten

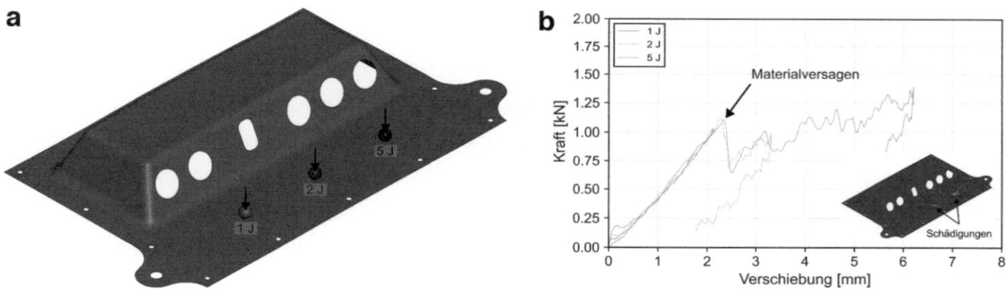

Abb. 5.67 a) Makroskopische Impactsimulation auf Bauteilebene unter Anwendung der virtuell abgeleiteten Materialkarte und b) Simulationsergebnisse

5.3 Modellierung der Textilarchitektur unter Berücksichtigung von Fertigungsrandbedingungen

In diesem Kapitel werden die Randbedingungen der Sensor-integrierten Textilarchitektur und die Datenübertragung von Simulation zu Simulation in der LS-DYNA Umgebung thematisiert. Die Eingangsdaten der einzelnen Simulationsschritte sowie die daraus resultierenden übertragbaren Eigenschaften werden erläutert. Envyo® und die Mapping-Optionen, die mithilfe einer ASCII-basierten, sogenannten „mapping info"-Datei in Envyo® zugeführt werden, werden ebenfalls besprochen.

5.3.1 Mapping der Gewebeeigenschaften auf ein mehrlagiges Drapiersimulationsmodell

Im Projekt DFA sollen Informationen aus der Fertigung in eine Simulationskette integriert und deren Einfluss auf das Simulationsergebnis abgeleitet werden. Im Fall von textilbasierten FVK-Materialien, ist die Textilarchitektur des Gewebematerials von besonderer Bedeutung, denn sie kann stark die mechanischen Eigenschaften und Versagensmechanismen beeinflussen [61]. Zum Beispiel spielt die aus dem Webmuster resultierende Welligkeit der Rovings eine besondere Rolle für die intra- und interlaminaren mechanischen Eigenschaften des Verbundmaterials. Zur Berücksichtigung der Faserarchitektur, werden Balkenelementen aus den mesoskopischen Gewebe-Modellen generiert und durch Duplizieren in ein größeres Modell umwandelt (Abb. 5.68).

Das erzeugte Netz wurde im nativen LS-DYNA-Format zur Verfügung gestellt. Die Darstellung der Fasern mittels Balkenelementen ermöglicht es die Richtungen und Ondulationen des Gewebes zu extrahieren. Diese Informationen sind notwendig, um einen möglichst genauen Modellaufbau zu erhalten und das anisotrope Verhalten des Materials in der darauffolgenden Drapiersimulation entsprechend zu berücksichtigen.

Einige Vorbedingungen sollten vorab geklärt werden, um einen geeigneten Mapping-Prozess zu definieren. Dabei sind Datenextraktion und -manipulation von den gewählten Materialmodellen und der ausgewählten Simulationsmethodik abhängig. Erfahrungen mit dem Prozess und eine möglichst genaue Vorstellung davon, wie dieser mittels Simulation abgebildet werden soll, sind daher unabdingbar. Für die hier gezeigten Modelle wurden viereckige Schalenelemente verwendet, um das Drapiersimulationsmodell zu erstellen. Als Materialmodell wurde ein anisotropes hyperelastisches Material `*MAT_REINFORCED_THERMOPLASTIC` (`*MAT_249`) ausgewählt [62]. Die Initialisierung von einer bis zu drei Faserrichtungen pro Integrationspunkt (IP) kann mithilfe von Geschichtsvariablen im Keyword `*INITIAL_STRESS_SHELL` erfolgen was es ermöglicht, das Verhalten von biax- und triaxialgeweben gut abzubilden.

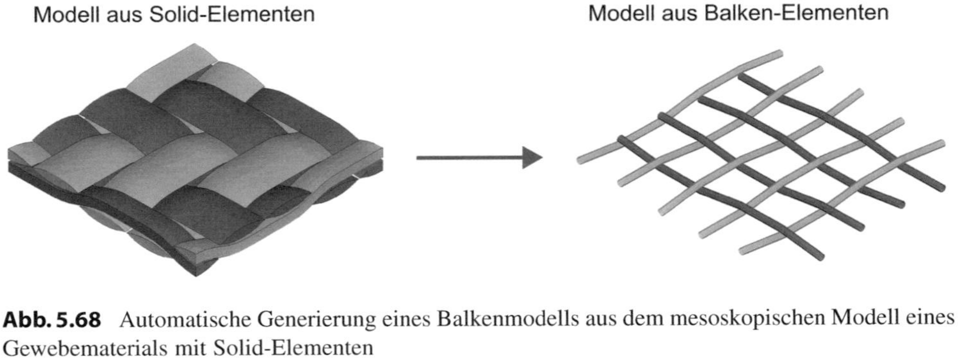

Abb. 5.68 Automatische Generierung eines Balkenmodells aus dem mesoskopischen Modell eines Gewebematerials mit Solid-Elementen

Bis zu diesem Punkt sind alle Annahmen ausreichend, um für ein einlagiges Gewebemodell eine Drapiersimulation aufzubauen. Unter Verwendung des Keywords `*ELEMENT_SHELL_COMPOSITE` kann die Mapping-Prozedur ohne Sensorband durchgeführt werden, und somit ein einheitliches Materialverhalten entlang des Netzes definiert werden. Um die Faser-Sensorband-Interaktion gut abbilden zu können, sollte jedoch ein anderes Materialmodell verwendet werden, um das konstitutive Verhalten besser abbilden zu können. Hierfür gibt es zwei Lösungsmöglichkeiten, um dieses Problem in der LS-DYNA Umgebung umzusetzen:

- Jedem `*PART` kann nur eine `*SECTION_SHELL` Karte zugeordnet werden, die sich auf ein bestimmtes Materialmodell bezieht. Folglich können Sensorbandelemente unter einer separaten Part-ID (PID) definiert werden, die sowohl eigene `*SECTION_SHELL` als auch `*MAT_249` Keywords enthalten kann.
- Das Keyword `*ELEMENT_SHELL_COMPOSITE` ermöglicht die individuelle Definition von PIDs und BETA-Winkeln (Materialrichtungen) auf den IPs. Somit kann das Sensorband über eine separate PID berücksichtigt werden und die Materialhauptrichtung mithilfe des BETA-Winkels geändert werden. Dieser Ansatz wird hier als „Clustering-Methode“ bezeichnet.

Aufgrund der Einfachheit und der Allgemeingültigkeit des Ansatzes wurde die zweite Option implementiert [63].

Zusammenfassend lässt sich für diesen Prozessschritt sagen:

- Das Gewebe wird durch Balkenelemente, welche die Fasern darstellen abgebildet und dient als Quell-Netz. Das Sensor-Band wird erst später im Abschn. 5.3.3 berücksichtigt.
- Das Drapiersimulationsnetz wird mit viereckigen Schalenelemente diskretisiert und dient als Ziel-Netz.
- Das Mapping-Ergebnis wird mit dem Keyword `*ELEMENT_SHELL_COMPOSITE` erstellt und hat fünf IPs über die Dicke.
- `*MAT_249` wird in der Drapiersimulation verwendet und die Materialrichtung pro IP wird mit den History-Variablen in Übereinstimmung mit der IHIS-Option modifiziert.
- Die Lagendicke von 0,5 mm wird in der mapping info Datei definiert (Nutzereingabe) und zwischen den IPs über die Dicke gleich verteilt.

Gemäß diesen Vorgaben wurde die Quellnetz-Einheitszelle so oft dupliziert, dass ein kreisförmiges Netz die Oberfläche des Zielnetzes komplett einschließt, siehe Abb. 5.69. Dadurch lassen sich alle möglichen Ausrichtungen des Gewebes sowie zulässige Toleranzen mithilfe von einem Optimierungstool, in diesem Fall LS-OPT, untersuchen. Dies wird im Abschn. 5.4 diskutiert.

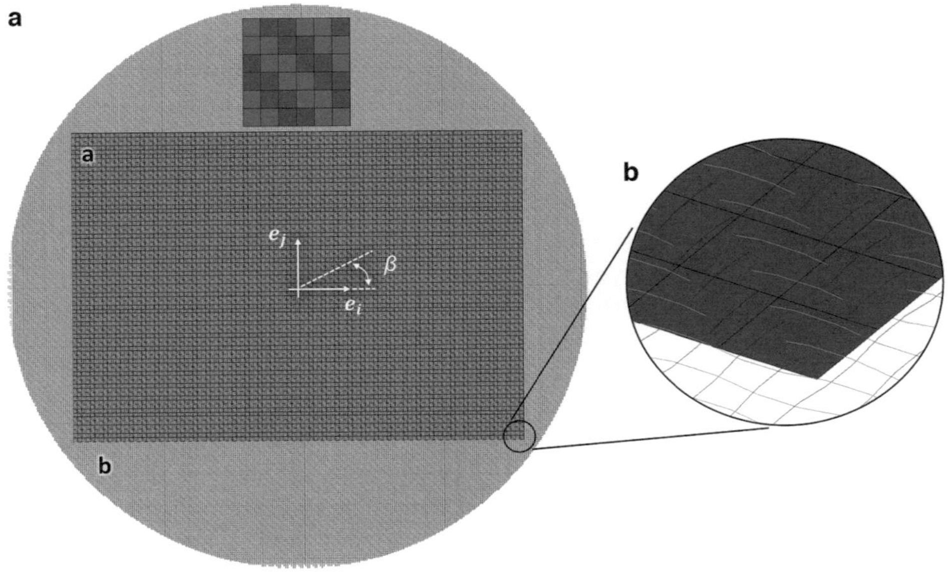

Abb. 5.69 Die BEAM-SHELL Mapping Netzauslegung. a) Zielnetz aus Schalenelementen, b) Quellnetz aus Balkenelementen

An dieser Stelle sind alle notwendigen Daten definiert, um ein Mapping mit Envyo® durchzuführen. Weil das Quellnetz Balkenelemente und das Zielnetz Schalenelemente aufweist, wurde die BEAM-SHELL Mapping-Option [64] verwendet. Der Schwerpunkt der Option BEAM-SHELL Mapping liegt darin, dass die Konnektivität des Quellennetzes zur Berechnung der Materialhauptrichtungen verwendet wird. Darüber hinaus kann die Routine auch relative Positionen von Balken verarbeiten, die in verschiedene Richtungen zeigen, um Ondulationseffekte zu berücksichtigen. Dadurch können unterschiedliche IPs über die Dicke desselben Schalenelements unterschiedliche Richtungen aufweisen. Falls das Sensor-Band berücksichtigt werden soll, kann die Clustering-Methode mithilfe der „Equation Parser" Option von Envyo® angewendet werden. Die Funktion kann auch verwendet werden, um die resultierenden FE-Daten, wie z. B. History-Variablen, PIDs usw., mithilfe zugeordneter oder zusätzlich bereitgestellter Daten zu ändern [64]. Auch ist es möglich, mathematische Operationen mit bestimmten Variablen durchzuführen und FE-Daten als Variablen für benutzerdefinierte Gleichungen zu verwenden. Das resultierende Netz wird dann in der Drapiersimulation benutzt, die im Abschn. 5.3 erläutert wird. Falls mehrere Gewebelagen gleichzeitig simuliert werden, können diese individuell gemappt und als separate Keyword-Datei in die Drapiersimulation eingebunden werden.

5.3.2 Einbringung von Verstärkungs-Patches in ein Drapiersimulationsnetz gemäß einer Optimierungssimulation und Umgang mit Verformungen durch den Drapierprozess

Die Verstärkung von hoch belasteten Bereichen auf einer Verbundstruktur ist ein übliches Verfahren, um die lokale Steifigkeit und Festigkeit zu erhöhen. Das optimale Verstärkungspatch-Layup und die Patch-Orientierungen können über Optimierungstools ermittelt werden. Für diese Optimierung kann das Ergebnis einer Drapiersimulation oder unter Verwendung eines CAD-Modells des Bauteils ein davon abgeleitetes Netz verwendet werden. In jedem Fall finden solche Optimierungen aber auf dem Ergebnisnetz des Bauteils statt – der Produktionsprozess wird also nicht berücksichtigt. Aufgebrachte Verstärkungspatches modifizieren allerdings die konstitutiven Eigenschaften der Komponente. Daher unterscheidet sich die resultierende Netzgeometrie von der zur Bestimmung von Verstärkungspatches verwendeten Bauteilgeometrie. Es sollte angemerkt werden, dass ein geeigneter Ansatz auch modifizierte konstitutive Eigenschaften berücksichtigen sollte, um die Position der Verstärkungspatches iterativ bestimmen zu können. Dieser iterative Ansatz wird in diesem Projekt allerdings zur Vereinfachung nicht umgesetzt.

In diesem Abschnitt wird eine Methode zur Abbildung von FE-Eigenschaften in der Ausgangskonfiguration auf ein Referenzkonfigurations-Netz unter Verwendung der Envyo® PLYBOOK-SHELL Mappingoption [64] erörtert. Die PLYBOOK-SHELL-Funktion wurde erstmals implementiert, um diskontinuierliche Verbundstrukturen abzubilden. Im Rahmen dieses Projekts wurde Envyo® zur Berechnung von Verformungsgradienten und zur Verarbeitung von Konfigurationsänderungen weiterentwickelt.

Im Rahmen der vorliegenden Dokumentation bedeutet ein Verstärkungspatch ein aufgebrachtes Gewebepatch in einen bestimmten Bereich der Struktur mit entsprechend unterschiedlich ausgerichteten Fasern. Aufgrund der geometrischen Spannweite des Verstärkungsbereichs und ungleichmäßiger Verformungen an der Struktur können die unverformten Faserrichtungen innerhalb eines einzelnen Patches lokal variieren. Daher sollte diese ungleichmäßige Verformung in der Referenzkonfiguration kompensiert werden um in der Lage zu sein, die gewünschte Faserrichtungsausrichtung in der Ausgangskonfiguration zu verwenden. In der Kontinuumsmechanik wird der Deformationsgradient F (Abb. 5.70a)

$$F = I + \frac{\partial u}{\partial X} \tag{5.8}$$

mit

$$u = x - X \tag{5.9}$$

als Maß für die Verformung verwendet.

Damit können die sogenannten Vorwärts- und Rückwärtstransformationen „durchgeführt werden [65], wobei I die Einheitsmatrix und u ein Verschiebungsvektor ist. x wird

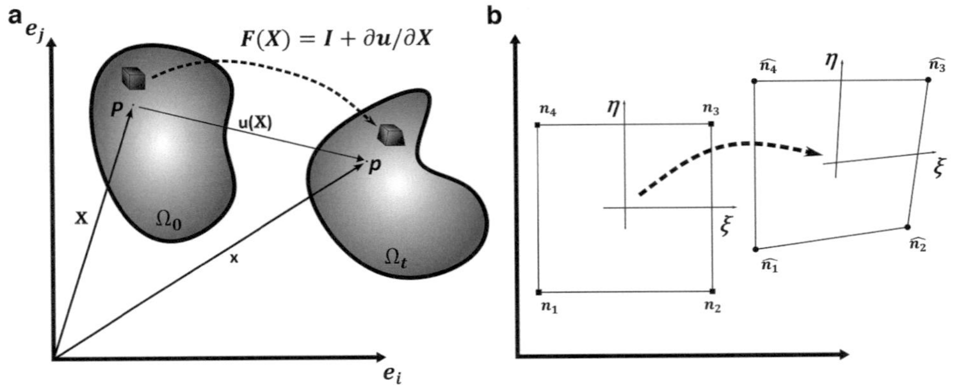

Abb. 5.70 a) Referenzkonfiguration des Körpers und Illustration des Verformungsgradients. b) Deformiertes bilineares Schalenelement mit isoparametrischen Koordinaten

verwendet, um den Punkt p in der verformten (Ausgangs-) Konfiguration zu definieren und X wird verwendet, um den Punkt P in der unverformte (Referenz-) Konfiguration zu definieren.

Das Ergebnis der Drapiersimulation und die Verstärkungspatches befinden sich in der Ausgangskonfiguration, und das Eingabenetz der Drapiersimulation befindet sich in der Referenzkonfiguration. Die Netztopologie der Drapiersimulation bleibt für Eingangs- und Ausgangsnetze gleich, d. h. unverformt bzw. verformt. Dadurch ist es möglich, Elementverformungen zu verfolgen und den Deformationsgradienten zu berechnen.

Für ein bilineares viereckiges Schalenelement in Abb. 5.70b kann Gl. 5.8 unter Verwendung einer isoparametrischen Darstellung umgeschrieben werden als,

$$F = I + \frac{\partial u}{\partial \xi}\left[\frac{\partial X}{\partial \xi}\right]^{-T} \text{ mit } \partial\xi = \begin{bmatrix} \xi \\ \eta \end{bmatrix} \tag{5.10}$$

und

$$u(\xi,\eta) = \begin{bmatrix} \sum_{i=0}^{4}(x_i - X_i)N_i(\xi,\eta) \\ \sum_{i=0}^{4}(y_i - Y_i)N_i(\xi,\eta) \end{bmatrix} \text{ mit } N(\xi,\eta) = \frac{1}{4}\begin{bmatrix} (\xi-1)(\eta-1) \\ (\xi+1)(\eta-1) \\ (\xi+1)(\eta+1) \\ (\xi-1)(\eta+1) \end{bmatrix} \tag{5.11}$$

Dann wird $\frac{\partial u}{\partial \xi}$ als

$$\frac{\partial u}{\partial \xi}(\xi,\eta) = \sum_{i=1}^{4}\begin{bmatrix} (x_i - X_i)\frac{\partial N_i(\xi,\eta)}{\partial \xi} & (x_i - X_i)\frac{\partial N_i(\xi,\eta)}{\partial \eta} \\ (y_i - Y_i)\frac{\partial N_i(\xi,\eta)}{\partial \xi} & (y_i - Y_i)\frac{\partial N_i(\xi,\eta)}{\partial \eta} \end{bmatrix} \tag{5.12}$$

berechnet. $\partial X/\partial \xi$ wird analog zu Gl. 5.12 berechnet. Da `*ELEMENT_SHELL_COMPOSITE` verwendet wird, wird für jeden IP über die Dicke des Schalenelements ein In-Plane-IP in der Mitte des Elements initialisiert. Durch das Ersetzen von $\xi = 0$ und $\eta = 0$ in Gl. 5.10 wird der Deformationsgradient in der Mitte des Elements berechnet und später zur Berechnung der Faserorientierung in der Referenzkonfiguration verwendet. Die Ansatzfunktionen sind bezüglich der globalen Koordinatensysteme invariant und variieren nur in den isoparametrischen Koordinaten. Daher sind bei gegebenem ξ und η die Ableitungen der Ansatzfunktionen für jedes Schalenelement konstant und müssen nur einmal berechnet werden. Es wird vorgeschlagen, eine invariante Knotennummerierung zu verwenden, um die Stabilität zu erhöhen und den Deformationsgradienten immer korrekt für jede Elementverformungen zu berechnen [66].

Die Vorgehensweise wurde anhand des ersten Prototyps der Prozesskette eingeführt. Verstärkungspatches wurden zuerst auf dem Drapier-Netz der Ausgangskonfiguration abgebildet. Dann werden die Faserrichtungen unter Verwendung derselben Topologiedaten in der Referenzkonfiguration „zurückgezogen". Der Pull-Back-Vorgang wird für jedes Schalenelement einzeln wiederholt. Daher werden die Drapierverformungen zuvor auf Elementebene kompensiert, wie in Abb. 5.71b zu sehen ist.

Diese Funktion bietet eine gute Möglichkeit, das „Inverse-Drapieren" zu modellieren und die anfängliche Positionierung von Verstärkungspatches zu bestimmen, was auch die Einrichtung einer weiteren Optimierungsschleife für Verstärkungspatches ermöglicht. Aufgrund der Komplexität des Verbundtextils und um sich auf die Hauptziele des DFA-Projekts zu konzentrieren, wird der oben beschriebene Schritt der Einfachheit halber

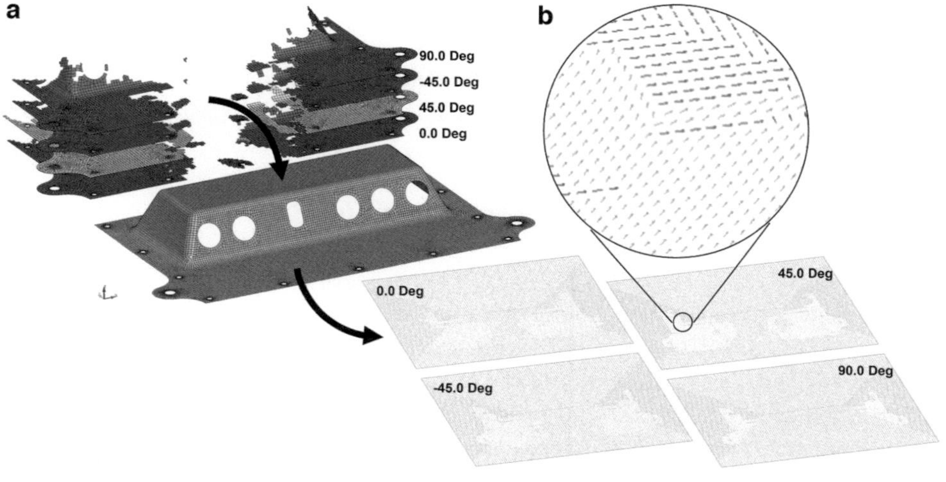

Abb. 5.71 a) Mapping der Verstärkungspatches in der Ausgangskonfiguration und b) „Pulled-Back" Richtungsvektoren in der Referenzkonfiguration

a

```
$#----------------------------------------------------------
$# Reinforcing Patches
$#----------------------------------------------------------
NUMPATCHES=4
REINFORCEPATCH#1=Reinforcement_00_Deg.k;2000;00.00;0.25
REINFORCEPATCH#2=Reinforcement_45_Deg.k;2045;45.00;0.25
REINFORCEPATCH#3=Reinforcement_54_Deg.k;2054;-45.0;0.25
REINFORCEPATCH#4=Reinforcement_90_Deg.k;2090;90.00;0.25
$#----------------------------------------------------------
OFFSET_OPTION=FLAT_LOWER
$#----------------------------------------------------------
```

b

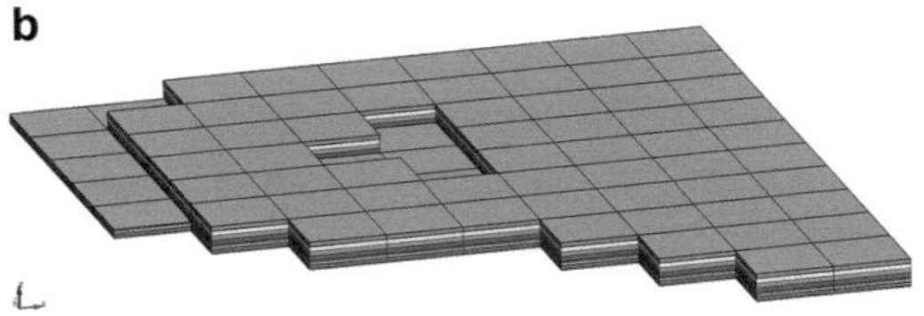

Abb. 5.72 a) Verstärkungspatch Einstellungen in mapping info Datei und b) Schalen mit „FLAT_LOWER" Option

vernachlässigt. Die mögliche Nutzung der Funktion wird im Rahmen des Projekts anhand von Beispielen beschrieben und demonstriert.

Ein weiterer wichtiger Punkt ist die Patch-Reihenfolge. Das Spannungsverhältnis der Struktur hängt davon ab, wie die Verbundschichten angeordnet sind. Als Fortsetzung vom Abschn. 5.3.1 wurde das Keyword *ELEMENT_SHELL_COMPOSITE mit der Option OFFSET verwendet, während die Stapelreihenfolge in der Envyo®-Mapping-Infodatei berücksichtigt wurde (Abb. 5.71a). Diese Option ermöglicht es, die Schalenoberfläche entsprechend dem definierten OFFSET-Wert zu verschieben. Bezüglich der OFFSET-Behandlung in LS-PrePost wurden in Envyo® zwei neue Einstellungen namens „FLAT_LOWER" und „FLAT_UPPER" implementiert. Die Einstellungen sind selbsterklärend, da die Option „FLAT_LOWER" die Dicke der Schalenelemente in positive Normalenrichtung verschiebt und „FLAT_UPPER" umgekehrt. Diese Optionen können auch als Shell-NLOC-Optionen betrachtet werden. Da Verstärkungspatches auf vorhandenes Gewebegeflecht gestapelt werden sollte die Innenfläche des Netzes flach sein und die CAD-Daten darstellen, während das Schalennetz in einer Richtung aufgedickt wird, wie in Abb. 5.72 dargestellt.

Ähnlich wie Verstärkung-Patches sollte das Sensorband eine eindeutige Position in der Struktur haben. Derselbe Ansatz wird also auch auf Sensorbandelemente angewendet.

5.3.3 Mapping der Finite-Element Daten auf die Struktursimulation

Das Ergebnis der Drapiersimulation ist das virtuelle Vorprodukt, das in der Resin Transfer Molding (RTM)-Simulation verwendet wird, um imprägnierte virtuelle Verbundwerkstoffdaten zu erhalten. Der Einfluss des RTM-Prozesses auf das finale Bauteil ist zu vernachlässigen und wird daher nicht entlang der Simulationsprozesskette berücksichtigt. Die RTM-Simulation wird unabhängig bewertet. Daher wird das Drapiersimulationsergebnis direkt auf das Strukturnetz übertragen.

Wie in Abb. 5.73 zu sehen ist, hat das resultierende Drapiersimulationsnetz keine Befestigungslöcher. Außerdem fehlen Aussparungen und die Außenbegrenzung ist nicht zugeschnitten. Zusätzlich sind die Kantenlängenverhältnisse der Elemente aufgrund von

Deformationen während des Drapierprozesses verändert und als Ergebnis nicht direkt für die Struktursimulation zu gebrauchen. Das Kantenlängenverhältnis der Elemente wirkt sich direkt auf die charakteristische Länge eines Elements aus, was die Simulationszeitschrittgröße beeinflusst. Das heißt, dass ein gutes Kantenlängenverhältnis der Elemente die Simulationskosten reduziert und die Simulationsstabilität verbessert. Daher wird das Simulationsnetz für die Struktursimulation in einem Zwischenschritt neu erzeugt. Da das CAD-Modell des Endprodukts zur Verfügung steht, wird die neue Vernetzung alle geometrischen Eigenschaften, z. B. die Befestigungslöcher, abbilden. Dieser Ansatz ergibt ein FE-Netz, das eine konvergente Darstellung des CAD-Modells in Bezug auf das ausgewählte Diskretisierungsverfahren und die Anzahl der Elemente ist. Andererseits ist es auch möglich, das Halbprodukt aus der Drapiersimulation zu verwenden, um die endgültige Struktur durch „Trimmen" abzuleiten. Dieser Simulationsschritt wird auch als „Trimming-Simulation" bezeichnet.

Aufgrund der Verformung der Prozesssimulation weicht das resultierende Netz von der Zielgeometrie ab. In der Praxis muss diese Abweichung innerhalb definierter Produktionstoleranzen liegen. Die Software LS-OPT ermöglicht die Analyse verschiedener virtueller Prozessaufbauten, deren Aufbauparameter vom Benutzer definiert und gesteuert werden. In Abschn. 5.4 wird dieses Setup ausführlich diskutiert. Während die Fertigungstoleranzen (oder Grenzwerte) virtuell untersucht werden, wäre es vorteilhaft, resultierende geometrische Variationen zu berücksichtigen. In diesem Sinne kann LS-PrePost verwendet werden, um die endgültige Geometrie unter Verwendung des FE-Ergebnisses der Drapiersimulation zu rekonstruieren und dabei Elemente mit schlechtem Seitenverhältnissen zu eliminieren. Anschließend wird die rekonstruierte Geometrie noch einmal diskretisiert, sodass eine neue Vernetzung von guter Qualität hergestellt wird, wie es in Abb. 5.73

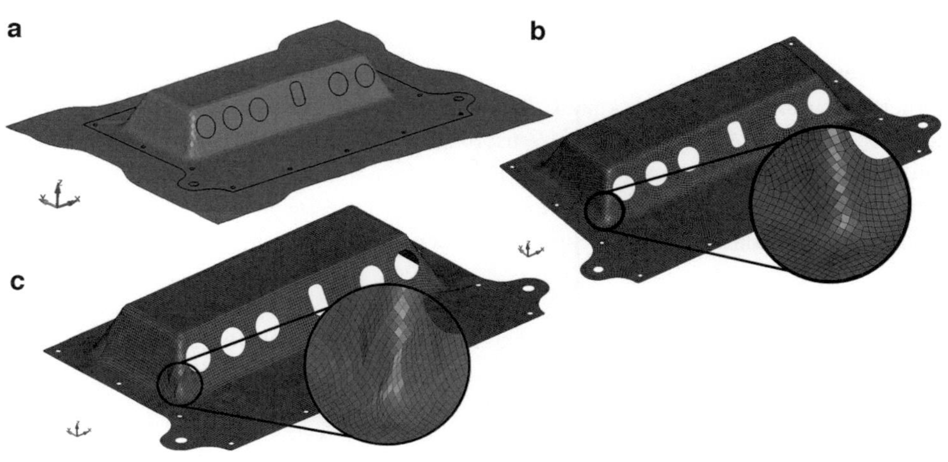

Abb. 5.73 a) Drapiersimulations-Ergebnisnetz, b) „Trimmed" Drapiersimulationsnetz und c) neu generiertes Struktursimulation-Netz

gezeigt ist. Dadurch werden die Seitenverhältnisse der Elemente verbessert und eine genauere und weniger zeitaufwändige, fortlaufende Simulation ermöglicht.

Es besteht jedoch keine direkte Korrelation zwischen dem neuen Netz und dem Vorherigen, außer dass beide sich auf die nicht exakte, aber ähnliche Geometrie beziehen. Das bedeutet, dass alle FE-Daten, die das Ergebnis der Drapiersimulation hat, während der Netzerzeugung verloren gehen. Daher müssen diese anschließend in Übereinstimmung mit den definierten Anforderungen an den Simulationsaufbau auf das Netz der Struktursimulation gemappt werden.

Unter Berücksichtigung der oben genannten Punkte und der im Projekt gewonnenen Erfahrungen wird ein weiteres Strukturnetz auf Basis der CAD-Daten erstellt. Da diese Entscheidung möglicherweise für andere Geometrien, Vernetzungen oder Materialmodelle ungültig sein könnte, sind weitere simulative Untersuchungen notwendig. Abschließend werden die FE-Daten der Drapiersimulation in drei separaten Mapping-Schritten auf die Struktursimulation übertragen. Zuerst werden die Ergebnisse der Multi-Layer-Drapiersimulation unter Verwendung von Envyo® mit der SHELL-SHELL-Mapping-Option [64] auf ein einlagiges Schalenelement-Struktursimulationsnetz gemappt. Ziel- und Quell-Materialmodell sind wie bisher das `*MAT_249` mit entsprechenden IHIS- bzw. POSTV-Optionen. Die POSTV-Option steuert die Materialdaten, wie zum Beispiel Faser-Winkel/Richtungen/Dehnungen, die in der Ergebnisdatei als History-Variablen geschrieben werden können [62]. Die FE-Daten werden auf drei IPs über die Dicke mithilfe der Option „ThroughThicknessAveraging" in Envyo® und dem Keyword `*ELEMENT_SHELL_COMPOSITE` übertragen. Mit dieser Option kann der Benutzer eine Mittelungseinstellung für jede Ziel-IP über die Dicke definieren. Es ist möglich, Parts im Quellnetz, Quell-IPs über die Dicke und, wenn `*MAT_249` verwendet wird, Faserrichtungen diesen IPs einzeln zuzuweisen. Eine ausführliche Erläuterung und ein kleines Beispiel findet sich in [64]. Dann wird das Sensorband unter Verwendung der sogenannten „Clustering-Methode" der PLYBOOK-SHELL-Mapping-Option auf das Strukturnetz übertragen. Das Sensorband wird durch Schalenelemente dargestellt und auf dem Strukturnetz positioniert. Envyo® ändert dann die Material-IDs im Keyword `*ELEMENT_SHELL_COMPOSITE` der mit dem Sensorband zusammenhängenden Schalen, um auf eine bestimmte Materialkarte verweisen zu können, die das Sensorband berücksichtigt. Final werden Verstärkungs-Patches eingebracht, wie sie in Abschn. 5.3.2 ohne die Rücktransformationsfunktion beschrieben wurden.

5.4 Simulation von Streuungen und Fertigungseffekten

Deterministische Simulationen bilden perfekt gefertigte Strukturen unter Berücksichtigung idealer Parameter ab, ohne jegliche Defekte oder Abweichungen zum Ist-Prozess zu berücksichtigen. Diese Unsicherheiten, welche z. B. in der Materialherstellung, im

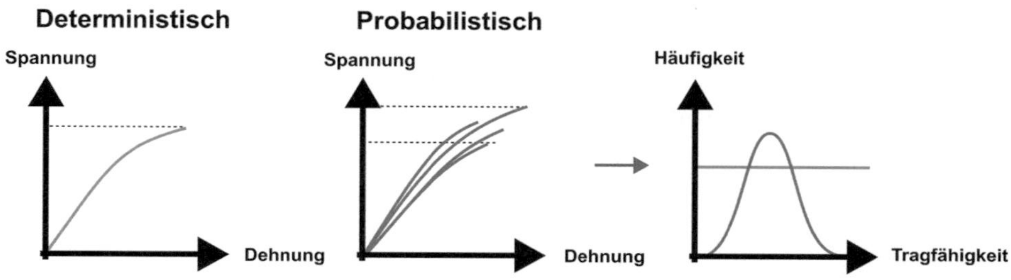

Abb. 5.74 Ansatz der probabilistischen Simulation im Vergleich zur deterministischen Simulation

Fertigungsprozess oder bei der Montage auftreten, mindern die mechanische Belastbarkeit des Bauteils ab und beeinflussen besonders sein Ermüdungsverhalten. Um mögliche Sicherheitsfaktoren in der Auslegung zu reduzieren, können die Schwankungen der Materialgrößen, der Bauteilarchitektur und -geometrie mithilfe von probabilistischen Methoden berücksichtigt werden. Solche Methoden erfordern die Berechnung von einer größeren Anzahl an Konfigurationen (Abb. 5.74) und erlaubt die Ableitung einer Verteilungsfunktion für die Belastbarkeit. In Verbindung mit skalenübergreifenden Methoden ermöglichen stochastische Simulationen eine Untersuchung der Übertragung von Schwankungen von der mikro- über die meso- zur makroskopischen Struktur. Die Auswirkungen von mikroskopischen Defekten auf die Eigenschaften auf meso- oder makroskopischer Ebene können damit abgeleitet werden. In dieser Arbeit werden die Streuungsquellen in vier Kategorien unterteilt:

- Geometrische Schwankungen: Bauteilwandstärke, Faserdurchmesser usw.
- Morphologische Defekte: Poren in FVK-Materialien, Rissbildung während der Fertigung, Ondulation der Fasern usw.
- Materialschwankungen: z. B. Streuung der mechanischen Eigenschaften
- Belastungsschwankungen: Schraubkräfte in der Montage, mechanische Lasten im Betrieb.

Die Durchführung von probabilistischen Simulationen erfordert einerseits die Reduktion des Detaillierungsgrads und der notwendigen Rechenzeit auf das Notwendigste, um die schnelle Berechnung der zahlreichen Parameterkonfigurationen zu ermöglichen. Andererseits müssen Methoden und Werkzeuge entwickelt und verwendet werden, welche eine hohe Automatisierbarkeit anbieten. Diese Arbeit basiert auf die Nutzung von der Optimierungssoftware LS-OPT [67] in Kombination mit der Mapping-Software Envyo® [64].

Geometrische und morphologische Schwankungen werden entweder geometrisch während der Modellgenerierung, wie z. B. durch die stochastische Anordnung oder Welligkeit der Fasern in den mikroskopischen Modellen, oder numerisch durch Simulationsparameter (Materialdicke der Schalenelemente im makroskopischen Modell) berücksichtigt. Die Schwankung der Materialkennwerte wird auf allen Ebenen mit der Nutzung der Materialkarte *MAT_157 ermöglicht, welche elementweise die Materialeigenschaften zuweist. Eine automatisierte, zufällige Zuweisung der Materialeigenschaften wird mit Envyo® durchgeführt. Letztendlich wird die Streuung der Belastung ebenso durch Parameter im Simulationsmodell betrachtet.

5.4.1 Berücksichtigung der Materialunsicherheit

Die Streuung von Materialparametern sollte möglichst früh in der Auslegungsphase einer Struktur berücksichtigt werden. Dies gilt insbesondere für Faserverbund-Kunststoff (FVK) Bauteile, da es hier viele schwer quantifizierbare Parameter während der Fertigung gibt. Insbesondere im Automotive-Bereich ist eine Einhaltung von Fertigungstoleranzen unabdingbar, was den Einsatz von FVK-Komponenten für strukturrelevante Bauteile erschwert. Unter der Annahme, dass sowohl Materialkenngrößen als auch der Fertigungsprozess gewissen stochastischen Schwankungen unterliegen, ist die Bestimmung des Unsicherheitsniveaus eine herausfordernde Aufgabe. Lokal variierende Materialeigenschaften und nicht kontinuierliche Grenzen in einem bestimmten Bereich einer Komponente, so wie zum Beispiel Poren oder Faserumorientierungen, sind zwei Hauptquellen für Materialunsicherheit. Durch eine Optimierung des Herstellungsprozesses kann versucht werden, diese stochastischen Schwankungen zu reduzieren, eine vollständige Vermeidung ist jedoch im seltensten Falle möglich. Ziel dieses Abschnitts ist es darzulegen, wie die stochastische Verteilung der Materialeigenschaften in der Simulation berücksichtigt werden kann. Dies wurde mithilfe eines neuen Features in Envyo®, einer Mapping-Software, welche bereits in DigitPro entwickelt wurde, im Rahmen des DFA-Projekts realisiert [64]. Dabei wurde versucht, zufällig verteilte Poren (oder Einschlüsse) in das Modell zur Ableitung von Materialparametern basierend auf repräsentativen Volumenelementen (RVE) einzubringen. Die Materialeigenschaften werden hierfür unter Verwendung der Gauß-Verteilung auf Integrationspunktebene eines Einheitszellen-Finite-Elemente (FE)-Netzes modifiziert.

Die benutzerdefinierte Eingabedatei ruft einen auf der Systemzeit basierenden Gauß-Verteilung-Algorithmus auf, um die Materialparameter für das verwendete `*MAT_ANISOTROPIC_ELASTIC_PLASTIC` (`*MAT_157`) über die IHIS-Option zu initialisieren [62]. Der auf der Systemzeit basierenden Verteilungsalgorithmus bietet eine höhere Wahrscheinlichkeit, unterschiedliche Bereiche der Streuung für sequenzielle oder beliebige Algorithmus-Aufrufe zu erhalten. Die Eingabedatei besteht aus Nennwerten und Standardabweichungen der Materialparameter sowie Porositätsoptionen wie minimale und maximale Porengröße, maximale Porosität und einer Poreneffektkonstante, die mit Materialparametern multipliziert wird. Wenn die Poreneffektkonstante größer als 1,0 ist, kann der Algorithmus Einschlusseffekte durch Verstärkung der Materialeigenschaften realisieren (im Rahmen der DFA werden nur die Poreneffekte untersucht). Auf diese Weise kann die Materialunsicherheit einer Einheitszelle durch Änderung der Materialkonstanten und Einrichtung eines spezifischen, porösen Bereichs dargestellt werden. Aufgrund der unterschiedlichen Modellierungsansätze für die Simulationen in der Mikroebene und Meso-/Makro-Ebene wurden entsprechende Optionen implementiert, zwischen denen der Benutzer wechseln kann. Modelle auf der Mikroebene stellen Matrix und Faser als separate Teile dar. Daher hat der Benutzer die Möglichkeit, Matrix- und Faser-Part IDs (PIDs) in der Mapping-Infodatei vorzugeben. Die jeweiligen Materialparameter für Faser und Matrix werden dann nur für die ausgewählten Parts verwendet. Darüber hinaus dürfen die Poren nur durch Matrixelemente gebildet werden und können nicht miteinander verschmelzen. Die Grenze zwischen Faser- und Matrix-Teilen wird strikt eingehalten (siehe Abb. 5.75). Die erzeugte Porengröße wird anhand ausgewählter Elemente berechnet. Bei Meso- bzw. Makromodellen werden Fasern und Matrix durch einen einzelnen Part dargestellt, dem ein homogenisiertes Materialmodell zugeordnet wird, um Matrix- und Faserverhalten gemeinsam abzubilden. In diesem Fall müssen die stochastischen Parameterverteilungen während der Materialhomogenisierung berücksichtigt werden. Anschließend werden zufällig ausgewählte Materialparameter für Faser und Matrix verwendet, um ein homogenisiertes Materialmodell zu berechnen. Ähnlich wie in der Mikroebene erfolgt die Porendarstellung über Matrixmaterialparameter durch Reduzierung der Parameter vor der Homogenisierung. Da die Parameter des homogenisierten Materials auf Integrationspunkten (IP) gespeichert werden, wird die Porengröße anhand des Volumenbeitrags des IP berechnet. Dieser Volumenbeitrag wird wie folgt abgeschätzt:

$$V_{\mathrm{ip}} = \frac{V_{\mathrm{ele}}}{n_{\mathrm{ip}}} \tag{5.13}$$

Dabei ist V_{ip} der Volumenbeitrag des IP, V_{ele} das Gesamtvolumen des Elements und n_{ip} die Gesamtzahl der IPs im Element. Im Gegensatz zur Mikroebene wird die Porengröße auf IP-Ebene statt auf Elementebene behandelt (siehe Abb. 5.75). Im Falle einer Porenverteilung auf Schalennetzen ermöglicht dieser Ansatz die separate Behandlung von IPs über die Dicke innerhalb eines Elements. Eine ausführliche Erklärung findet sich in [64] und die entsprechend implementierten Funktionen wurden in [10] auf der Mikroebene untersucht.

Basierend auf den Nutzereingaben initialisiert Envyo® die Materialeigenschaften jedes Integrationspunkts (IP) nach dem Zufallsprinzip und erzeugt Poren, indem bei zufällig ausgewählten Elementen die Materialeigenschaften (Steifigkeit und Festigkeit) reduziert werden. Jeder stochastische Initialisierungsprozess auf dem gleichen Modell kann ähnlich sein, ist aber bei jedem Durchlauf für dieselbe Eingabedatei und dieselbe Einheitszelle einzigartig. Die Wiederholbarkeit der Datensatzerstellung unter Verwendung der Gauß-Verteilung ist gewährleistet, wie in Abb. 5.76 gezeigt ist. Die Auswahl der Werte aus dem

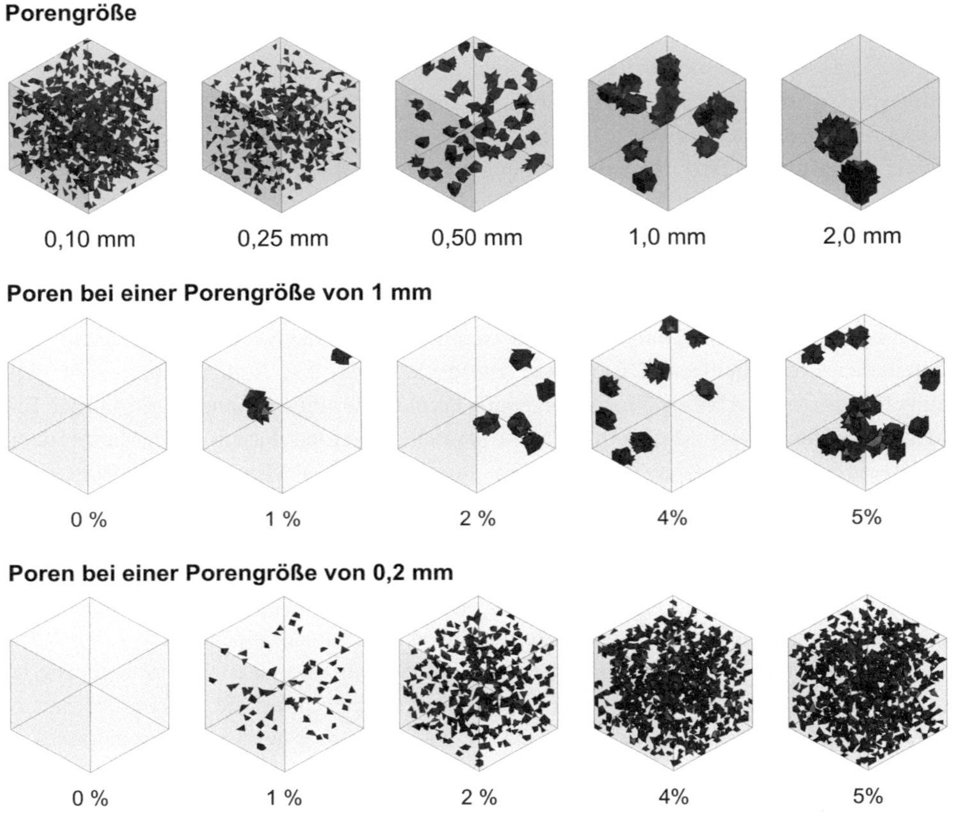

Abb. 5.75 Generierte Porengeometrien und -verteilungen in Reinharzmodellen mit der Software Envyo®

generierten Datensatz ist jedoch völlig zufällig. Daher kann das resultierende Materialverhalten nahe an den Extremwerten des Datensatzes liegen. Dieser stochastische Ansatz ermöglicht eine schnelle virtuelle Datengenerierung und robuste virtuelle statistische Untersuchungen des Zielmaterials. Die vorliegende Darstellung der Poren durch lokale Absenkung der Materialeigenschaften eignet sich besonders für den Einsatz in schnellen Berechnungsmodellen. Sie stellt eine Alternative zu physikalisch basierten Modellierungsansätzen dar, wie sie beispielhaft in [68] untersucht wurden. Hier wurde die Kugelform von Hohlräumen mit feinerer Netzgröße dargestellt, was zwar zu einer geometrisch exakteren Abbildung im FE-Modell führt, jedoch längere Rechenzeiten aufgrund des zu erwartenden niedrigeren Zeitschritts mit sich bringt. Darüber hinaus ermöglicht der hier verwendete Ansatz eine große Flexibilität bei der Darstellung mehrerer Materialphasen innerhalb desselben Modells, wie z. B. bei Kontamination durch Fremdpartikeln. Nachteilig ist, dass die zufällige Porenbildung stark von der Netzgröße und der Formulierung der verwendeten Elemente abhängt.

5.4.2 Drapiersimulation

Beim Drapierprozess werden die Verbundwerkstoffgewebelagen zwischen einem Ober- und einem Unterwerkzeug platziert und mithilfe einer Halteplatte durch Aufbringen einer Last möglichst auf ihrer Position gehalten. Dann drückt das untere Werkzeug die Gewebelagen in das obere Werkzeug, um die endgültige Geometrie zu erzeugen. Als virtuelles Gegenstück des Drapierprozesses wurde eine Drapiersimulation mit LS-DYNA erstellt. In Abb. 5.77 ist der virtuelle Aufbau dargestellt.

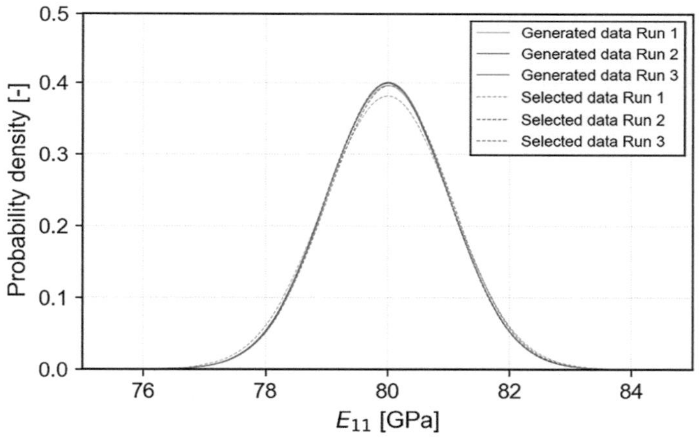

Abb. 5.76 Die Gauß-Verteilung am Beispiel des Axialmoduls für die probabilistische Simulation

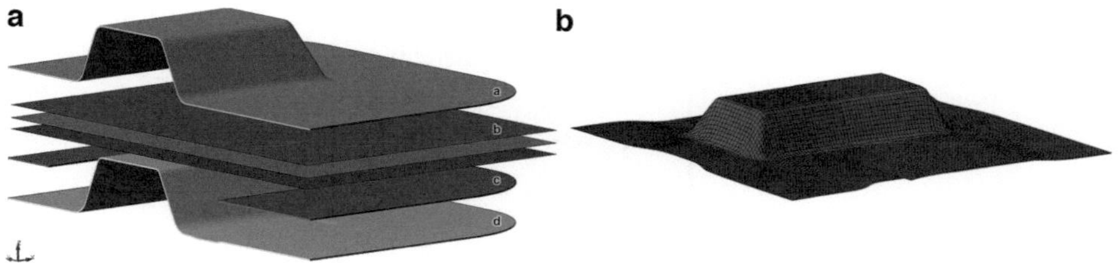

Abb. 5.77 a) das Oberwerkzeug, die Gewebelagen, die Halteplatte und das Unterwerkzeug, b) die verformte Gewebelagen

Drapiersimulationen in LS-DYNA werden seit mehr als einem Jahrzehnt von Benutzern eingesetzt [69, 70]. Methoden- und Materialmodell-Entwicklungen sind ausgereift und Simulationsergebnisse validiert. In Bezug auf diese Aspekte wurde die explizite Drapiersimulation im Rahmen des DFA-Projekts mit LS-DYNA durchgeführt. Formwerkzeuge wurden mithilfe von dicken Schalenelemente als Starrkörper dargestellt und Gewebelagen wurden unter Verwendung von Schalenelementen mit fünf IPs über die Dicke modelliert. Die Generierung von Gewebelagen mittels Mapping wurde bereits in Abschn. 5.3.1 erläutert. Passend zum zuvor erwähnten Mapping-Schritt wurden Schalenelemente mit dem Keyword `*ELEMENT_SHELL_COMPOSITE` dargestellt und eine vollintegrierte Schalenelementformulierung wurde benutzt. Da das Verbundmaterial mit `*MAT_249` modelliert wird, wurden die Richtungen jeder Faser unter Verwendung von History-Variablen (IHIS-Option) initialisiert. Wie bereits in Abschn. 5.3.1 erwähnt, wurde jede Gewebelage einzeln gemappt und im Drapiersimulationsdeck über `*INCLUDE` wieder zusammengesetzt, indem mehrere gemappte Netzdateien aufgenommen wurden.

Die Kontaktdefinitionen zwischen den Werkzeugen und dem Gewebe und der Selbstkontakt der Gewebe-Lagen wurden getrennt definiert. Der Werkzeug-Gewebe-Kontakt wurde mit dem Keyword `*CONTACT_AUTOMATIC_SURFACE_TO_SURFACE_SMOOTH` mit SOFT = 2 definiert. Desweiteren wurden die Gewebelagen unter einem `*SET_PART` zusammengefasst und die Selbstkontaktdefinition wurde mit dem Keyword `*CONTACT_AUTOMATIC_SINGLE_SURFACE_SMOOTH` SOFT = 2 vorgegeben. Einzelheiten zu diesen Keywords sowie zur SOFT-Option sind in [63] beschrieben.

Dirichlet-Randbedingungen der Werkzeuge wurden mittels der `*MAT_RIGID` Materialkarte definiert, und Neumann-Randbedingungen werden mit `*BOUNDARY_PRESCRIBED_MOTION_RIGID` aufgebracht. Außerdem wurde `*LOAD_RIGID_BODY` benutzt, um die Halteplattenlast zu definieren. Das Oberwerkzeug ist räumlich fixiert. Das untere Werkzeug und die Halteplatte können sich nur entlang der z-Achse bewegen (Abb. 5.77). Auf die Halteplatte wurde eine Last in +z-Richtung aufgebracht. Fasern sind frei und können daher deformieren. Da mit hohen Verformungen zu rechnen ist, wird generell eine invariante Knotennummerierung empfohlen.

Im Hinblick auf die einzelnen Schritte der folgende Prozesskette sollte das Ergebnis der Drapiersimulation resultierende Faserrichtungen enthalten. Daher wird die POSTV-Option in `*MAT_249` verwendet und die Faserrichtungen werden später aus den Geschichtsvariablen extrahiert.

5.4.3 RTM Simulation

Die RTM-Simulation basiert auf einer impliziten Kontrollvolumen-Methode, die das Darcy-Gesetz und die Massenerhaltung als maßgebliche Gleichungen verwendet. Die Simulation wurde mit der Software PAM-RTM der ESI-Gruppe durchgeführt. Der Deckel

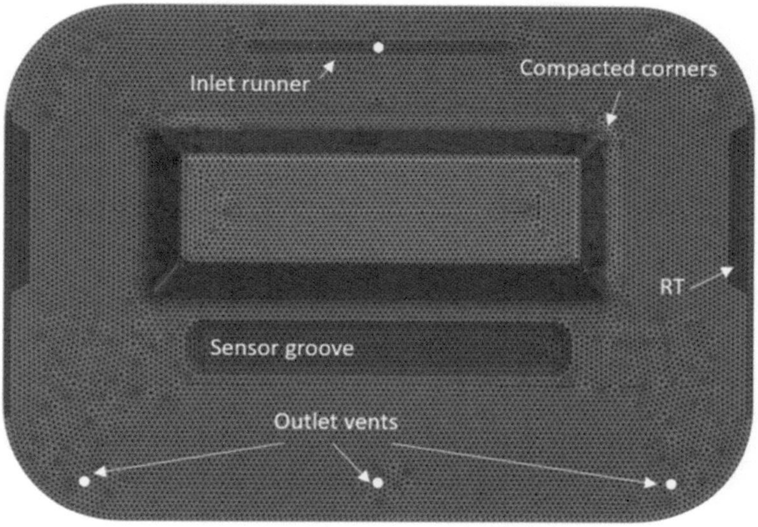

Abb. 5.78 Demonstrator-Deckel Mesh

wurde mit 2-dimensionalen Dreieckselementen mit einer Elementlänge von ca. 3 mm modelliert (Abb. 5.78). Die Simulation einer dreidimensionalen Strömung war nicht notwendig, da die Dicke des Laminats im Vergleich zu den Abmessungen in der Ebene viel kleiner ist.

Um die Berechnung durchführen zu können müssen einige wichtige Parameter bekannt sein. Der wichtigste Parameter ist, wie in Abschn. 4.6 und 5.1.1.3 erwähnt, die Permeabilität. Diese wurde mit Radialpermeabilitätstests ermittelt, wie in Abschn. 5.1.1.3 beschrieben. Die Viskosität spielt ebenfalls eine wichtige Rolle; sie wurde durch Interpolation der Viskositätswerte der Harzmischung für verschiedene Temperaturen gemäß den Angaben des Herstellers (Sika-Datenblatt) modelliert. Auf das Modell wurden dieselben Verarbeitungsrandbedingungen angewandt, die für die Tests verwendet und in Abschn. 4.6 vorgestellt wurden, einschließlich Einlassdruck, Temperatur und Entlüftungsbedingungen. Das RTM-Werkzeug weist mehrere Zonen mit unterschiedlicher Dicke und Verdichtung der Fasern auf, die durch Unterteilung des Modells in Zonen dargestellt wurden, in denen der richtige Faservolumenanteil und die Permeabilität angepasst wurden. Ein Beispiel ist die gerillte Zone, in der der Sensor positioniert werden muss, um eine Überverdichtung der Preform zu vermeiden (blaue Zone in Abb. 5.78).

Racetracks (RT) sind Kanäle, die sich zwischen dem Preform und den Rändern der Form bilden. Sie müssen berücksichtigt werden, da das Harz im Vergleich zum Füllen des porösen Volumens schneller fließen wird. Dieser Effekt wurde unter Berücksichtigung von Lücken modelliert, die nach einigen Infiltrationen des Deckels gemessen wurden, wobei versucht wurde, die Zonen zu identifizieren, in denen die Verstärkung aufgrund von

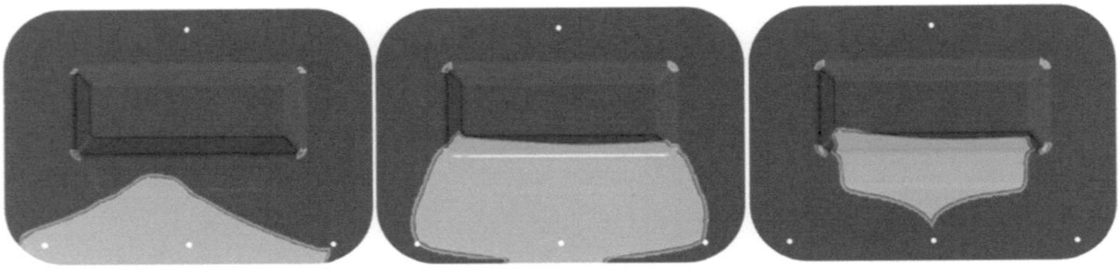

Abb. 5.79 Einfluss der Erhöhung der Intensität des Racetrackings (von links nach rechts) bei 144 s Füllung

Drapierverformungen und Verschiebungen fehlte. Es waren einige Iterationen erforderlich, um die richtige Spaltdurchlässigkeit zu finden. Der Ausgangswert für die Berechnung des Modells basierte auf der von Bickerton et al. vorgeschlagenen Methode [71]:

$$K_{\text{gap}} = \frac{a^2}{12} \cdot \left[1 - \frac{192a}{\pi^5 b} \sum_{i=1,3,5\ldots}^{\infty} \frac{\tanh\left(\frac{i\pi b}{2a}\right)}{i^5} \right] \tag{5.14}$$

Diese Gleichung wurde zur Modellierung der Permeabilität des Einlaufkanals und der seitlichen Racetracks verwendet. Es wurden mehrere Racetracks reproduziert, die ein unterschiedliches Verhalten der Fließfront und eine hohe Variabilität des Prozesses aufgrund der unterschiedlichen Positionierung der Preform in der Form zeigten (Abb. 5.79).

Wie in den Versuchen zu sehen ist, stellen die Ecken der Preform Zonen mit hoher Verstärkungsverdichtung dar. Dies wurde in der Simulation durch Zonen (rosa Zonen in Abb. 5.6) mit erhöhtem Faservolumenanteil und damit verringerter Durchlässigkeit dargestellt.

Darüber hinaus wurde der Algorithmus zur Berechnung von Trockenstellen aktiviert, sodass die Software Lufteinschlüsse an den Stellen erkennen konnte, an denen Strömungsfronten zusammenstoßen, was ähnlich wie bei Versuchen zeigte, dass stark verdichtete Ecken möglicherweise nicht vollständig gefüllt werden konnten (Teilsättigung, Abb. 5.80).

Drei Sensorpunkte wurden in die Simulation einbezogen, um die Ergebnisse mit denen bei den Versuchen gewonnenen Daten vergleichen zu können. Die Sensoren sind in der gleichen Zone wie bei den realen Tests positioniert (Abb. 5.81) und stellen die drei Sensorchips dar. Die Ergebnisse eines solchen Vergleichs werden in Kap. 7 dargestellt.

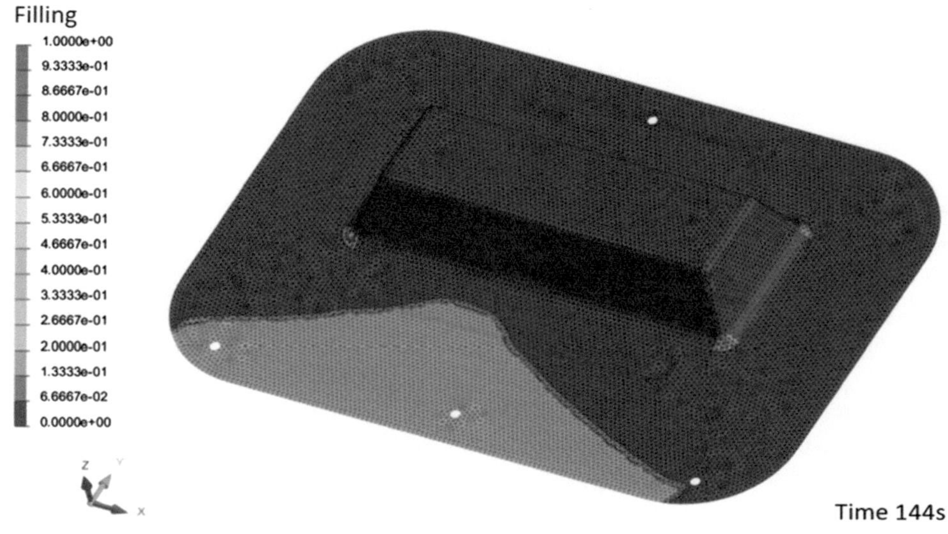

Abb. 5.80 Ergebnisse der Füllsimulation bei 144 s

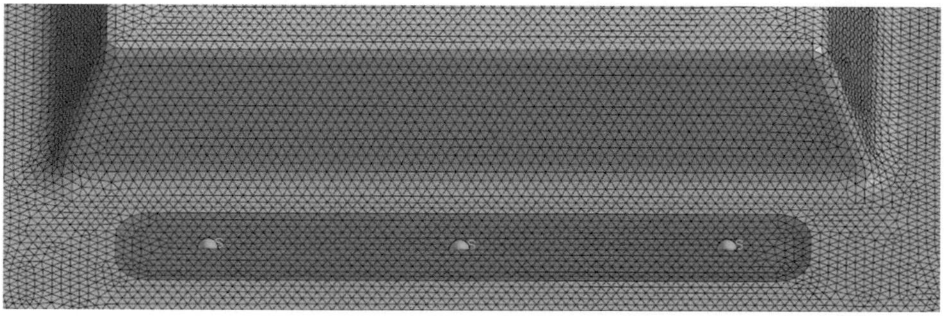

Abb. 5.81 Virtuelle Sensorposition

5.5 Simulationsprozesskette

Der Grundgedanke der Simulationsprozesskette besteht darin, ausgehend vom Mapping des Gewebes, Produktionssimulationen durchzuführen, die daraus resultierenden Daten auf nachfolgende Simulationen zu übertragen und Netzmodifikationsschritte entlang einer strukturierten Kette automatisiert durchzuführen, um endgültige Struktursimulationsnetze vorzubereiten. Die Anreicherung dieser virtuellen Prozesskette mit gesammelten Sensordaten entlang der physischen Prozesskette sollte das abschließende Ergebnis dieses Forschungsvorhabens sein.

Dies ist ein komplexer Prozess, der die Interoperabilität der verschiedenen Simulationen und den Datentransfer zwischen ihnen sowie ingenieurtechnisches Know-how erfordert. LS-OPT bietet eine strukturierte und gut dokumentierte Schnittstelle, um die Simulationsprozesskette mit zusätzlicher, LS-DYNA-spezifischer Software aufzubauen. Folgende Softwaretools wurden hierfür im Rahmen des Projekts verwendet:

- Envyo®, Werkzeug zur Datenübertragung und -manipulation [64]
- LS-PrePost, Werkzeug für die Vor- und Nachbearbeitung
- LS-OPT®, Werkzeug zur Entwurfsoptimierung und probabilistischen Analyse [67].
- LS-TaSC™ (Topology and Shape Computation) ist ein Programm zur Topologie- und Formoptimierung [72]

In diesem Kapitel wird die Simulationsprozesskette (Abb. 5.82) erläutert, die in der LS-OPT®-Umgebung durch die Kombination der oben genannten Mapping- und Simulationsschritte erstellt wird (Abschn. 5.3 und 5.4).

Einige einleitende Informationen über LS-OPT® sind nötig, um die Simulationsprozesskette richtig zu erklären. Bei der Software handelt es sich um eine von ANSYS/LST entwickelte, eigenständige Software zur Parameteroptimierung und der probabilistischen Analyse, die über eine gut geeignete LS-DYNA-Schnittstelle verfügt. Die Software unterstützt verschiedene Optimierungs-, statistische Versuchsplanungs- (engl. *„Design of Experiments“* (DoE)) und probabilistische Routinen, die in metamodellbasierte oder direkte Optimierungsmethoden unterteilt werden [67] können.

Im Rahmen des DFA-Projekts wird LS-OPT® zur Erstellung einer DoE-Studie verwendet. Wie in Abb. 5.82 zu sehen ist, beginnt die Studie mit dem „Setup“, in dem verschiedenen Parameter verschiedener „Stages“ eines „Samplings“ definiert werden. Es werden verschiedene Parametertypen, wie z. B. konstant, kontinuierlich, diskret usw., unterstützt. In diesem Fall besteht das Ziel darin, den Produktionsprozess einer Verbundstruktur virtuell zu untersuchen und mögliche Produktionsergebnisse zu bewerten, indem der Designraum unter benutzerdefinierten, strukturellen Belastungsschemata untersucht wird. Dementsprechend sind „Stages“ die Elemente, die zusammenkommen, um „Sampling“ zu etablieren, und sie sind in einem benutzerdefinierten Datenfluss geregelt. Am Ende bilden sie zusammen die Prozesskette der Simulation.

Wie in Abb. 5.82 zu sehen ist, besteht die Simulationsprozesskette zu Beginn aus drei unabhängige Arbeitsabläufen. Der Arbeitsablauf auf der linken Seite behandelt das Mapping des Gewebes und den Drapiersimulationsprozess des mehrlagigen Verbundwerkstoffs. Das Ergebnis der Drapiersimulation bildet die Grundlage für die Prozesskette, die später um Verstärkungspatches und das Sensorband ergänzt wird. Dieser Arbeitsablauf beginnt mit einer weiteren Optimierungsschleife, die die optimalen Lagerichtungen eines mehrlagigen Verbundwerkstoffs entsprechend einem benutzerdefinierten Lastfall bestimmt. Dieser Optimierungsschritt reduziert den Designraum im Vorfeld ohne akkumulierte Simulationshistorie zu einem einfachen „Single-Stage“-Optimierungsaufbau

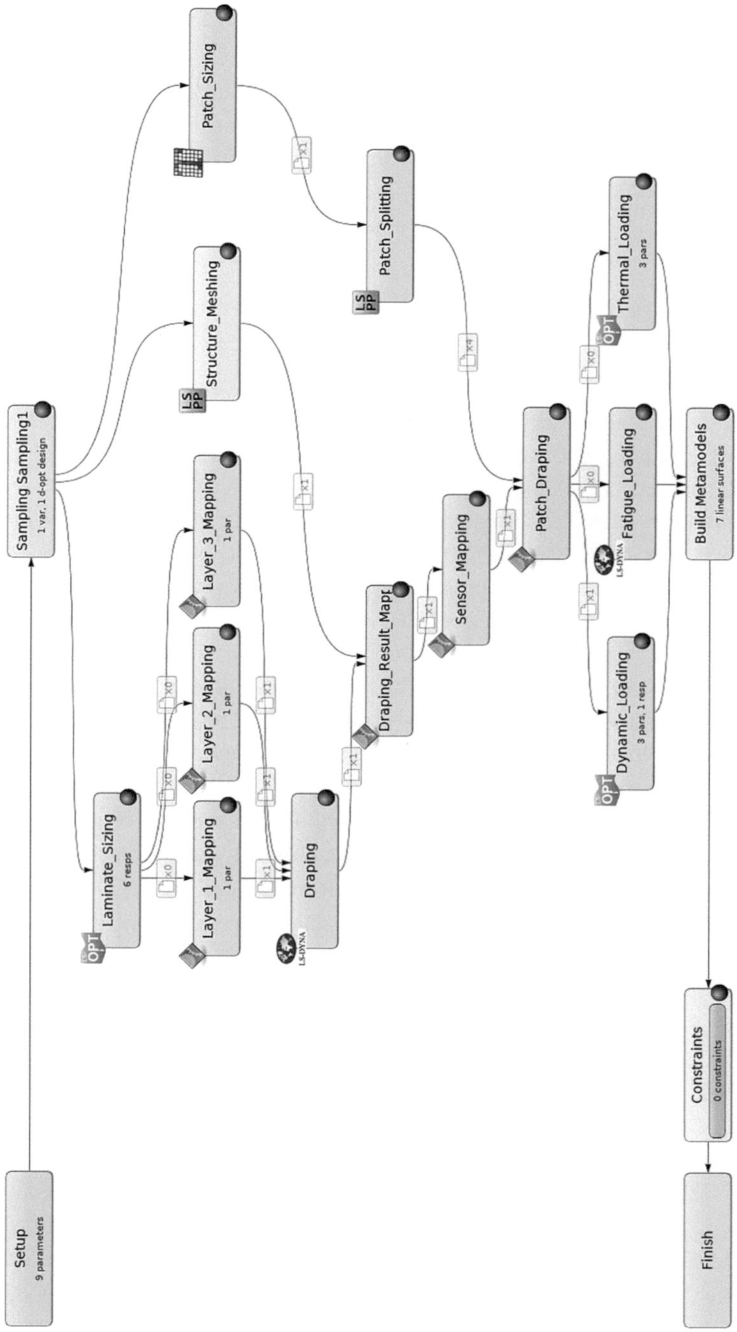

Abb. 5.82 Die virtuelle Prozesskette in LS-OPT®

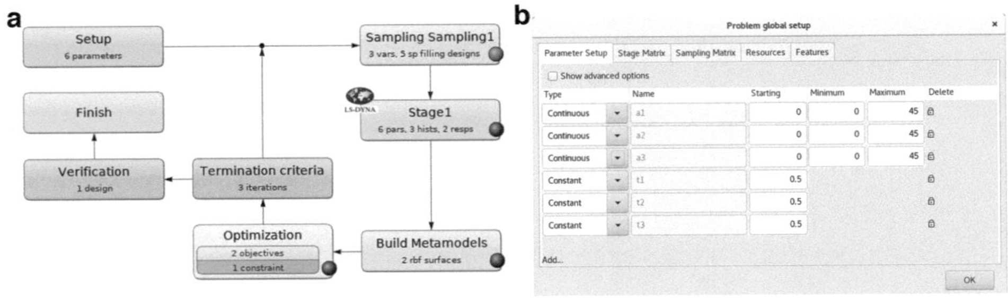

Abb. 5.83 a) Der Optimierungsprozess der einzelnen Lagen und b) die Variableneinstellungen

(Abb. 5.83). Dieser Ansatz liefert die anfänglichen Faserrichtungen des Gewebes für die Drapiersimulation. Die Faserrichtungen werden dann beim Mapping verwendet, wie in Abschn. 5.3.1 erläutert. Die Mehrschichtcharakteristik der Struktur verursacht keine Mapping Probleme, da jede Schicht einzeln gemappt werden kann. Die aus der oben genannten Optimierungsschleife erhaltenen Faserrichtungen wurden als β-Winkel im Mapping-Prozess verwendet, was in Abb. 5.83 dargestellt ist. Nach Abschluss von drei einzelnen Mappings wurden die Mapping-Ergebnisse in der nachfolgenden Drapiersimulation als *INCLUDE-Dateien verwendet, was in Abschn. 5.3.1 besprochen wurde. Darüber hinaus hat dieser Schritt die Bedeutung, dass er die allererste Schnittstelle für einen Datenaustausch mit einem realen Produktionsprozess darstellt. Mit anderen Worten: der virtuelle Simulationsschritt kann modifiziert werden, um die physische Messung zu erfüllen, oder der physische Prozess kann optimiert werden, um gegen das virtuelle Ergebnis zu konvergieren.

Der Arbeitsablauf, dargestellt in der Mitte der Abbildung erzeugt das endgültige Strukturnetz, das erstmal ungeordnet erscheint, und auf das die Ergebnisse der Produktionssimulation gemappt werden. Dieses Netz ist die beste Repräsentation des CAD-Modells der Struktur mit überlagerten FE-Netz-Eigenschaften wie z. B. einem guten Kantenlängenverhältnis der Elemente und geometrischen Eigenschaften wie den Aussparungen. Darüber hinaus können Aktualisierungen des Designs mit einem neuen CAD-Modell der Struktur direkt in die Prozesskette eingeführt werden. Die Ergebnisse der Drapiersimulation werden wie in Abschn. 5.3 beschrieben auf das neue Strukturnetz dieses Optimierungspfades gemapped. Später wird der Sensorbandeffekt wie in Abschn. 5.3.3 beschrieben, berücksichtigt.

Der Arbeitsablauf auf der rechten Seite berechnet die Platzierung von Verstärkungspatches mit LS-TaSC™ gemäß einem benutzerdefinierten Lastfall. Der Prozess beginnt grundsätzlich mit einem vollständigen Strukturnetz mit vordefinierten Richtungen der Verstärkungsfelder (d. h. 0°, 45°, −45° und 90° im Rahmen des DFA) und erodiert Elemente, die keine Verstärkung benötigen. Die resultierenden Bereiche werden dann als

Verstärkungspatches betrachtet. Ein Problem bei diesem Ansatz ist, dass der Topologieoptimierungsprozess Ergebnisse mit Volumenelementen in einer einzigen Ergebnisdatei liefert. Da das Strukturnetz mit Schalenelementen modelliert wird, wurden diese Ergebnisse zur Erzeugung von Schalenelementen in LS-PrePost verwendet und in einzelne Patch-Dateien gespeichert. Wie in Abb. 5.71 zu sehen ist, wurden dann Verstärkungspatches auf das Struktursimulationsnetz gemappt. An diesem Punkt wurden abschließend drei ursprünglich getrennte Arbeitsabläufe zusammengeführt, um das Struktursimulationsnetz zu erstellen, sodass weitere Simulationen das strukturelle Verhalten des Entwurfs in Bezug auf verschiedene Lastfälle untersucht werden können.

5.6 Simulation der Ausfallwahrscheinlichkeit mithilfe der Simulationsprozesskette

Die Simulationsprozesskette ermöglicht die ausführliche Untersuchung des Einflusses von Prozessparametern, prozessinduzierten Schwankungen, Montageschwankungen und von möglichen Abweichungen der Bauteilbelastung. In diesem exemplarischen Fall, werden Schwankungen des Ist-Ablegewinkels, der Schraubkraft zur Verbindung des Deckels mit dem Gehäuse und der Impactenergie simuliert. Die eingeführten Toleranzen für die jeweiligen Schwankungen sind in Tab. 5.15 zusammengefasst. Zur Untersuchung des Bauteilausfalls werden 32 Struktursimulationen am Ende der Prozesskette durchgeführt und die Bauteilschädigung evaluiert (Abb. 5.84). Das Bauteil wird als beschädigt betrachtet, wenn 50 % der Materialfestigkeit unter Zugbelastung aus Abschn. 5.2.4 erreicht ist.

Die stochastische Simulation zeigt, dass mögliche Winkelabweichungen während der Drapierung eine vernachlässigbare Interaktion mit der Bauteilschädigung haben (Abb. 5.84b). Ebenso wirkt sich die Vorspannung nur geringfügig auf das Bauteilverhalten unter Tool-Drop-Impact aus. Diese Schlussfolgerung ist allerdings sehr vom Lastfall abhängig und muss für weitere dimensionierende Lastfälle durchgeführt werden. Mithilfe von der Prozesskette und von anwenderdefinierten Auslegekriterien ist es möglich, die Bauteilausfallwahrscheinlichkeit rein numerisch zu berechnen (Abb. 5.84a).

Tab. 5.15 Simulierte Schwankungen der Fertigung- und Montageparametern oder der Belastung

Parameter	Soll-Wert	Untere Grenze	Obere Grenze
Ablegewinkel	0°/90°, ±45°	−5°	+5°
Schraubkraft	1 kN	0,9 kN	1,1 kN
Impactenergie	5 J	2,5 J	7,5 J

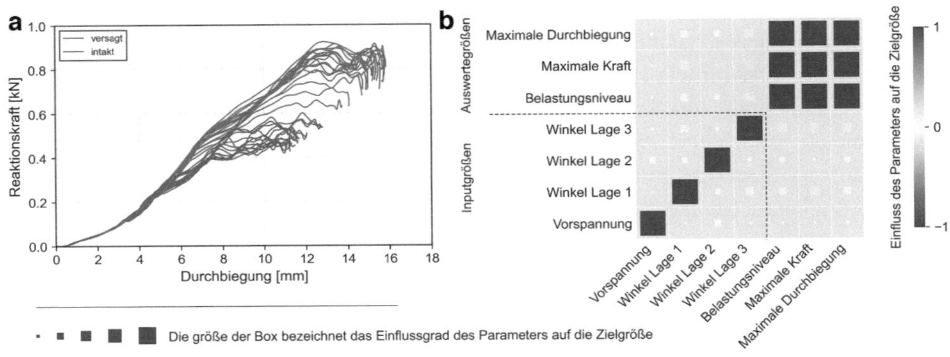

Abb. 5.84 a) Ergebnisse der Struktursimulation mit Berücksichtigung von Fertigungsschwankungen und b) Korrelation zwischen Schwankungsquellen und Bauteilversagen

5.7 Simulation des Ermüdungsverhaltens

Die Simulation des Ermüdungsverhaltens komplexer Modelle unter Berücksichtigung von Lastkollektiven im Zeitbereich ist durch die Grenzen der Rechenkapazitäten limitiert und wurde bisher nur für kurze Zeitbereiche durchführt [quelle]. Recheneffiziente Simulationsmethoden im Frequenzbereich wurden entwickelt.

Das Ermüdungsverhalten des GFK-, des Harz- und des Aluminiummaterials werden in LS-DYNA mit dem Befehl *MAT_ADD_FATIGUE durch die Eingabe der experimentell gemessenen Wöhler-Linien abgebildet.

5.7.1 Simulation an Coupon-Proben

Die Ermittlung der Betriebsfestigkeit an Coupon-Proben findet im Zeitbereich statt, denn die Materialproben werden mit konstanter Amplitude belastet (Abb. 5.85). Mithilfe einer expliziten Simulation wird ein Zyklus bei einer vorgegebenen Amplitude numerisch abgebildet und der Spannungszustand im Material berechnet. Aus diesem Spannungszustand wird die Schädigung für einen Zyklus basierend auf der Wöhler-Linie des Materials berechnet, welche zur Bestimmung der Lebensdauer N mit einer linearen Schadensakkumulation verwendet wird.

$$N = \frac{1}{D_{\text{Zyklus}}} \tag{5.15}$$

In LS-DYNA werden die Befehle *FATIGUE_D3PLOT zur Schädigungsberechnung aus den Simulationsergebnissen und *FATIGUE_FAILURE zur Einstellung des Elementversagen durch Ermüdungsbruch verwendet. Die Modelle für die quasistatische Simulation

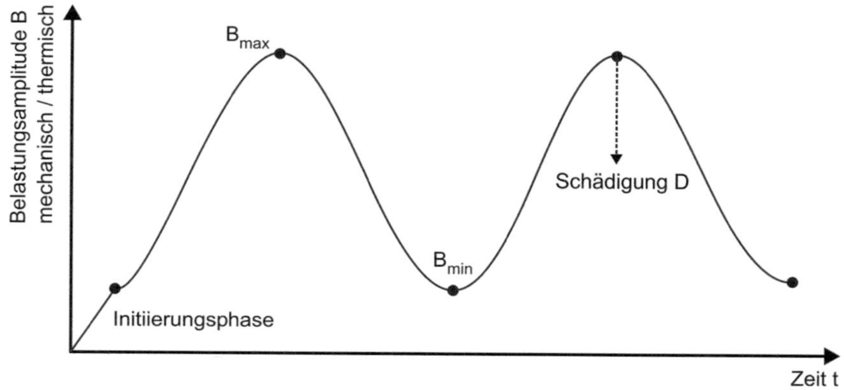

Abb. 5.85 Prinzip der Ermüdungssimulation im Zeitbereich mit explizitem Solver

aus Abschn. 5.2 werden mit den obengenannten Befehlen ergänzt, um die Lebensdauer numerisch zu bestimmen. Simulationen bei unterschiedlichen Kraft- oder Temperaturamplituden (Abb. 5.85) werden durchgeführt und die Wöhler-Linie wird aus der abgeschätzten Lebensdauer des Materials abgeleitet. Die Simulation berücksichtigt sowohl das Ermüdungsversagen als auch das Versagen wegen unzulässigen, quasistatischen Lasten.

Abb. 5.86 und 5.87 bilden die Ergebnisse der Ermüdungssimulation am Aluminiummaterial und am Reinharzmaterial ab. Die Simulationsergebnisse stehen in beiden Fällen in guter Übereinstimmung mit den experimentellen Wöhler-Linien. Die Diskrepanzen können auf die Berechnung der Schädigung anhand der äquivalenten von-Mises Spannung zurückgeführt werden.

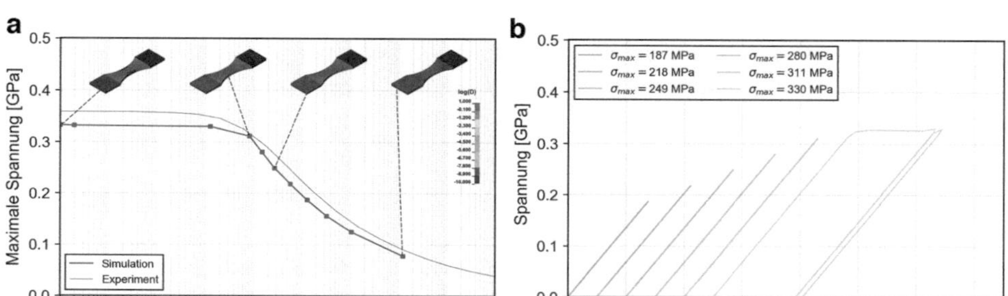

Abb. 5.86 a) Numerische Prognose der Ermüdung einer Aluminiumprobe unter Zugschwellbelastung; b) Spannungs-Dehnungskurven in ausgewählten Belastungszyklen

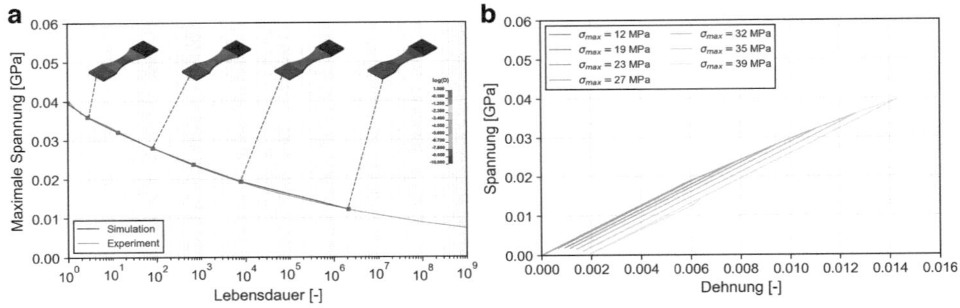

Abb. 5.87 a) Numerische Prognose der Ermüdung einer Reinharzprobe unter Zugschwellbelastung; b) Spannungs-Dehnungskurven in ausgewählten Belastungszyklen

Aus dem validierten Modell der Reinharzprobe kann anschließend die rVE eines unidirektionalen FVK-Materials numerisch untersucht werden. Zur Abbildung der Faserermüdung wird eine Wöhler-Linie aus der Literatur verwendet [73]. Die rVE wird einerseits unter zyklischer Zugschwellbelastung in Längs- und Querrichtung und anderseits unter zyklischer thermischer Belastung im Bereich von 20 °C bis 70 °C beansprucht. In Abb. 5.88 sind die numerisch ermittelten Wöhler-Linien unter mechanischer und thermischer Belastung dargestellt. Durch die Berücksichtigung und zufällige Modellierung der Poren (siehe Abschn. 5.4.1) kann die Streuung der Ermüdungswerte abgebildet werden. Diese Methode kann nicht auf die mesoskopische Ebene aufgrund der Orthotropie von Rovings übertragen werden, denn die Ermüdungsalgorithmen können ausschließlich isotrope Materialien abbilden.

5.7.2 Bauteilsimulation

Auf Bauteileebene sind oft die genaue Reihenfolge der Belastungen nicht bekannt und die Ermüdung wird anhand von PSD-Beschleunigungssignalen (Power Spectral Density) simuliert. In LS-DYNA wird der Befehl *FREQUENCY_DOMAIN_RANDOM_VIBRATION_FATIGUE unter Eingabe eines repräsentativen PSD-Signals und einer Belastungsdauer verwendet. In dieser Arbeit wird die von-Mises Spannung als Variable verwendet, um die Ermüdung jedes Elements zu berechnen. Zur Ermüdungsberechnung wird die drei-Band-Methode von Steinberg verwendet, welche eine lineare Schädigungsakkumulation nach Palmgren–Miner annimmt (Abb. 5.89). Die kumulierte Ermüdung R_n jedes Elements resultiert aus der folgenden Gleichung, wobei N_1, N_2, N_3 die Zyklenzahl aus jedem Bandbereich sind und n die gesamte Zyklenzahl ist.

$$R_n = n\left(\frac{0{,}683}{N_1} + \frac{0{,}271}{N_2} + \frac{0{,}043}{N_3}\right) \geq 1 \tag{5.16}$$

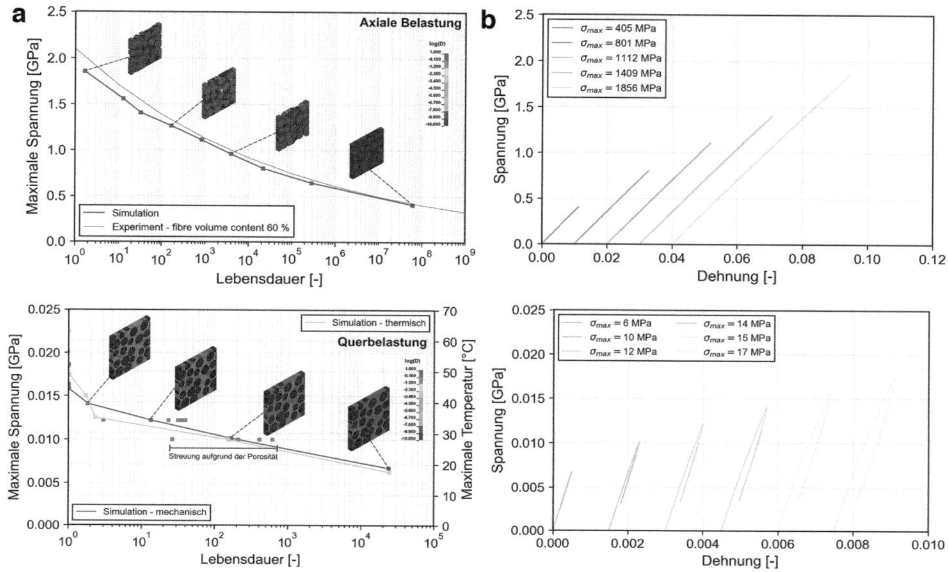

Abb. 5.88 a) Numerische Prognose der Ermüdung einer unidirektionalen rVE unter Zug-Zugbelastung in axialer Richtung und in Querrichtung sowie unter zyklischen Temperaturbelastung; b) Spannungs-Dehnungskurven in ausgewählten Belastungszyklen

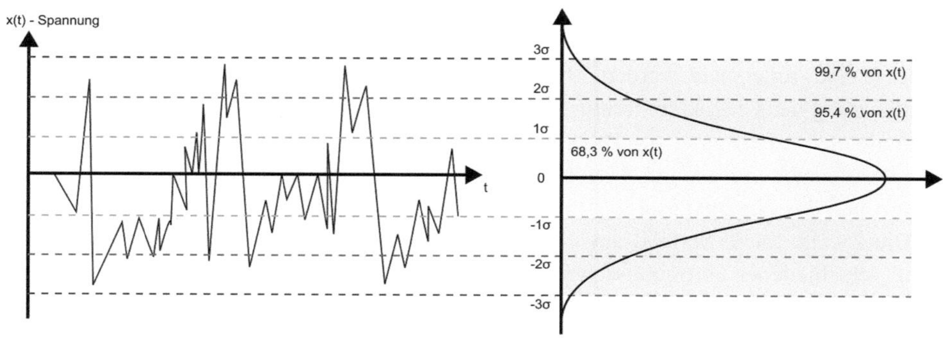

Abb. 5.89 Darstellung der drei Bänder aus einem zeitlichen Belastungssignal für die Ermüdungsberechnung nach Steinberg

Abb. 5.90 fasst die Ergebnisse der Ermüdungssimulation bei drei Bauteilanregungen in x-, y- und z-Richtung zusammen. Das Beschleunigungsspektrum in y-Richtung führt zur höchsten, allerdings sehr lokalisierten, Schädigung von 0,64 im GFK-Bauteil. Die Belastung in x-Richtung verursacht flächige Schädigungen im flachen Bereich nahe der Schraubverbindungen und im Bereich der Aussparungen für die Verkabelung. Bei einer

Belastung in z-Richtung ist letztlich nur eine lokale Schädigung bis $R = 0{,}50$ in der Lasteinleitung zu beobachten. Die minimale Lebensdauer des Bauteils liegt bei 1530 h und resultiert aus der y-Belastung.

Anschließend werden die Ergebnisse und Schäden aus der Impactsimulation aus Abschn. 5.2.5 auf die Strukturvernetzung für die Ermüdungsuntersuchung übertragen. Dies erlaubt die Untersuchung der Schadensausbreitung in einem Betriebsszenario. Zur Berücksichtigung der aus dem Impact resultierenden Schädigungen werden die Materialeigenschaften lokal um den Faktor 100 verringert, da an diesen Stellen das Material eine reduzierte Tragfähigkeit besitzt. Die Schädigungen erhöhen lokal die Ermüdung der umliegenden Elemente aufgrund der Lastverteilung (Abb. 5.91). Durch die reduzierte gesamte Tragfähigkeit und Steifigkeit des Bauteils wirkt sich die Vorschädigung des Bauteils global negativ auf das Ermüdungsverhalten aus.

5.8 Zusammenfassung

Im Projekt Digitaler Fingerabdruck wurden zwei Säulen der numerischen Prozesskette aufgebaut. In der ersten Säule wurde eine durchgängige Simulationskette zur virtuellen Charakterisierung von Faserverbundmaterialien auf mikroskopischen, mesoskopischen und makroskopischen Ebenen entwickelt. Auf Basis von wenigen experimentellen optischen Messungen und der Charakterisierung des Reinharzmaterials konnten die Steifigkeit, Festigkeit und Ermüdungsfestigkeit unidirektionaler und textilbasierter Verbundmaterialien ermittelt und in Struktursimulationen eingesetzt werden. Durch Anwendung der Software Envyo® konnten die Einflüsse von Materialstreuungen, welche fertigungsbedingt sind, untersucht werden. Diese virtuelle Charakterisierungskette ermöglicht eine Reduzierung des Charakterisierungsaufwands mittels experimenteller Methoden sowie die kostenintensive Fertigung von Probekörpern. Zusätzlich eröffnet diese Methode die detaillierte Untersuchung anderer Materialkonfigurationen mit möglichen Permutationen der Fasern und des Harzmaterials.

Die Zweite Säule bestand aus einer geschlossenen Prozesskette zur virtuellen Abbildung verschiedener Fertigungsschritte. Während die Simulationsschritte getrennt voneinander laufen, ist eine Durchgängigkeit der Informationen und Ergebnisse von der Software Envyo® und ihrer Mappingalgorithmen gewährleistet. Die aktuelle Prozesskette beinhaltet die Fertigung (Weben, Drapieren, Besäumen), Montage (Verschraubung) und Betriebsphase (Tool-Drop, Ermüdung, thermische Belastung) des DFA-Demonstrators. Mit der Prozesskette können Fertigungstoleranzen (Genauigkeit des Drapierens, Variationen der Infiltrationsdruck usw.) und Schwankungen in der Bauteilgestaltung wie z. B. die Porosität berücksichtigt werden und ihre Einflüsse auf die Strukturtragfähigkeit berechnet werden. Eine stetige Anpassung des Toleranzbands mit Informationen aus den realen Prozessen und aus dem Betrieb ist ebenso möglich. Diese Prozesskette reduziert einerseits die Entwicklungszeit durch ihre Automatisierbarkeit und erhöht die Genauigkeit in

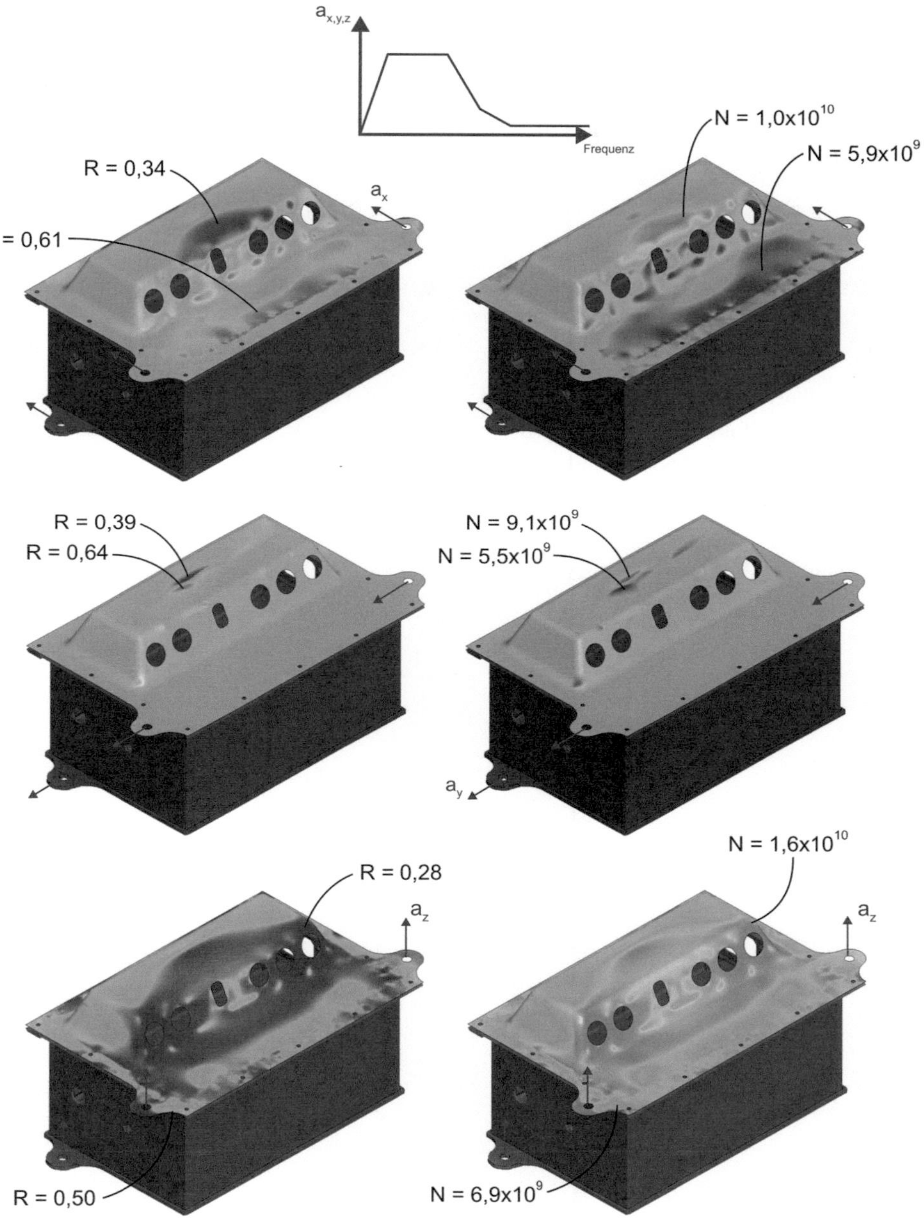

Abb. 5.90 Bauteilermüdung bei getrennten PSD-Anregungen in x-, y- und z-Richtung

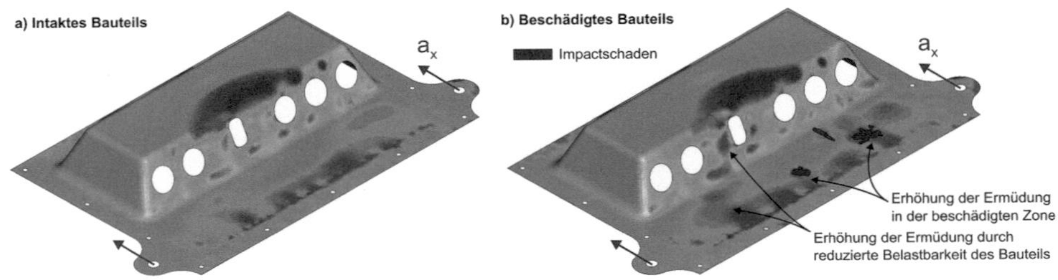

Abb. 5.91 a) Simulation des Ermüdungsverhaltens für ein intaktes Bauteil und b) für ein vorgeschädigtes Bauteil nach einer Impactsimulation

der Bauteilauslegung. Zusätzlich bietet der Transfer von Feldmessungen in die weiteren Schritte der Produktauslegung einen besonderen Vorteil in Richtung einer kontinuierlichen Produktverbesserung und Bauteilevolution.

Literatur

1. IBM (2023) What is a digital twin? August 03. https://www.ibm.com/topics/what-is-a-digital-twin
2. Moghassem AR (2012) A new approach for numerical identification of bending behavior of plain woven fabric. Fibers Polym 13(2):237–243. https://doi.org/10.1007/s12221-012-0237-2
3. Deutsches Institut für Normung (2003) Prüfung von Kunststoff-Folien und von textilen Flächengebilden (außer Vliesstoffe), mit oder ohne Deckschicht aus Kunststoff_- Bestimmung der Biegesteifigkeit_- Verfahren nach Cantilever(DIN 53362:2003-10). Beuth Verlag GmbH, Berlin. https://doi.org/10.31030/9504254.
4. Darcy H (1856) Les fontaines publiques de la ville de Dijon: exposition et application
5. May D, Aktas A, Advani SG, Berg DC, Endruweit A, Fauster E et al (2019) In-plane permeability characterization of engineering textiles based on radial flow experiments: a benchmark exercise. Compos A Appl Sci Manuf 121:100–114. https://doi.org/10.1016/j.compositesa.2019.03.006
6. Dittmann J (2022) Numerische Multiskalen-Permeabilitätsvorhersage von endkonturnahen textilen Fasermodellen [Dissertation]. Verlag Dr. Hut
7. Adams KL, Rebenfeld L (1991) Permeability characteristics of multilayer fiber reinforcements Part I: Experimental observations. Polym Compos 12(3):179–185. https://doi.org/10.1002/pc.750120307
8. Deutsches Institut für Normung (2021) Kunststoffe_- Bestimmung der Zugeigenschaften_ - Teil_4: Prüfbedingungen für isotrop und anisotrop faserverstärkte Kunststoffverbundwerkstoffe (ISO_527-4:2021); Deutsche Fassung EN_ISO_527-4:2021(DIN EN ISO 527-4:2022-03). Beuth Verlag GmbH, Berlin. https://doi.org/10.31030/3328116
9. Deutsches Institut für Normung (2000) Faserverstärkte Kunststoffe_- Bestimmung der Druckeigenschaften in der Laminatebene (ISO_14126:1999); Deutsche Fassung EN_ISO_14126:1999(DIN EN ISO 14126:2000-12). Beuth Verlag GmbH, Berlin. https://doi.org/10.31030/8379431
10. Vinot M, Liebold C, Usta T, Holzapfel M, Toso N, Voggenreiter H (2023) Stochastic modelling of continuous glass-fibre reinforced plastics–considering material uncertainty in microscale simulations. J Compos Mater 57(1):133–145. https://doi.org/10.1177/00219983221139790
11. Pistori HC, Schulze M (2018) ImageJ docs – Hough circle transform. https://imagej.net/plugins/hough-circle-transform
12. Bürgel (2018) Lösungen zur optischen Inspektion und Qualitätskontrolle. Pfinztal
13. ZwickRoell GmbH & Co. KG. (2023) Zugversuch. https://www.zwickroell.com/de/branchen/werkstoffpruefung-materialpruefung/zugversuch/
14. Wöhler A (1863) Versuche über die Festigkeit von Eisenbahnwagen-Achsen. Zeitschrift für Bauwesen XIII
15. ZwickRoell GmbH & Co. KG (2023) Dauerschwingversuch (Wöhlerversuch) nach DIN 50100, ASTM E466-15, ISO 1099. https://www.zwickroell.com/de/branchen/werkstoffpruefung-materialpruefung/ermuedungsversuch/dauerschwingversuch-woehlerversuch-din-50100/
16. Kolmorgen R, Biermann H (2014) Thermomechanische Ermüdung. In: Biermann H, Krüger L (Hrsg) Moderne Methoden der WerkstoffprüFung, 1. Aufl. Wiley, S 159–180
17. Deutsches Institut für Normung (1997) Kunststoffe – Bestimmung der Zugeigenschaften: Teil 4: Prüfbedingungen für isotrop und anisotrop faserverstärkte Kunststoffverbundwerkstoffe – DIN EN ISO 527-4. Deutsches Institut für Normung
18. Seiffert JD (2021) Einfluss thermischer und mechanischer Lasten auf die sensorischen Fähigkeiten sensorintegrierter Faserverbundkunststoffe. Institut für Flugzeugbau, Stuttgart

19. ZwickRoell GmbH & Co. KG (2023) Produktinformation AllroundLine Z250 SN/SW/SH/SE Material Prüfmaschine: ZwickRoell GmbH & Co. KG. https://www.zwickroell.com/fileadmin/content/Files/SharePoint/user_upload/PI_DE/02_757_Material_Pruefmaschine_AllroundLine_Z250_PI_DE.pdf
20. ZwickRoell GmbH & Co. KG (2023) Produktinformation Kraftaufnehmer Xforce K: ZwickRoell GmbH & Co. KG. https://www.zwickroell.com/fileadmin/content/Files/SharePoint/user_upload/PI_DE/03_677_Kraftaufnehmer_Xforce_K_PI_DE.pdf
21. ZwickRoell GmbH & Co. KG (2023) Produktinformation makroXtens II: ZwickRoell GmbH & Co. KG. https://www.zwickroell.com/fileadmin/content/Files/SharePoint/user_upload/PI_DE/08_220_makroXtens_II_PI_DE.pdf
22. Rathod VT, Hiremath SR, Roy Mahapatra D (2014) Strength and fatigue life evaluation of composite laminate with embedded sensors. In: Ecke W, Peters KJ, Meyendorf NG, Matikas TE (Hrsg) Smart sensor phenomena, technology, networks, and systems integration 2014, 90620X
23. Masmoudi S, El Mahi A, Turki S (2015) Use of piezoelectric as acoustic emission sensor for in situ monitoring of composite structures. Compos B Eng 80:307–320. https://doi.org/10.1016/j.compositesb.2015.06.003
24. Ehrenstein GW (2018) Faserverbund-Kunststoffe, 2. Aufl. Carl Hanser Verlag GmbH & Co. KG, München
25. Deutsches Institut für Normung (2009) Umgebungseinflüsse – Teil 2-14: Prüfverfahren – Prüfung N: Temperaturwechsel – DIN EN 60068-2-14. Deutsches Institut für Normung
26. Weiss Umwelttechnik GmbH (2016) Climate Test Chambers WK3 WKS3: Weiss Umwelttechnik GmbH. https://weiss-na.com/wp-content/uploads/Climate-Test-Chambers-WK3-WKS3-1.pdf
27. Hottinger Brüel & Kjaer (2023) LDS permanent magnet vibration systems. Hottinger Brüel & Kjaer GmbH. https://www.bksv.com/-/media/literature/Product-Data/bu3105.ashx
28. Polytec GmbH (2008) Scanning vibrometer PSV-300: data sheet. Polytec GmbH
29. Moser EM, Urech R, Hack E, Künzli H, Müller E (1998) Hydrocarbon films inhibit oxygen permeation through plastic packaging material. Thin Solid Films 317(1–2):388–392. https://doi.org/10.1016/S0040-6090(97)00555-5
30. Lerch R (2016) Elektrische Messtechnik. Springer Berlin Heidelberg, Berlin, Heidelberg
31. Bosch Sensortec GmbH (2023) BMA456 data sheet. Bosch Sensortec GmbH. https://www.bosch-sensortec.com/media/boschsensortec/downloads/datasheets/bst-bma456-ds000.pdf
32. Gutjahr T (2019) Effiziente Datenübertragung strukturintegrierter Sensoren
33. Al-Ghalib A, Mohammad F, Al-Attar TS, Al-Neami MA, AbdulSahib WS (2018) The use of modal parameters in structural health monitoring. MATEC Web Conf 162:4020. https://doi.org/10.1051/matecconf/201816204020
34. CADFEM GmbH (2015) Starrkörper-Mode. http://www.cae-wiki.info/wikiplus/index.php/Starrk%C3%B6rper-Mode
35. ZwickRoell GmbH & Co. KG (2023) Produktinformation Material-Prüfmaschinen AllroundLine Z005 bis Z100. ZwickRoell GmbH & Co. KG. https://www.zwickroell.com/fileadmin/content/Files/SharePoint/user_upload/PI_DE/02_284_Material_Pruefmaschine_AllroundLine_Z005_bis_Z100_PI_DE.pdf
36. ASTM International (2019) Standard Test method for tension-tension Fatigue of Polymer Matrix Composite Materials – D3479/D3479M-19. ASTM International
37. International organization for standardization (2003) Fibre-reinforced plastics – Determination of fatigue properties under cyclic loading conditions – ISO 13003. https://www.iso.org/standard/32190.html

38. Henkel AG & Co. KgaA (2012) LOCTITE ECCOBOND EO 1072 Technical Data Sheet. Henkel AG & Co. KgaA. https://datasheets.tdx.henkel.com/LOCTITE-ECCOBOND-EO-1072-en_US.pdf
39. DELO Industrie Klebstoffe GmbH & Co. KgaA (2023) DELO KATIOBOND 45952 Technisches Datenblatt. https://www.delo.de/service-center/downloadbereich/downloads/datasheet/DELO%20KATIOBOND_45952_TIDB-de.pdf?show=1&type=5001&cHash=39489453a92d624c4dafb22f7ea499a5
40. Sandner Messtechnik GmbH (2006) Technical specifications extensometers. Sandner Messtechnik GmbH. https://www.sandner-messtechnik.com/pdf/em/Spezifikationen_Extensometer_engl.pdf
41. Russenberger Prüfmaschinen AG (2021) Flachstabspannvorrichtung 20kN: technises Datenblatt: 654K2-38. Russenberger Prüfmaschinen AG
42. Autodesk Inc. (2023) Überblick über Fusion 360: Autodesk Inc. https://www.autodesk.de/products/fusion-360/overview?mktvar002=5022403\textbarkwd-45199965798&utm_source=GGL&utm_medium=SEM&utm_campaign=GGL_D-M_Fusion-360_EMEA_DE_eComm_SEM_BR_NA_MIX_0000_5022403_&utm_id=5022403&utm_term=kwd-45199965
43. ZwickRoell GmbH & Co. KG (2023) Produktinformation RetroLine testControl II zwickiLine. ZwickRoell GmbH & Co. KG. https://www.zwickroell.com/fileadmin/content/Files/SharePoint/user_upload/PI_DE/03_882_RetroLine_testControl_II_zwickiLine_PI_DE.pdf
44. ZwickRoell GmbH & Co. KG (2023) Prüfsoftware testXpert. ZwickRoell GmbH & Co. KG. https://www.zwickroell.com/de/zubehoer/pruefsoftware-testxpert/
45. ASTM International (2015) Standard practice for statistical analysis of linear or linearized stress-life (S-N) and strain-life (-N) fatigue data – E739-10. ASTM International
46. Deutsches Institut für Normung (2016) Schwingfestigkeitsversuch: Durchführung und Auswertung von zyklischen Versuchen mit konstanter Lastamplitude für metallische Werkstoffproben und Bauteile – DIN 50100. Deutsches Institut für Normung
48. Min H-G, Kang D-J, Park J-H (2020) Comparison of tensile and fatigue properties of copper thin film depending on process method. Appl Sci 10(1):388. https://doi.org/10.3390/app10010388
49. Beck D, Thayer G, Sorensen N, Susan D (2008) Fatigue behavior of thin Cu foils and Cu/Kapton flexible circuits. In: Materials science and technology conference and exhibition, MS and T'08, 1
50. Dumstorff G (2015) Modellierung und experimentelle Untersuchung von materialintegrierten Sensoren
51. Schürmann H (2007) Konstruieren mit Faser-Kunststoff-Verbunden. Springer Berlin Heidelberg, Berlin, Heidelberg
52. Heisser RH, Patil VP, Stoop N, Villermaux E, Dunkel J (2018) Controlling fracture cascades through twisting and quenching. Proc Natl Acad Sci 115(35):8665–8670. https://doi.org/10.1073/pnas.1802831115
53. Pastor-Martino M-L (2007) Contribution à l'étude en fatigue de structures en aluminium renforcées par patchs composites
54. Sendeckyj GP (1981) Fitting models to composite materials fatigue data. ASTM Special Technical Publications. https://doi.org/10.1520/STP29314S
55. Sun CT, Vaidya RS (1996) Prediction of composite properties from a representative volume element. Compos Sci Technol 56(2):171–179. https://doi.org/10.1016/0266-3538(95)00141-7
56. Park S-M, Lim JH, Seong MR, Sohn D (2019) Efficient generator of random fiber distribution with diverse volume fractions by random fiber removal. Compos B Eng 167:302–316. https://doi.org/10.1016/j.compositesb.2018.12.042

57. Turon A, Dávila CG, Camanho PP, Costa J (2007) An engineering solution for mesh size effects in the simulation of delamination using cohesive zone models. Eng Fract Mech 74(10):1665–1682. https://doi.org/10.1016/j.engfracmech.2006.08.025
58. Dittmann J, Middendorf P (2019) Der Digitale Prototyp: Ganzheitlicher Digitaler Prototyp Im Leichtbau Für Die Großserienproduktion. Springer Vieweg, Berlin, Heidelberg. in Springer Fachmedien Wiesbaden GmbH
59. Dittmann J, Vinot M, Middendorf P, Toso N, Voggenreiter H (2021) Simulation supported manufacturing of profiled composite parts using the braiding technique. In: Weißgraeber P, Heieck F, Ackermann C (Hrsg) Advances in automotive production technology – theory and application. Springer Berlin Heidelberg, Berlin, Heidelberg
60. Lin H, Brown LP, Long AC (2011) Modelling and simulating textile structures using TexGen. AMR 331:44–47. https://doi.org/10.4028/www.scientific.net/AMR.331.44
61. Lukaszewicz DH-JA (2013) Automotive composite structures for crashworthiness. In: Elmarakbi A (Hrsg) Advanced composite materials for automotive applications. Structural Integr. John Wiley & Sons
62. Livermore Software Technology A (2021) LS-DYNA keyword user's manual – volume II: material models
63. Livermore Software Technology A (2021) LS-DYNA keyword user's manual – volume I: material models
64. DYNAmore GmbH (2021) ENVYO® user's manual. Stuttgart, Germany
65. Tadmor EB, Miller RE, Elliott RS (2012) Continuum mechanics and thermodynamics: from fundamental concepts to governing equations. Cambridge University Press, Cambridge, New York
66. Haufe A, Schweizerhof K, DuBois P (2013) Review of shell element formulations in LS-DYNA: properties, limits, advantages, disadvantages. In: Proceedings of the LS-DYNA developer forum 2013
67. Stander N, Basudhar A, Roux W, Liebold K, Eggleston T, Goel T et al (2020) LS-OPT user's manual: a design optimization and probabilistic analysis tool for the engineering analyst
68. He C, Ge J, Cao X, Chen Y, Chen H, Fang D (2022) The effects of fiber radius and fiber shape deviations and of matrix void content on the strengths and failure mechanisms of UD composites by computational micromechanics. Compos Sci Technol 218:109139. https://doi.org/10.1016/j.compscitech.2021.109139
69. Duhovic M, Mitschang P, Bhattacharyya D (2011) Modelling approach for the prediction of stitch influence during woven fabric draping. Compos A Appl Sci Manuf 42(8):968–978. https://doi.org/10.1016/j.compositesa.2011.03.025
70. Jauffrès D, Sherwood JA, Morris CD, Chen J (2010) Discrete mesoscopic modeling for the simulation of woven-fabric reinforcement forming. Int J Mater Form 3(S2):1205–1216. https://doi.org/10.1007/s12289-009-0646-y
71. Bickerton S, Advani SG (1999) Characterization and modeling of race-tracking in liquidcomposite molding processes. Compos Sci Technol 59(15):2215–2229. https://doi.org/10.1016/S0266-3538(99)00077-9
72. Livermore Software Technology A (2022) The LS-TaSC™ tool topology and shape computations user's manual version 2022 R1
73. Ma H, Bai X, Ran Y, Wei X, An Z (2022) Modeling the effect of stress ratio, loading frequency and fiber orientation on the fatigue response of composite materials. Polymers (Basel) 14(14):2772. https://doi.org/10.3390/polym14142772

Versuchskampagne und in Service-Testing 6

Karim Bahroun, Mathieu Vinot, Florian Fritz, Silvio Facciotto und Thomas Sommer-Dittrich

Im vorliegenden Kapitel sollen die durchgeführten Versuchskampagnen im DFA kurz beschrieben und ihr Nutzen im Hinblick auf die Wettbewerbsfähigkeit von Zulieferer als auch von Automobilbauern in der Wertschöpfungskette des Automobils von morgen anhand der in Abschn. 3.1 aufgezeigten Use-Cases abgeschätzt werden.

Use-Case 1 umfasst die Reduktion des Ausschusses bei der Bauteilproduktion durch Inline-Prozessanpassung. Hierzu wurden in Abschn. 3.2.2 Vorversuche zur Erfassung der

K. Bahroun (✉)
CR/AMP2, Robert Bosch GmbH, Renningen, Deutschland
E-Mail: karim.bahroun@de.bosch.com

M. Vinot
Strukturelle Integrität, Deutsches Zentrum für Luft- und Raumfahrt, Institut für Bauweisen und Strukturtechnologie, Stuttgart, Deutschland
E-Mail: mathieu.vinot@dlr.de

F. Fritz
Kompetenzzentrum Stapelfaser, Weberei & Simulation, Deutsche Institute für Textil- und Faserforschung Denkendorf, Denkendorf, Deutschland
E-Mail: florian.fritz@ditf.de

S. Facciotto
Institut für Flugzeugbau, Universität Stuttgart, Stuttgart, Deutschland
E-Mail: facciotto@ifb.uni-stuttgart.de

T. Sommer-Dittrich
Group Research, Sustainability and RD Functions, Mercedes-Benz, Sindelfingen, Deutschland
E-Mail: thomas.sommer-dittrich@mercedes-benz.com

D. Holder und P. Middendorf (Hrsg.), *Digitaler Fingerabdruck,* ARENA2036,
https://doi.org/10.1007/978-3-662-69802-0_6

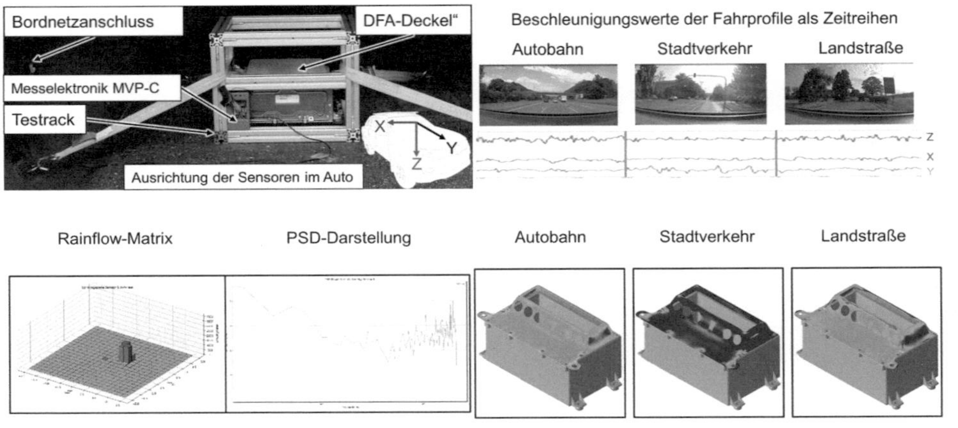

Abb. 6.1 Testfahrten mit DFA-Deckel

Harzfront im RTM-Prozess durchgeführt und im Abschn. 7.2 Versuche zur Überwachung des Drapierpprozesses bzw. des TFP-Prozesses dargestellt.

Das im DFA gewählte Konzept zur Erfassung von Messdaten während der Herstellung einer Komponente erscheint in der Gesamtbetrachtung als ausreichend leistungsfähig, um eine lückenlose Überwachung des Herstellungsprozesses des DFA-Deckels zu ermöglichen.

Use-Case 2 und 3 bedienen die Handlungsfelder Identifikation tatsächlicher Lastfälle und Predictive Maintenance. Diese Handlungsfelder werden vor allem in der Nutzungsphase der Komponente bedient.

Um die Funktionsfähigkeit des DFA-Konzepts im Feld zu testen wurde der DFA-Deckel (in der Version MVP-B, siehe Abschn. 3.2.4) in einem PKW mittels Testrack installiert. Die Konnektivität wurde mithilfe eines LTE-Hotspots, über den sich der RaspberryPi über das eingebaute WLAN-Modul verbindet, ermöglicht. Mit Energie wurde der RaspberryPi bei diesem Versuchsaufbau vom Bordnetz des PKWs versorgt (siehe Abb. 6.1).

Bei der Testfahrt wurden insgesamt ca. 80 km in etwa 60 min zurückgelegt um die drei unterschiedlichen Fahrszenarien Autobahn, Stadtverkehr und Landstraße zu durchlaufen.

In Abb. 6.1, unten sind die Messwerte der Testfahrt dargestellt und den drei Fahrszenarien zugeordnet. Jeder der drei Beschleunigungssensoren liefert jeweils drei Messwerte um die Beschleunigung in den drei Achsen x, y und z zu erfassen und darzustellen. Die Achsenausrichtung ist ebenfalls in Abb. 6.1, visualisiert und sind wie folgt zu verstehen:

- x (blau) entspricht den horizontalen (nach rechts/links) Richtungsänderungen einer Autofahrt: Kurvenfahrt in Fahrtrichtung nach rechts/links
- y (schwarz) entspricht der horizontalen (nach vorne/hinten) Richtungsänderungen einer Autofahrt: Gas geben/Bremsen

- x (rot) entspricht der vertikalen (nach oben/unten) Richtungsänderungen einer Autofahrt: Fahren über Schlaglöcher o. ä.

Neben der Datenrepräsentation als Zeitreihendiagramm, wurden weitere Darstellungen in Form von Rainflow-Matritzen und PSD-Diagrammen abgeleitet (siehe Abb. 6.1,). Die Rainflow-Matrix dient zur Darstellung der Beschleunigungswerte und zeigt die Häufigkeit von Klassenwechseln an. Die Daten sind für nachgelagerte Simulationen nutzbar, um bspw. Überlasten zu erkennen oder eine Lebensdauerberechnung über die Schwingfestigkeit durchzuführen. Das PSD-Diagramm stellt die Verteilung der Sensorwerte über verschiedene Frequenzen hinweg dar und kann zur Lebensdauerberechnung und als Grundlage für Simulationen herangezogen werden.

Auf den PSD-Daten basierende Belastungssimulationen wurden im Rahmen der Vorversuche ebenfalls durchgeführt. Das Ergebnis ist ebenfalls in Abb. 6.1, dargestellt.

Die Durchführung der Testfahrten zeigt, dass das DFA-Konzept prinzipiell geeignet ist, Use-Case 2 und 3 abzubilden. Bei der Versuchsauswertung stellte sich jedoch heraus, dass die Qualität der Messdaten zum Stand MVP-B bei einer Abtastfrequenz von je 3 Hz keine wirklich belastbaren Aussagen zu den realen Feldlastdaten und damit zur Belastungssituation des Bauteils ermöglich.

Im Folgenden werden daher weiterführende Versuche zum Stand MVP-F (Abtastrate je 1600 Hz) vorgestellt, welche zum einen die Qualität der Messdaten anhand von Shaker-Versuchen validieren. Es werden weitere Fahrversuche mit Stand MVP-F vorgestellt und die entsprechenden Erkenntnisse diskutiert.

6.1 Definition der Bauteilversuche und Datenfluss

6.1.1 Bauteilversuche mit Shakertisch

Die Auslegung, Vorbereitung und Durchführung von realen Fahrzeugversuchen stellt einen großen Zeit- und Ressourcenaufwand dar und ist für die Prüfung des Sensorkonzepts und für die Untersuchung des Ermüdungsverhaltens vom Bauteil nicht geeignet. Dagegen werden Bauteile an der Shaker-Anlage vom DLR bei unterschiedlichen Belastungsprofilen getestet. Zum einen soll die Qualität der Messung der Beschleunigung im Bauteil durch die Sensoren überprüft werden, zum anderen, soll die Entstehung und Ausbreitung von Schädigungen im GFK-Bauteil unter Schwingungen untersucht werden.

Die Versuchskampagne am Bauteil besteht aus den folgenden Schritten:

- Sinusförmige Bewegung in z-Richtung mit Erhöhung der Frequenz zwischen 2 Hz und 2 kHz bei einer Beschleunigung von 10 g
- Beschleunigung eines intakten Bauteils mit einem Rauschen unter Eingabe eines PSD-Spektrums

Das Bauteil wird mit Schraubverbindungen auf einer Adapterplatte eingespannt, welche das Gewicht und die Trägheit des Aluminiumgehäuses abbilden soll (siehe Abb. 6.2). Ein externer Beschleunigungssensor wird auf der Adapterplatte zur Messung der tatsächlichen Beschleunigung im Laufe des Versuchs befestigt. Eine zusätzliche Beschleunigungsmessung wird mithilfe eines Laser-Systems an unterschiedlichen Stellen des Bauteils (auf den MEMS-Sensoren oder an der obersten Seite des Bauteils) zum Vergleich durchgeführt.

Abb. 6.3 stellt die vom integrierten Sensor gemessenen Signale für die Versuchsarten mit Rauschen- und Sinusanregung dar.

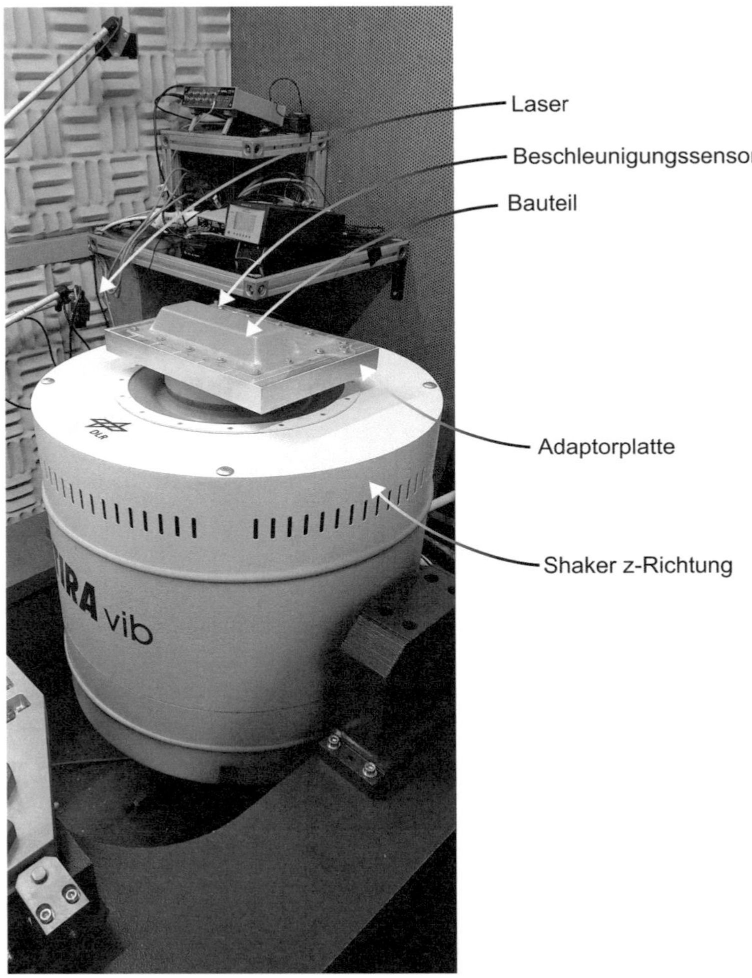

Abb. 6.2 Aufbau des Bauteils auf der Shaker-Anlage des DLRs

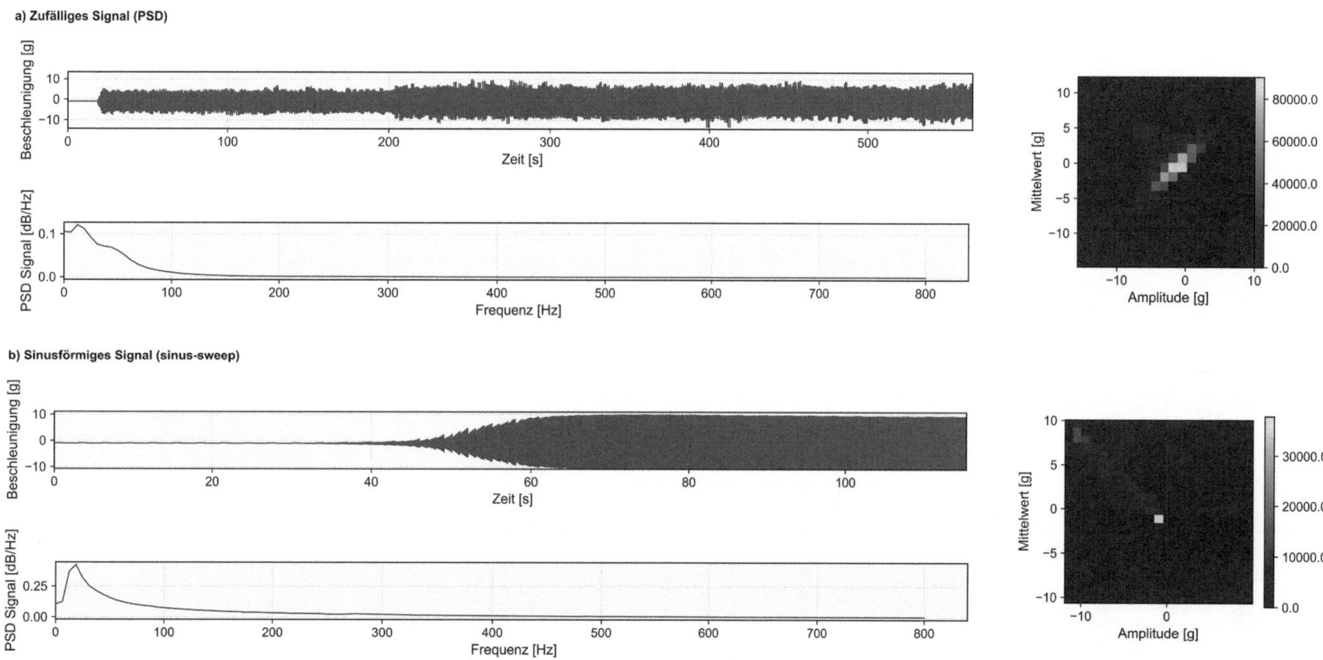

Abb. 6.3 a) Zeit- und Frequenzsignal sowie abgeleitete Rainflow-Matrix für die z-Beschleunigung, gemessen vom integrierten Sensor, für die zufällige Bauteilanregung; b) Zeit- und Frequenzsignal sowie abgeleitete Rainflow-Matrix für die z-Beschleunigung, gemessen vom integrierten Sensor, für die sinusförmige Bauteilanregung

6.1.2 Bauteilversuche auf der Fahrstrecke

Im Rahmen von TP5 wurden im 3. Quartal 2023 im AP 2 In-Service Daten-Generierung Testfahrten mit einem Mercedes-Benz EQS durchgeführt, um die Leistungsfähigkeit und Effizienz der entwickelten Sensortechnologien zu bewerten. Ziel war es, Realdaten aus dem In-Service zu erzeugen und in den Digitalen Fingerabdruck zurückzuführen.

Die Sensoren wurden wie oben eingehend beschrieben speziell in das Gehäuse der Leistungselektronik integriert, um wichtige Signale und Daten während der Fahrt zu erfassen. Ziel der Untersuchung war es, einerseits die Genauigkeit und Zuverlässigkeit der Sensoren in der In-Service-Phase zu überprüfen und andererseits nachzuweisen, wie diese Technologie und Datendurchgängigkeit zur Optimierung der Fahrzeugleistung und zur Steigerung der Entwicklungseffizienz beitragen kann.

Dazu wurde das intelligente Bauteil „Elektronikgehäuse-Deckel" in ein Fahrzeug integriert, um Daten aus realen Fahrversuchen zu generieren und diese in den Digitalen Fingerabdruck einzupflegen.

Im September 2023 wurden auf dem Testgelände von Mercedes-Benz in Untertürkheim umfangreiche Versuche an einem EQS SUV durchgeführt, um die Funktionsfähigkeit und Zuverlässigkeit von Sensortechnologie in Leistungselektronikgehäusen zu bewerten. Drei modifizierte Gehäusedeckel (Kennnummern #003, #056 und #129) wurden auf einem speziellen Trägersystem im Heckbereich des Fahrzeugs montiert und getestet. Die drei Testaufbauten wurden parallel in einem EQS SUV verbaut, wobei die Gehäuse nahe dem originalen Verbauort der Leistungselektronik positioniert wurden, vgl. Abb. 6.4.

Das angestrebteTestprogramm umfasste:

- Referenzfahrt mit 100 km/h zur Kalibrierung und Validierung der Systeme.
- Messfahrten über Betonverwindungen bei 50 km/h
- Messfahrten über Pflaster bei 60 km/h
- Messfahrten über Fahrbahnstöße bei 90 km/h
- Abschließende Fahrt bei 100 km/h, idealerweise in Steilwandkurve

Ziel der Verschiedenen Bahnen und Geschwindigkeiten ist eine Variation der Anregungsfrequenzen und -impulse, um daraus Messdaten bzgl. der Vibrationsresistenz und mechanischen Belastbarkeit zu erhalten.

Da die angestrebten Versuchsfahrten auf dem Mercedes-Benz Testgelände in Untertürkheim realisierbar waren, wurde dieses Testzentrum für die Durchführung ausgewählt.

Das für das Mercedes-Benz Testareal Untertürkheim abgeleitete Testprogramm umfasste:

- Eine Referenzfahrt auf Bahn 2 mit 100 km/h zur Kalibrierung und Validierung der Systeme.
- Zwei Messfahrten über Bahn 5 (Betonverwindungen) bei 50 km/h

Abb. 6.4 Aufbau der Gehäuse (#003, #056 und #129) im Messfahrzeug EQS SUV 296-289

- Zwei Messfahrten über Bahn 3 (Pflaster) bei 60 km/h
- Zwei Messfahrten über Bahn 10 (Fahrbahnstöße) bei 90 km/h
- Eine abschließende Fahrt durch eine Steilwandkurve bei 100 km/h

Die Testfahrten wurden im September 2023 in Untertürkheim mit geschulten Testfahrern durchgeführt, vgl. Abb. 6.5.

Die gesammelten Daten zeigten, dass die Sensoren die Belastungen unter allen getesteten Bedingungen erfolgreich aufzeichneten. Die Durchführung des Versuchs und die Qualität der gesammelten Daten demonstrieren die hohe Zuverlässigkeit des Systems unter verschiedenen Fahrbedingungen.

Die erfolgreiche Integration des Sensoren-Setups und die reibungslose Datenübertragung sind wegweisend für die Implementierung eines digitalen Fingerabdrucks in der In-Service-Phase von Fahrzeugen. Die enge Zusammenarbeit zwischen Mercedes-Benz, Bosch, DITF sowie IFB und DLR erwies sich als entscheidend für den Erfolg des Projekts.

Durch das Versuchsdesign und den konsequenten Datenfluss konnten wertvolle Informationen für den digitalen Fingerabdruck des Fahrzeugs generiert werden, welches das Hauptziel des Projekts darstellt. Die Auswertung der Daten erfolgte primär am Institut für Flugzeugbau (IFB) und am Deutschen Zentrum für Luft- und Raumfahrt (DLR).

Abb. 6.5 Testgelände in Stuttgart-Untertürkheim

Die Einbindung des digitalen Fingerabdrucks in den Entwicklungs- und Betriebsprozess von Fahrzeugen stellt einen signifikanten Fortschritt in Richtung prädiktiver Wartung und erhöhter Fahrzeugeffizienz dar.

Die gewonnenen Erkenntnisse und die erfolgreiche Implementierung des durchgängigen Datenflusses bieten eine solide Grundlage für zukünftige Forschung und Entwicklung in der Automobilindustrie.

6.1.3 Bauteilversuche im realen Einsatz

Die real auftretende Lastkollektive werden mit einem Bauteilversuch unter reale Randbedingungen durchgeführt. Zu diesem Zweck misst das im Auto quer zur Fahrrichtung eingebaute Bauteil während einer Testfahrt die Beschleunigungen in x-, y- und z-Richtung sowie die lokale Bauteiltemperatur. Die Referenzfahrt besteht in zwei Abschnitten, welche unterschiedliche Straßenprofile darstellen. Zum Ersten wird eine Autobahnfahrt mit hohen Geschwindigkeiten durchgeführt. Zum Zweiten wird eine Fahrt in Stadtverkehr bei reduzierten und sehr schwankenden Geschwindigkeiten und bei ungleichmäßigen Straßenprofilen durchführt. Während der Fahrt werden GPS Daten sowie einige Fahrzeugdaten zur Korrelation mit den Sensordaten gemessen. Die Fahrstrecke ist in Abb. 6.6 zusammen mit den gemessenen Beschleunigungsdaten dargestellt.

Abb. 6.7 stellt die Korrelation zwischen der Fahrgeschwindigkeit und den gemessenen Sensorbeschleunigung dar. Zur Nutzung der Daten in Simulation und Abschätzung der Bauteillebensdauer bei diesen Lastkollektiven, wir das PSD-Signal berechnet und mit dem im Abschn. 5.3 dokumentierten Ansatz simuliert.

Die zwei gefahrenen Abschnitte der Testfahrt werden separat ausgewertet, um den Einfluss des Straßenprofils auf den PSD-Signal abzuleiten (Abb. 6.8). Die Fahrt im Stadtverkehr weist eine höhere Anregung im Niederfrequenzbereich im Vergleich zur Autobahnfahrt auf.

Die Messung der lokalen Beschleunigungen im Bauteil können zukünftig der Bauteilentwicklung helfen, indem die real auftretenden Belastungen in der Auslegungsphase berücksichtigt werden. Zudem könnten die Bauteile für spezifische örtlichen Randbedingungen ausgelegt werden. Zusätzlich kann nach jeder Messung den Ermüdungsstatus des Bauteils mithilfe von der numerischen Simulation aktualisiert und das Bauteil ggf. rechtzeitig in die Wartung geschickt werden.

6.2 Datenrückführung und Nutzen der digitalisierten Wertschöpfungskette

Bei der Betrachtung des Nutzes der einer digitalisierten Wertschöpfungskette sind sowohl der funktionale Nutzen als auch die wirtschaftlichen Rahmenbedingungen von großem Interesse. Die darstellbaren Use-Cases der Sensorintegration, also die Möglichkeit die Herstellungs- und Nutzungsphase eines Bauteils zu überwachen und beispielsweise qualitativ minderwertige Bauteile innerhalb der Produktion zu entfernen wurden in den vorherigen Kapiteln behandelt.

Durch die Anwendung von den im Abschn. 5.3 entwickelten Ansätzen und die Nutzung der im Abschn. 6.1.3 gemessenen Daten, kann die Bauteilermüdung nach jeder Messung abgeschätzt werden und der Bauteilstatus aktualisiert werden. In diesem Beispiel wird erstmal die aus der Fahrt im Stadtverkehr resultierende Ermüdung numerisch berechnet. Hierfür wird der PSD-Signal mit der Fahrtdauer als Simulationsrandbedingungen eingegeben und die Schädigung bestimmt Abb. 6.9a. Die berechnete Schädigung in den Elementen wird als Randbedingung für eine zweite Simulation verwendet, welche die PSD-Daten des zweiten Fahrtabschnitts auf der Autobahn betrachtet. Die resultierende Schädigung wird elementweise aufsummiert, um die neue Bauteilschädigung abzuschätzen Abb. 6.9b. Die Überschreitung einen festdefinierten Grenzwert (hier z. B. eine Schädigung von 0.8) führt zur automatischen Statusänderung des Bauteils (von intakt zu beschädigt). Die mögliche Schädigung kann durch den Rückruf des Bauteils weiter analysiert bzw. Reparaturmaßnahmen getroffen werden. Diese Analyse des Bauteilzustandes

Abb. 6.6 a) GPS-Daten der Teststrecke und b) gemessene Sensordaten

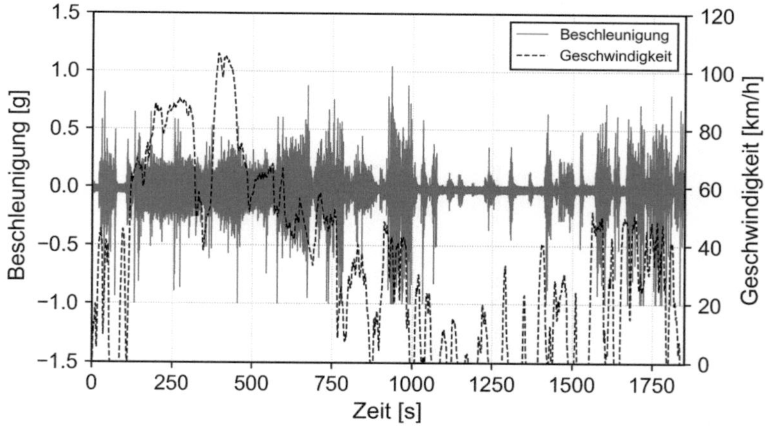

Abb. 6.7 Korrelation zwischen der gemessenen Sensorbeschleunigung und der Fahrgeschwindigkeit

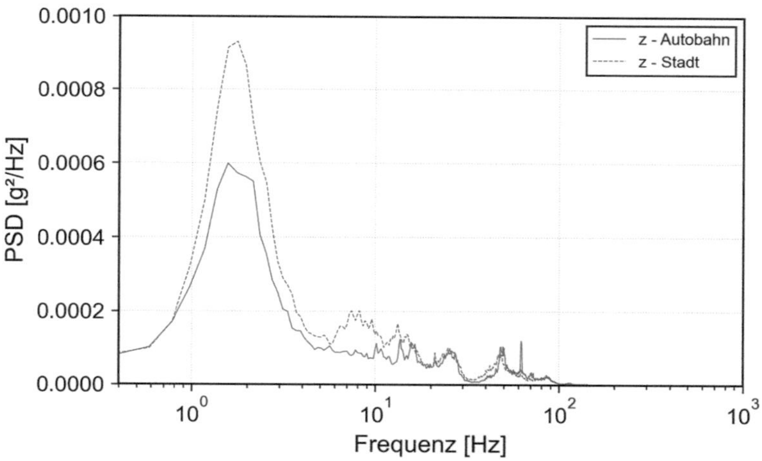

Abb. 6.8 Vergleich des PSD-Spektrums für eine Autobahnfahrt und eine Fahrt in der Stadt

kann für jedes Individuum durchgeführt werden und erlaubt die Erhöhung der Sicherheit, indem mögliche Schädigungen frühzeitig und vor dem Bauteilversagen detektiert werden.

Im Rahmen des Projekts DFA wurden darüber hinaus die Herstellungskosten entlang der Prozesskette berechnet. Grundlage der Berechnung ist eine geplante Serienproduktion von 105.000 Bauteilen über einen Zeitraum von 3 Jahren, was einer typischen Kleinserienproduktion von 35.000 Bauteilen pro Jahr entspricht. Der DFA-FVK-Deckel besteht aus 4 Textillagen à 300×400 mm, welche aus einem Textil mit einer Webbreite von 2 m

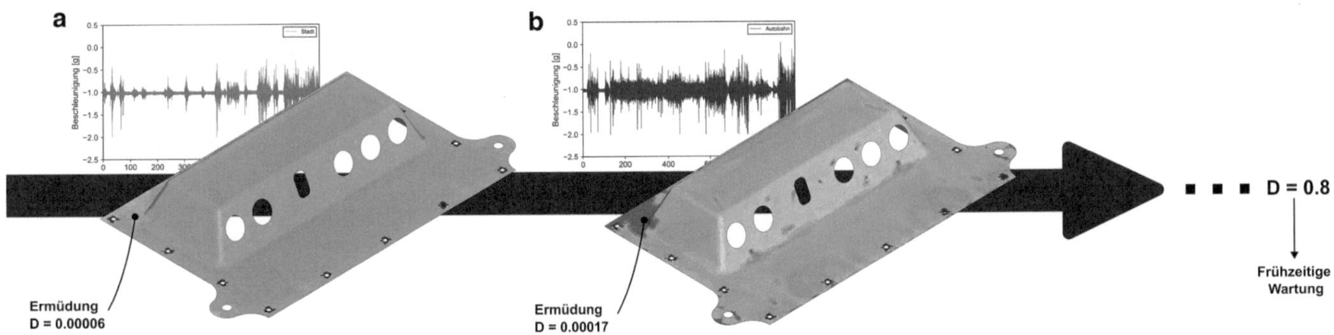

Abb. 6.9 a) Berechnung der kumulativen Ermüdung aus den Fahrtdaten in der Stadt; b) Berechnung der kumulativen Ermüdung aus den Fahrtdaten auf der Autobahn

Tab. 6.1 Herstellungskosten für den DFA-Deckel ohne Sensorintegration

Prozessschritt	Materialkosten je Bauteil	Fertigungskosten je Bauteil	Investitionskosten je Bauteil	Preis pro Bauteil [EUR]
Weben	1,15	0,37	0,21	1,74
TFP	4,1	4,37	1,37	9,85
RTM	1,86	11,62	16,78	30,25

Tab. 6.2 Herstellungskosten für den DFA-Deckel mit Sensorintegration

Prozessschritt	Materialkosten je Bauteil [EUR]	Fertigungskosten je Bauteil [EUR]	Investitionskosten je Bauteil [EUR]	Preis pro Bauteil [EUR]
Sensorband	3,05	1,13		4,18
Weben	5,69	0,63	0,7	7,03
TFP	9,39	4,52	1,41	15,33
RTM	1,91	14,75	22,24	38,89

gewonnen werden können. Eine Lage des Aufbaus wird mittels TFP-Technik verstärkt. Die Kostenbetrachtung enthält die reinen Herstellungskosten ohne Verfahren zur Prozesskontrolle. Tab. 6.1 zeigt die berechneten Kosten für einen DFA-Deckel ohne integrierte Sensoren und Tab. 6.2 die Kosten für einen DFA-Deckel mit integrierten Sensoren.

Insgesamt ergeben sich für die Integration von drei Sensoren 8,64 € (28,6 %) Mehrkosten je Bauteil. Davon entfallen:

- 4,18 € (48 %) auf Materialkosten für das Sensorband (3 × 1 € für den Sensor, 1,18 € für die Herstellung, Bestückung und Verkapselung des Bandes)
- 1,03 € (12 %) sind Mehrkosten im Weben bedingt durch die geringere Produktionsgeschwindigkeit
- 0,27 € (3 %) für Mehraufwände beim Bauteilzuschnitt, TFP und Preformen
- 3,16 € (37 %) für Mehraufwände im RTM-Verfahren (aufwendigere Bauteilfixierung) und den zusätzlichen Prozessschritt Kontaktieren nach dem RTM-Prozess (davon 2,91 € bzw. 92 % für das Kontaktieren)

Zusammenfassend stellen die Materialkosten für das Sensorband und Kosten für das Kontaktieren des Bandes im Bauteil die wesentlichen Kostentreiber bei der Herstellung sensorintegrierter Bauteile.

Die Ergebnisse der Wirtschaftlichkeitsbetrachtung zeigen drei wesentlich Bereiche auf, deren weitere Optimierung ein großes Potenzial zur Erhöhung der Wirtschaftlichkeit des untersuchten Prozesses bieten:

- Die Bandherstellung kann im Detail weiter vereinfacht werden. Gegenstand der vorliegenden Kostenschätzung ist ein Kleinserienprozess ohne den Einsatz von Pick&Place Technologien in der Ablage elektronischer Komponenten auf dem Sensorband oder der Nutzung von Reel-to-Reel Technologien in der Bandherstellung sowie im Verguss der Komponenten.
- Der Einsatz spritzgegossener Anschlusselemente könnte dazu beitragen, in der späteren Bauteilkontaktierung die Kosten und den Zeitaufwand im Prozessschritt Kontaktieren deutlich zu senken.
- Die Entwicklung angepasster Sensoren mit geringerer Funktionsbreite bzw. angepassten Design würde dazu beitragen, die resultierenden Bauteilkosten für die eingesetzten Sensorbänder weiter zu verringern.

Die zahlreichen noch ungenutzten Potenziale des betrachteten DFA-Prozesses lassen im Ausblick darauf schließen, dass die Herstellungskosten für das Band durch die beschriebenen Optimierungspotenziale um über 50 % gesenkt sowie größere Einsparungen im Prozess des Kontaktierens erzielt werden können.

Insgesamt erscheint bei erfolgreicher Umsetzung der Optimierungspotenziale ein Mehrpreis für die Sensorintegration im Bereich von 10–15 % der Bauteilkosten als realisierbar.

Wird nun zusätzlich die Kostenentwicklung in der Bauteilfertigung von 5,75 € nach dem Preformen zu ca. 30 € nach dem RTM-Prozess berücksichtigt, so werden bei jedem fehlerhaften Preform, der nicht im RTM-Prozess weiterverarbeitet, sondern vorher auf Basis der Sensordaten aussortiert wird, ca. 25 € in der Fertigung eingespart.

Hinzu kommen Einsparungen durch eine sensorbasierte Prozessoptimierungen und eine bauteilbegleitende Prozessüberwachung, die das Potenzial gezeigt haben, aufwendige Prozessüberwachungsschritte innerhalb der Fertigungskette teilweise oder sogar vollständig zu ersetzen. Wie groß diese Einsparungen letztendlich sind, kann nach aktuellem Stand der Untersuchungen nicht belastbar abgeschätzt werden. Es ist jedoch festzustellen, dass mit weiteren Vorteilen der Sensorintegration im Bereich der Feldlastdatenermittlung und Bauteilüberwachung in der Nutzungsphase ein deutlicher Mehrwert durch die digitalisierte Wertschöpfungskette gegenüber dem aktuellen Stand der Technik entsteht.

Die automatische Bauteilevolution

7

Silvio Facciotto, Jörg Dittmann, Markus Münch und Peter Middendorf

Die Idee der automatischen Bautelevolution entstand bereits in der Antragsphase des Digitalen Fingerabdrucks als mögliches Use-Case Szenario. Unter der Bedingung das kontinuierlich Daten entlang der Wertschöpfungskette generiert und dem DFA zugeführt werden, sollte die Datenbasis des DFA mit jeder weiteren Fertigung, In-Service-Nutzung und Bauteilsimulation (Entwicklungsloops) aussagekräftiger werden. Diese Daten sollte dann vom DFA zur weiteren Bauteilverbesserung genutzt werden. Wird das Beispiel des Faserverbunddeckels und des Aluminiumgehäuses (DFA-Demonstrator) betrachet, so wurde diese in einem ersten Schritt in Bezug auf angenommene Lastfälle und Spezifikationen ausgelegt, simuliert und gefertigt. Wird dieses Demonstratorbauteil im In-Service-Bereich eingesetzt und Daten ermittelt, kommt es mit sehr hoher Wahrscheinlichkeit dazu, dass Lastfälle zu hoch oder zu niedrig eingeschätzt wurden. Zu niedrige Lastfälle würden im Betrieb das Ausfallrisiko erhöhen und zu hohe angenommen Lastfälle führen zu einer unnötigen Überdimensionierung der Struktur und damit zu einem zu

S. Facciotto (✉) · J. Dittmann · P. Middendorf
Institut für Flugzeugbau, Universität Stuttgart, Stuttgart, Deutschland
E-Mail: facciotto@ifb.uni-stuttgart.de

J. Dittmann
E-Mail: dittmann@ifb.uni-stuttgart.de

P. Middendorf
E-Mail: middendorf@ifb.uni-stuttgart.de

M. Münch
PS/EAT1, Robert Bosch GmbH, Blaichach, Deutschland
E-Mail: markus.muench3@de.bosch.com

D. Holder und P. Middendorf (Hrsg.), *Digitaler Fingerabdruck,* ARENA2036,
https://doi.org/10.1007/978-3-662-69802-0_7

großen Gewicht. In der Vergangenheit wäre eine Überdimensioniereung akzeptiert worden, in der heutigen Zeit in der Gewicht- und Emmisionseinsparung immer wichtiger werden, kann auch diese Falscheinschätzung der Lastannahmen nicht mehr hingenommen werden. Auch hier würde der DFA die Lastfälle aufnehmen, sie analysieren und die Bauteile und Subkomponenten „im nächsten Optimierungs-/Entwicklungsloop" im Hinblick auf das mögliche Leichtbaupotenzial automatisch optimieren. Hierfür müssten automatisch Triggertoleranzen vom DFA angesetzt und ausgewertet werden, welche die Design-, Simulations- und Fertigungsprozesse neu bewerten und im nächsten Fertigungsloop automatisch eine neue Revision des Demonstrators herstellen, welcher dann erneut als neuer Datenlieferant Daten ins System spielt, um eine mögliche neue Bauteilevolution anzustoßen. Das Ergebnis wäre ein sich stetig automatisch weiterentwickelndes Bauteil, welches aus der Masse an Bauteilen in der Wertschöpfungskette und dadurch durch sich selbst optimiert wird.

7.1 Ansätze

Im ersten Schritt des Projekts wurden mögliche Kanditen für eine solche automatische Bauteilevolution gesucht. Mit den MEMS-Sensoren wurden Sensoren gefunden, welche im Faserverbundprozess des Demonstrators ab der Materialauswahl das Demonstratorbauteil „begleiten" konnten. Dies war die Grundvoraussetzung für die Bauteilevolution, da so früh wie möglich Daten für das jeweilige Bauteilindividuum erhoben werden sollten. Werden die unterschiedlichen Fertigungsschritte aus Abschn. 4.1 betrachtet, kann festgestellt werden, das die MEMS-Senosren in jedem Fertigungsschritt bis hin zur Inservice-Nutzung Daten zum DFA beisteuern können:

- Open Reed Weaving → Aufnahme der Fertigungsparameter und Abweichungsdetektion
- Lagerung & Transport → Aufnahme der Transportparameter (Beschleunigungen, Temperatur)
- CNC-Cutting → Aufnahme der Fertigungsparameter und Abweichungsdetektion
- Taylored Fiber Placement → Aufnahme der Fertigungsparameter und Abweichungsdetektion
- Draping → Aufnahme der Fertigungsparameter und Abweichungsdetektion
- Resin Transfer Molding → Aufnahme der Fertigungsparameter und Abweichungsdetektion (zusätzliche Aufnahme von Aufheiz- und Abkühlprofilen)
- In-Service Bereich → Aufnahme von realen Lastfällen in der ganzen Bauteilflotte bzw. in der Gesamtheit aller Bauteile

Mit diesen Parametern ist eine frühe Bewertung der Fertigungsprozesse möglich und erlaubt es auch nach dem Ausfall des einzelnen Bauteils im In-Service Bereich Rückschlüsse auf mögliche Abweichungen in den Fertigungsprozessen (abweichende Temperaturprofile, Tooldrops, etc.) oder falsch angenommene Lastannahmen in der Auslegung zurückzuführen.

Um eine erste Version der automatischen Bauteilevoltution auf Basis des Faserverbunddemonstrators zu erzeugen wurden nachstehende Fertigungsprozesse verwendet und eine automatische Datenermittlung während der Prozesse ermöglicht. Die Daten konnten im DFA automatische abgelegt und für RTM-, Drapier- oder TFP-Simulationen verwendet werden. Eine automatische Triggerung der Simulationen bei erreichen von definierten Triggertoleranzen konnte im ersten Schritt nicht umgesetzt werden aber es wurde gezeigt, dass über Rainflowanalysen Ausreiser- und Abweichungsdetektionen in den Fertigungsschritten umgesetzt werden konnten. Eine detailierte Beschreibung der Prozess und der automatischen Datenrückführung erfolgt in den nachfolgenden Kapiteln.

7.2 Umsetzung

7.2.1 TFP

Der in Abschn. 4.4 beschriebene TFP-Prozess wurde mit den in die gewebte Preform eingebetteten Sensoren gemessen. Für den TFP-Prozess läuft die Maschine mit 300 U/min, der Zickzackschwung-Hub ist auf 10 mm und die Breite auf 3,5 mm eingestellt. Die Lage der Preform mit dem Sensor wird auf dem Grundgewebe positioniert (das nach dem Prozess entfernt wird) und die Startposition festgelegt. Die Messung beginnt an diesem Punkt und ist abgeschlossen, wenn die Preform vollständig vernäht ist. Der Prozess wurde für alle produzierten Preformen gemessen. Die Messung der Beschleunigung in Z-Richtung kann in Kombination mit der Endbeobachtung verwendet werden, um ein Spektrum zu ermitteln, bei dem die Produktion als akzeptabel angesehen werden kann (Abweichunsgdetektion).

In Abb. 7.1 ist der gesamte Prozess des Nähens zu sehen.

Da die drei Sensoren drei Bereiche der Preform abdecken, ist es möglich, anhand der Beschleunigungen in Z-Richtung zu verfolgen, welcher Teil der Preform während des Prozesses genäht wird. Für den Sensor 2 bleibt dieser Wert während des gesamten Prozesses ähnlich, da er in der Mitte des Preforms angebracht ist, wo keine Nähte stattfinden.

Zusätzlich wurden die Messungen an der Maschine ohne Perforation der Preform gemessen. Die auf diese Weise gewonnenen Daten zeigen, wie sehr die Heftnadel die Bewegung der Fasern beeinträchtigt. Die Kenntnis der Nadelposition durch die Beobachtung der Beschleunigungsdaten kann darüber hinaus genutzt werden, um festzustellen, ob die Preform richtig positioniert wurde, was auch Informationen über die Position der TFP-Verstärkung liefert (Abb. 7.2).

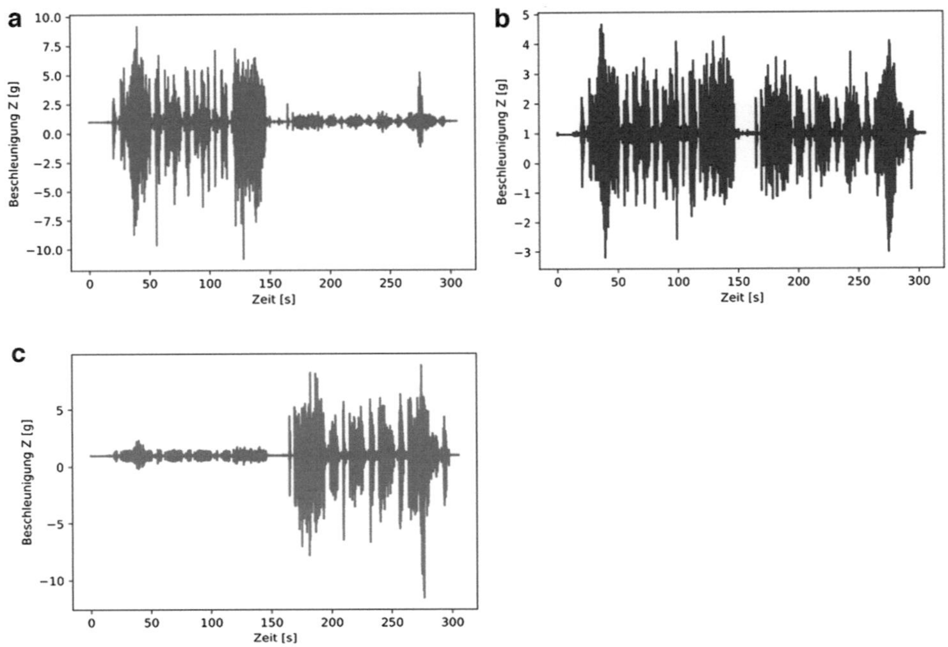

Abb. 7.1 Ergebnisse der Sensoren a) 1, b) 2 und c) 3 für die Preform 202205-059 für die Beschleunigung in Z-Richtung

Bei diesem Projekt traten während des TFP-Nähens keine größeren Defekte auf, die auf die Bewegung der Maschine zurückzuführen sind. Es kann somit festgestellt werden, dass der Prozess stabil ist und ein Zeitfenster für die Verarbeitung identifiziert wurde, in dem die Qualität der Preform als zufriedenstellend bezeichnet werden kann. Ein möglicher Nebeneffekt einer falschen Positionierung wurde beobachtet, was zeigt, dass das Nähen des Sensorbandes zur Beschädigung eines oder mehrerer Sensoren führt (Abb. 7.3). Diese Art von Defekt ist leicht zu erkennen, da die von einem oder mehreren Sensoren kommenden Daten nicht mehr angezeigt werden. Die logische Weiterentwicklung des CAM-Programms für diesen Fall war die Vergrößerung der Breite der Naht, was in Verbindung mit einer genauen Positionierung dazu führte, dass nur ein Sensorchip bei einem der 13 Nahtversuche ausfiel.

Die Ergebnisse eines erfolgreichen Nähvorgangs ohne Beschädigung des Sensors sind hier für die Preform 202205-059 in Abb. 7.1 in Form der gemessenen Beschleunigungen und in Abb. 7.4 in Bezug auf die optische Qualitätskontrolle dargestellt.

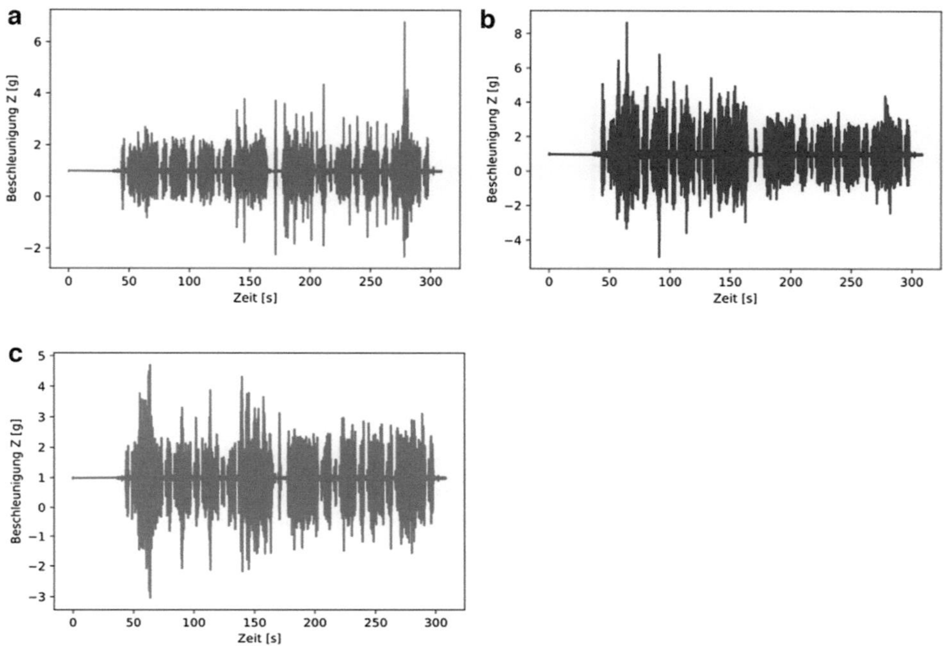

Abb. 7.2 Ergebnisse der Sensoren a) 1, b) 2 und c) 3 für die Preform 202205-059 für die Beschleunigung in Z-Richtung bei der TFP-Bewegung ohne Nähte

Abb. 7.3 Fehler beim Einnähen eines Sensors, der zur Beschädigung von Schaltkreisen führte

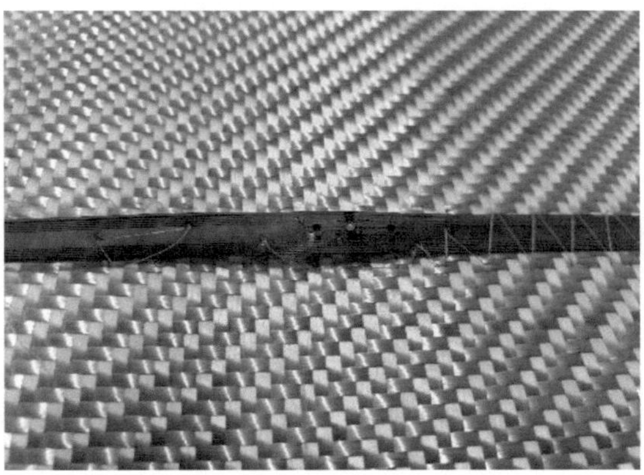

7.2.2 Drapieren

Auch der Drapiervorgang wurde mithilfe der eingebetteten Sensoren gemessen. Der Prozess kann in zwei Schritte unterteilt werden:

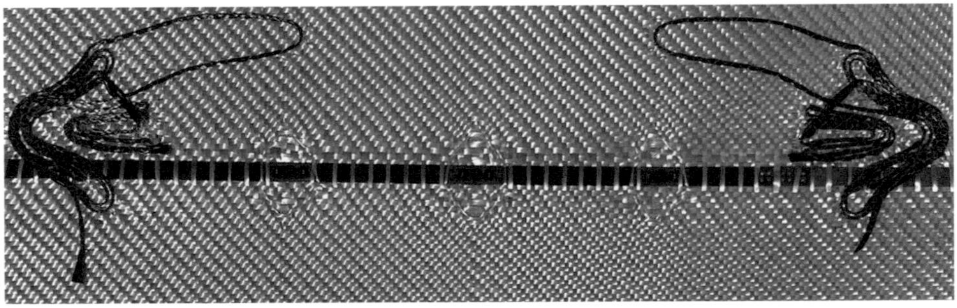

Abb. 7.4 Optische Qualitätsprüfung

1. Vorwärmen und Aktivierung des Bindemittels: Hier wird eine Temperatur von mindestens 100 Grad angestrebt, um die Bindemittelschichten zwischen den Verstärkungsschichten zu aktivieren. Die Preform wird in der Vorheizpresse eingeschlossen, bis sie 114 Grad erreicht. Sobald die Temperatur erreicht ist, wird die Preform für weitere 10 min gehalten, um sicherzustellen, dass das Bindemittel vollständig geschmolzen ist.
2. Drapierphase: Hier wird der Stempel auf die Preform gedrückt und geschlossen gehalten, bis die Raumtemperatur erreicht und die Preform stabil ist.

Das erste Verfahren nutzt die Temperatursensoren, während das zweite Verfahren Beschleunigungssensoren zur Überwachung einsetzt.

Während die Überwachung der Temperatur eine einfache Aufgabe ist, da die vom Sensor ermittelten Werte verwendet werden, ist die Überwachung der Drapierung komplexer. Die Ausrichtung des Sensors im Raum sollte berücksichtigt werden, um die Verschiebung genau zu analysieren, da die Schwerkraft die Messung beeinflusst. Bei den Demonstratoren zeigten die mit Beschleunigungsmessungen erzielten Ergebnisse Ähnlichkeiten bei Deckeln mit der gleichen Lagenorientierung. Bei unterschiedlicher Stapelausrichtung und -anordnung wurden jedoch auch die Beschleunigungssensoren beeinflusst. Dies ist in Abb. 7.5 für die Preformen 202205-003 und 202205-059 zu sehen, die sich in der Orientierung der Schichten ohne eingebetteten Sensor unterscheiden, wobei 202205-003 aus Schichten besteht, die unter 0° ausgerichtet sind und 202205-059 aus Schichten, die unter 45° ausgerichtet sind. Dies ist zum Beispiel besonders nützlich, um zu erkennen, ob der Gewebestapel richtig vorbereitet wurde, sodass falsche Preforms frühzeitig erkannt werden können.

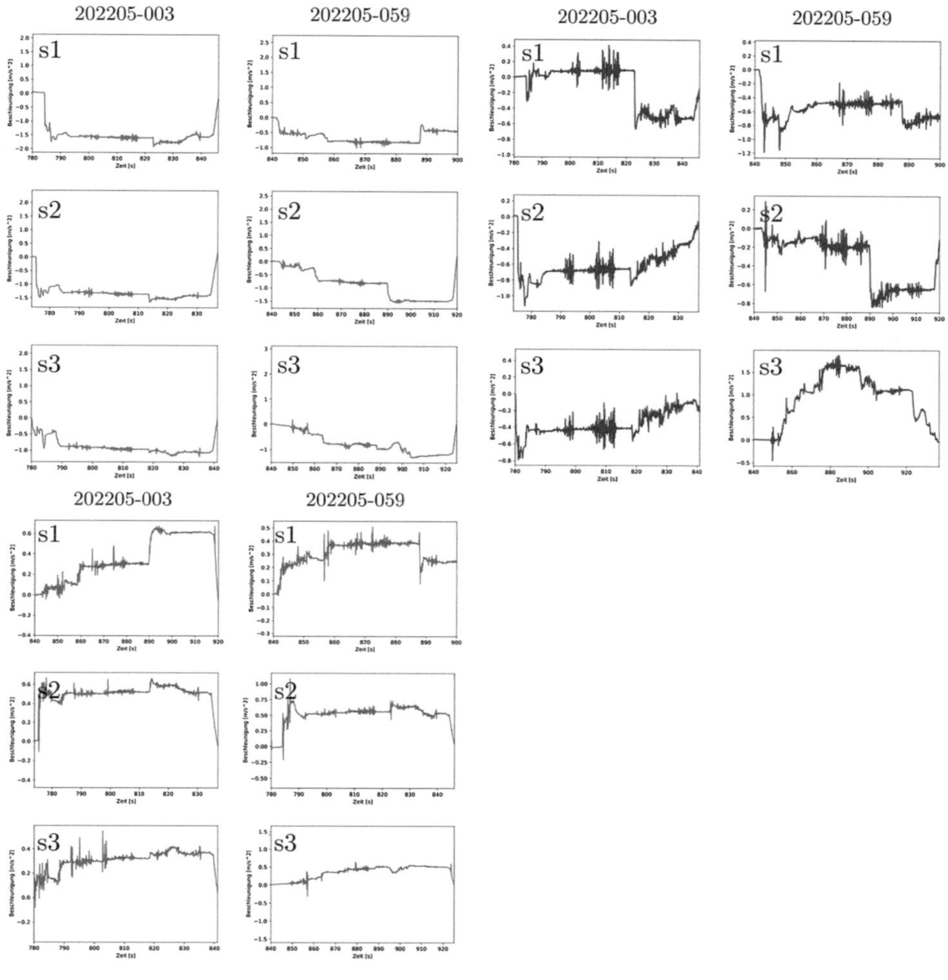

Abb. 7.5 Sensordaten des Drapierens von zwei verschiedenen Preforms mit unterschiedlichen Layups

7.2.3 RTM

Die bisher gezeigte Sensortechnologie ist sehr flexibel in ihrer Anwendung und wie in den vorangegangenen Kapiteln und Abschnitten gezeigt wurde, können nützliche Daten für verschiedene Produktionsprozesse gewonnen werden. Das RTM-Verfahren stellt einen weiteren wichtigen Schritt in der Produktionskette dar und ist im Gegensatz zu den anderen Verarbeitungsschritten oft ein „blinder" Prozess. Dies liegt daran, dass die Werkzeuge oft aus Metall bestehen, da die Form den mechanischen Belastungen durch den ausgeübten Druck standhalten muss. Die Sensoren sind besonders für diesen Prozess von Vorteil, da sie Informationen über die Temperatur und die Fließfront des Harzes liefern.

Wie in Abschn. 5.2 erwähnt, kann die Simulation des RTM-Verfahrens durch die Positionierung virtueller Sensoren an der gleichen Stelle der infiltrierten Preform durchgeführt werden. Dies bietet die Möglichkeit, einerseits den Füllprozess zu überwachen, Temperatur- und leichte Verschiebungsänderungen der Sensoren festzustellen und andererseits die Position der Fließfront und die Temperatur der Simulation numerisch zu analysieren. Der Vergleich der Daten ist in Abb. 7.6 dargestellt.

In Abb. 7.6 folgt auf die Ankunft der Strömungsfront an den Sensoren ein Druckanstieg. Dies geschieht etwa 110 s nach Beginn der Befüllung. Der Test zeigte einen Anstieg der Temperatur und der Verschiebung in z-Richtung bei etwa 80 s. Mehrere Faktoren beeinflussten den RTM-Prozess und konnten die Ursache für Diskrepanzen zwischen Simulation und Tests sein, darunter die ungleichmäßige Erwärmung des Werkzeugs, die zu Änderungen der Viskosität führte. Da das in diesem Projekt und allgemein in einem industriellen Prozess verwendete Werkzeug nicht transparent war, konnte die Simulation nur mit Daten verglichen und angepasst werden, die von Sensoren gemessen wurden oder der Beobachtung, wann das Harz die Auslassöffnung erreichte. Es fiel auf, dass die Zeit, die der Harzfluss benötigte, um die äußeren Sensoren (Sensor 1 und 3) zu erreichen, und die Zeit, die benötigt wurde, um den mittleren Sensor zu erreichen, sowohl bei der Simulation als auch beim Test ähnlich war. Dies machte die RTM-Vorhersage, die nach Verwendung der Informationen von den Sensoren erhalten wurde, plausibel. Anhand der gewonnenen Vorhersagen und gesammelten Daten konnten die RTM-Werkzeuge angepasst werden, um die Qualität zu verbessern und die Produktionskosten und den Ausschuss zu senken.

7.3 Ergebnis

Eine vollständig automatisierte Designänderung auf der Grundlage der Ergebnisse von Tests und Simulationen wurde in diesem Projekt nicht erreicht. Die gesamte Produktionskette wird jedoch mit den im Projekt entwickelten Sensoren und Messgeräten überwacht und bildet die Grundlage für eine flexible und effiziente Produktionskette. Unter Verwendung der beschriebenen Technologie, die mit zusätzlichem Energie- und Zeitaufwand integriert wird, ist es denkbar, ein präzises Feedback aus der Produktion zu erhalten, das zur Identifizierung von Fehlern während der einzelnen Schritte führt. Dies ist zum Beispiel der Fall bei TFP und Drapierung, wo mehr Zeit und Validierung zu einem besseren Verständnis der Verformung aufgrund von Nähten, Maschinenbewegungen und Drapierung führen könnten. Die Identifizierung von Fehlern in Verbindung mit den in diesem Projekt entwickelten und gezeigten Simulationsmodellen könnte möglicherweise zu Anpassungen der Produktionsparameter und des Produktdesigns führen. Ein Beispiel wurde anhand des RTM-Prozesses und der Simulation zum Verständnis der Strömung

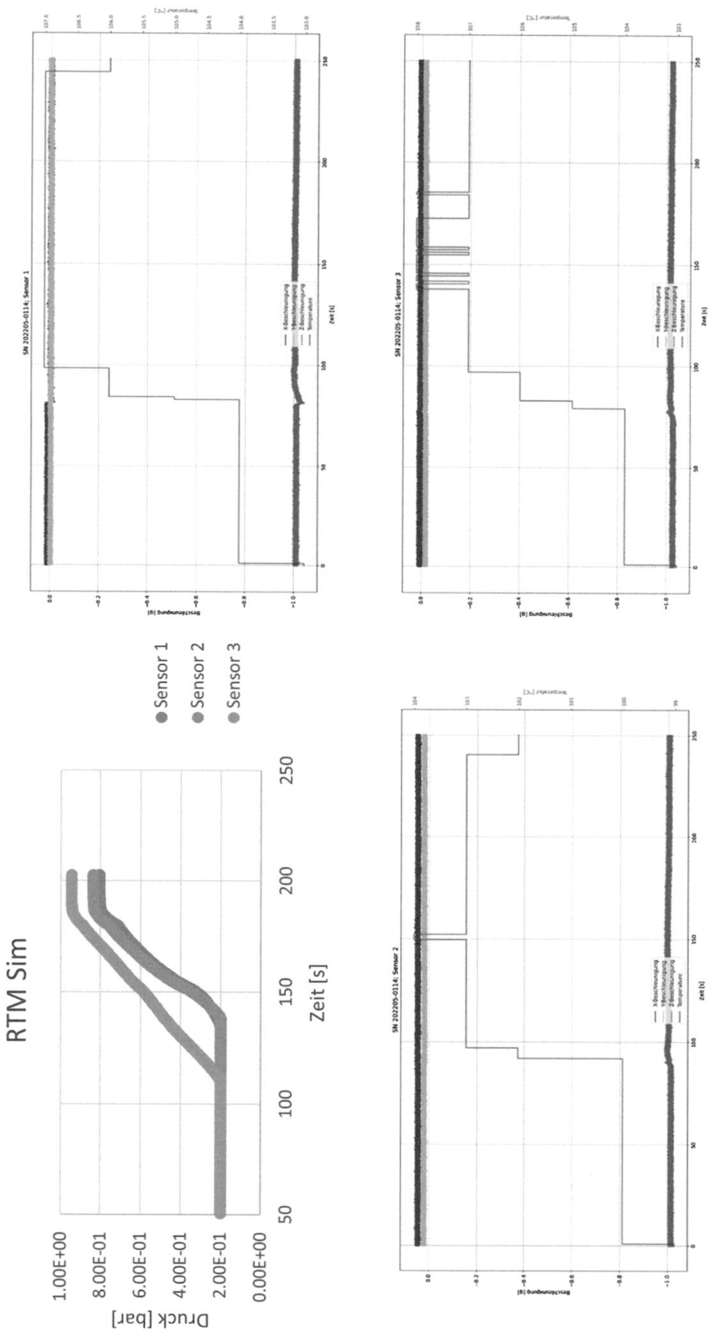

Abb. 7.6 Vergleich von RTM-Simulation und RTM-Infiltration der Preform 202205-114

innerhalb der Infiltrationsform gezeigt. Das Simulationsmodell wurde verwendet, um ein plausibles Race-Tracking-Szenario zu identifizieren und es mit realen Infiltrationstests zu vergleichen. Die Informationen könnten in Zukunft für die Anpassung der Werkzeuge verwendet werden, um entweder diesen Effekt auszunutzen oder eine Lösung zu finden, um den Harzfluss an strategischen Stellen zu blockieren. Darüber hinaus würde sich auch die Gestaltung des Bauteils, z. B. eine unterschiedliche Anzahl von Schichten, auf den Fluss durch die Preform und die Spalten auswirken. Diese Effekte können simuliert und in die Produktionsplanung integriert werden, um die besten Abfülllösungen zu finden.

8 Zusammenfassung und Ausblick in die Zukunft

Jörg Dittmann und Peter Middendorf

Zusammenfassend kann nach zehn Jahren ARENA2036 und fünf Jahren Projektlaufzeit des Digitalen Fingerabdrucks (DFA) und dem erfolgreichen Abschließen der zweiten Förderphase ein positives Resümee gezogen werden. Projektinhalte wurden umgesetzt, erfüllt und durch die kontinuierliche Datenerfassung im Digitalen Fingerabdruck über die gesamte Wertschöpfungskette hinweg für weitere Applikationen und nachfolgende Forschungsansätze verfügbar gemacht. Anhand von MVPs (Minimal Viable Products) wurden wissenschaftliche Projektinhalte erarbeitet und demonstriert. Es konnte gezeigt werden, dass durch die Vernetzung einzelner Simulationsapplikationen mit Produktionseinheiten und dem finalen Produkt neue Use-Cases kreiert werden, was in der dritten Förderphase von zentraler Bedeutung werden kann.

Im Gesamtbild des Forschungscampus konnte sich das Projekt Digitaler Fingerabdruck als eines der Vorreiterprojekte innerhalb der ARENA2036 herauskristallisieren. Die Kooperation der verschiedenen Partner des Projekts lief reibungslos und Unterstützung konnte von jeder Seite aus, zu jeder Zeit, eingefordert werden. Auch die Präsenzsituation in der ARENA2036, welche durch regelmäßige Kooperationswochen umgesetzt wurde, war während der fünf Jahre überdurchschnittlich hoch, was dazu führte, dass das Gesamtbild der ARENA2036 durch das Projekt DFA mitgestaltet wurde. Die Zusammenarbeit

J. Dittmann (✉) · P. Middendorf
Institut für Flugzeugbau, Universität Stuttgart, Stuttgart, Deutschland
E-Mail: dittmann@ifb.uni-stuttgart.de

P. Middendorf
E-Mail: middendorf@ifb.uni-stuttgart.de

D. Holder und P. Middendorf (Hrsg.), *Digitaler Fingerabdruck,* ARENA2036,
https://doi.org/10.1007/978-3-662-69802-0_8

unter einem Dach wird vom Projekt DFA, seinen Mitarbeitern und seinen Partnerunternehmen als sehr fortschrittlich und förderlich bewertet. Institute erhalten Einblicke in die Arbeitswelt und Arbeitsabläufe großer Unternehmen und vice versa. Dadurch können zum Beispiel Veröffentlichungen und Projektanträge mit unterschiedlichen Partnern besser eingeschätzt und geplant werden, was zu größeren Erfolgen hinsichtlich Projektakquise und Sichtbarkeit führt.

Die Langzeitförderung der Forschungscampi stellt eine grundlegende Verbesserung der Projektlandschaft dar, sofern Abbruchkriterien in die Projekte miteingeplant werden. Hierdurch haben Forschungsarbeiten mehr Zeit sich zu entwickeln, Sichtbarkeit zu erlangen und ggfs. neue Projektideen zu bilden. Forschungsschwerpunkte werden über fünf und mehr Jahre verfolgt, was dazu führt, dass das erarbeitete Wissen nicht verloren geht, Mitarbeiter zu Experten/Doktoren heranwachsen und ein detailliertes Grundlagenverständnis bei Instituten und industriellen Partnern nachhaltig bestehen bleibt.

Anhang

Veröffentlichungen

2018

Liebold, C., Böhler, P., Dittmann, J., Finck, H., Fritz, F., Haufe, A., Holzapfel, M., Vinot, M. (2018). ARENA2036 & the Digital Prototype: Introduction and Overview. In: Deutsches LS-DYNA Forum, Bamberg, Deutschland.

2019

Damm, A., Ritter, F. (2019). Prozess- und Bauteilmonitoring durch strukturintegrierte Sensorik. In WerkstoffPlus Auto, Stuttgart, Deutschland.

Damm, A., Bahroun, K., (2019). A Low-Cost Flow Front Monitoring System. 22nd International Conference on Composites Materials (ICCM22). Melbourne, Australien.

Dittmann, J., Friedrichs, A., Nassen, S., Facciotto, S., & Middendorf, P. (2019). Transient Dual-Phase Void Prediction in Microscopic Yarn Models With Openfoam. In ICCM22 – 22nd International Conference on Composite Materials.

Dittmann J., Middendorf P. (2019). Permeability Measurements of technical textiles and the execution of benchmark studies. In 26. Kunststoffkolloquium.

Liebold, C.,Usta, T., Haufe, A. (2019). Coupling Process Analysis Results to Structural Simulation: Ongoing Research on Mapping and Homogenization Algorithms – NAFEMS World Congress – Québec, CA.

Liebold, C., Haufe, A., Vinot, M., Holzapfel, M., Dittmann, J., Böhler, P., Fritz, F., Finckh, H. (2019) Lessons Learned from Developing a Digital Prototype witih the ARENA 2036 Environment and Improvements with the new VMAP Standard – NAFEMS World Congress – Québec, CA.

D. Holder und P. Middendorf (Hrsg.), *Digitaler Fingerabdruck,* ARENA2036,
https://doi.org/10.1007/978-3-662-69802-0

Raichle A., Ritter F., Vinot M., Dittmann J (2019). Weiterentwicklung des Digitalen Prototyps. In: ATZ Produktion.

Raichle A., Ritter F., Vinot M., Dittmann J (2019). Development of the Digital Prototype into the Digital Fingerprint. In: ATZ production worldwide.

Raichle A., Dittmann, J., Middendorf, P. (2019). First steps to develop a digital fingerprint for automotive power electronics. In: Composites Convention.

Vinot, M., Holzapfel, M., Toso, N. (2019). Towards virtual material characterisation of unidirectional composites with microscopic simulations. In: 1st European Conference on Crashworthiness of Composite Structures – ECCCS-1, Belfast, Irland.

2020

Damm, A. M., Spitzmüller, C., Raichle, A. T. S., Bühler, A., Weissgräber, P., Middendorf, P. (2020). Deep learning for impact detection in composite plates with sparsely integrated sensors. In: Smart Materials and Structures, Bd. 29 Nr. 12.

Dittmann, J., Vinot, M., Middendorf, P., & Toso, N. (2020). Simulation supported manufacturing of profiled composite parts with the braiding technique. In: SCAP 2020 – Stuttgart Conference on the Automotive Production.

Vinot, M., Holzapfel, M., Toso, N. (2020) Towards virtual material characterisation of unidirectional composites with microscopic simulations. In: Fachkongress Composite Simulation, Fellbach, Deutschland.

2021

Dittmann J., Middendorf P. (2021). Digital Fingerprint – From the Beginning to the End of the Simulation Value Chain. In: NAFEMS Nordic.

Raichle, A., Damm, A., Middendorf, P. (2021). Data requirements for detecting collision positions on fiber composite plates using artificial intelligence. In: NAFEMS World.

Usta, T., Liebold, C., Vinot, M. (2021) An Integrated Modeling Scheme for Sensor Embedded Woven Composite Structures in Manufacturing Simulation – 13th European LS-DYNA Conference – Ulm, Deutschland.

2022

Dittmann, J. (2022). Numerische Multi-Skalen-Permeabilitätsvorhersage von endkonturnahen textilen Fasermodellen, Dissertation, Universität Stuttgart.

Usta, T., Liebold, C. (2022) Closed Process Chain for Fiber-Reinforced Composites in LS-DYNA using Envyo – Information Day Aerospace Applications – Berlin, Deutschland.

Vinot, M., Liebold, C., Usta, T., Holzapfel, M., Toso, N., Voggenreiter, H. (2022). Stochastic modelling of continuous glass-fibre reinforced plastics – considering material uncertainty in microscale simulations. In Journal of Composite Materials.
Vinot, M., Holzapfel, M., Toso, N. (2022). A closed multiscale simulation framework for the simulation of woven composite structures. In: 16. LS-DYNA Forum, Bamberg, Deutschland.

2023

Ritter, F. (2023). Capacitive sensing of the fatigue behavior in composites by using carbon fiber layers. In The 23rd International Conference on Composite Materials (ICCM23), Belfast, Irland.
Vinot, M., Usta, T., Liebold, C., Holzapfel, M., Toso, N. (2023). Simulation of woven composite structures considering manufacturing effects. In: International LS-DYNA Conference 2023, Baden-Baden, Deutschland.

Liste der ARENA2036 Partner (Stand: März 2024)

Acatech
Aptiv Services Deutschland GmbH
Balluff GmbH
Bär Automation GmbH
BMW Group
BTU Uni Cottbus-Senftenberg
CIKONI GmbH
Constellium Singen GmbH
Coroplast Fritz Müller GmbH & Co. KG
Cyber Valley
Daimler Truck AG
Deutsche Insitute für Textil- und Faserforschung Denkendorf (DITF)
Deutsches Zentrum für Luft- und Raumfahrt (DLR)
DSM Germany GmbH
Dräxlmaier Group
DYNAmore GmbH
EntServ Deutschland GmbH (DXC)
FARO Europe GmbH Co. KG
FKFS – Forschungsinst. für Kraftfahrwesen und Fahrzeugmotoren Stuttgart GmbH
Fraunhofer-Gesellschaft
Gebauer&Griller
Gründermotor GmbH

Hahn-Schickard-Gesellschaft für angewandte Forschung e. V.
Hochschule der Medien (HDM)
Hydrop systems
InstaWerk GmbH
Intel Deutschland GmbH
ISG Steuerungsthechnik GmbH
Komax AG
Kostal Kontakt Systeme GmbH
Kromberg & Schubert GmbH & Co. KG
KUKA Systems GmbH
Mercedes-Benz AG
NAiSE GmbH
NODE Robotics
NOKIA Solutions and Networks GmbH & Co. KG
Omron Electronics GmbH
Pilz GmbH Co. KG
Plug & Play Germany GmbH
Precitec GmbH & Co. KG
Premium Robotics GmbH
Robert Bosch GmbH
Rosenberger Hochfrequenztechnik GmbH & Co. KG
Safelog GmbH
Schaeffler Technologies AG & Co. KG
Schleuniger AG
SE-Kunststoffverarbeitung GmbH & Co. KG
Sereact GmbH
Schunk GmbH & Co. KG
Schunk Sonossystems GmbH
SE-Kunststoffverarbeitung GmbH & Co. KG
SEI Automotive
Siemens AG
SPIE Deutschland und Zentraleuropa GmbH
Swinburne University of Technology
TE Connectivity Germany GmbH
Telsonic Ultrasonics
ThingOS GmbH
Trumpf GmbH + Co. KG
Universität Stuttgart
Waveye GmbH
Würth Elektronik eiSos GmbH & Co. KG
Yazaki Europe Ltd.